零基础学彩妆

[韩] 徐秀振　[韩] 元伦喜　[韩] 朴美和　著
张霄凡　田玉花　柴艳秋　译

青岛出版社
QINGDAO PUBLISHING HOUSE

图书在版编目（CIP）数据

零基础学彩妆 / (韩) 徐秀振, (韩) 元伦喜, (韩)朴美和著 ; 张霄凡, 田玉花, 柴艳秋译. -- 青岛 : 青岛出版社, 2016.6

ISBN 978-7-5552-4224-6

Ⅰ. ①零… Ⅱ. ①徐… ②元… ③朴… ④张… ⑤田… ⑥柴… Ⅲ. ①女性－化妆－基本知识

Ⅳ. ①TS974.1

中国版本图书馆CIP数据核字(2016)第149283号

书　　名　零基础学彩妆

著　　者　［韩］徐秀振　［韩］元伦喜　［韩］朴美和

译　　者　张霄凡　田玉花　柴艳秋

出版发行　青岛出版社

社　　址　青岛市海尔路182号（266061）

本社网址　http://www.qdpub.com

邮购电话　13335059110　0532-85814750（传真）0532-68068026

策划编辑　刘海波　周鸿媛

责任编辑　王　宁

特约编辑　李德旭

封面设计　「知世」书籍装帧设计

装帧设计　宋修仪

印　　刷　青岛浩鑫彩印有限公司

出版日期　2016年8月第1版　2017年10月第4次印刷

开　　本　32开（890mm × 1240mm）

印　　张　7

字　　数　100千

图　　数　347

印　　数　12701-15800

书　　号　ISBN 978-7-5552-4224-6

定　　价　32.80元

编校印装质量、盗版监督服务电话：4006532017　0532-68068638

印刷厂服务电话：0532-82855088

建议陈列类别：服饰美容类　时尚生活类

前言

本书的彩妆是相对于裸妆（淡妆）而言的，二者共同构成现代美容化妆艺术的两大种类。主要作用是让女性形象更美丽，更令人关注。

彩妆是大的概念，彩妆包括的范围很广泛，如生活妆、新娘妆、印度妆、宴会妆、舞台妆等。现代彩妆是一门美化形象的艺术，所推崇的化妆技巧是利用化妆产品对面部进行修饰，扬长补短，彰显个性。各具特色的彩妆，会让人有耳目一新的感觉，让你发现另外一个完全不一样的自己。

女性只要肯用心、敢尝试，都是美丽的缔造者，都能够打造出专属于自己的美丽。化妆的重点在于操作程序，该如何让彩妆程序更容易操作上手呢？本书教授了很多方法，都是作者摸索多年的经验总结。

简单又端庄的咖啡色女主播彩妆，可以瞬间提升你的专业及信赖度；

冰冷深蓝与温暖深咖相遇，在华丽和高贵中，增加一点现代气息，打造出你独特的高贵冷艳气质；

童话中爱丽丝般仙气十足的妆容，像花朵中诞生的精灵，让你有种一眼从脸上看到香气四溢的感觉；

内外眼角勾勒出棱角线条的大烟熏妆，让双眸闪耀出猫眼一般的魅惑力，让你在夜晚派对中熠熠生辉。

彩妆无定式，精气神在变化，在提升。可极奢亦可极简，可庄重亦可狂野，可冰冷亦可温情，可阳刚亦可阴柔。最理想的彩妆，是没有妆的痕迹在脸上，却很明亮动人，呈现出或温柔，或浪漫，或高贵，或狂野的鲜明风格。

当然，我们要记住的是：每个人的美丽都是独一无二的，化妆并不是为了比赛，跟别人竞争，而是让自己更美丽动人，在每个需要的场合，合适的彩妆会让你散发出更大的魅力和自信。

第一章

基础化妆知识

第二章

基础肌肤护理

第三章

基础彩妆

遮瑕

BOBBI BROWN

innisfree

第四章

炫美彩妆

日常彩妆

场合彩妆

四季彩妆

色彩彩妆

时尚彩妆

第一章

基础化妆知识

化妆刷的种类和清洁方法

化妆刷是化妆的时候必不可少的道具，但是很多人不知道哪些是必需的，应该怎样使用。利用好化妆刷能让人的妆容更加美丽出彩，所以化妆刷是我们不可忽视的化妆工具。虽然大家都希望能够拥有这样一支实用的化妆刷，但想要找到一支高品质、适合自己的化妆刷并不容易。但是，我们总不能因为没有合适的化妆刷就每次都去价格高昂的美容店化妆。那么在价格高低不等的化妆刷中怎样才能发现最合适自己的那支呢？自己究竟需要怎样的化妆刷？什么样的化妆刷才是好的化妆刷？想要了解这些，首先需要知道化妆刷的种类和特征，再经过试用才可以。

1. 优质化妆刷简单的判断方法

第一，用化妆刷接触皮肤，感受它的触感，然后用手穿过刷毛，确定刷毛不会轻易脱落。第二，握住化妆刷，感受刷杆的质感。使用中能够跟自己协调是最重要的。如果化妆刷的刷毛触感好，刷杆的质感优异，结论：就可以判断这是支好的化妆刷。如果在选择化妆刷时觉得很难抉择，那么至少要试一下以上这两点。

蜜粉刷

蜜粉刷通常选用较大的、刷毛柔软的较好。不管是散粉还是粉饼，使用天然动物毛制成的蜜粉刷都能让妆容更加自然，一般选择毛质丰厚的刷子。蜜粉刷的毛质要求非常柔软，略有毛峰，这样在刷鼻子和眼周部位时会更加方便。

腮红刷

腮红刷是用来上腮红的，所以尽可能选择较宽、可以覆盖整个脸颊的化妆刷。腮红刷的刷毛可以选用天然动物毛制品，刷毛倾斜、带有弧度的更好。

斜角高光粉刷

上妆时可以在眼周和鼻部等较小的部位打上高光。选择天然动物毛制成的刷子，上妆时触感柔软，又不会留下刷痕，可以轻松打造自然妆容。

粉底刷

使用粉底刷能将粉底控制在适当的范围内。粉底刷可以选用人工合成纤维制成的刷毛，要求尾部毛峰明显，刷毛弹性好。选择时要尽量选用刷毛不易分叉、脱落的粉底刷。

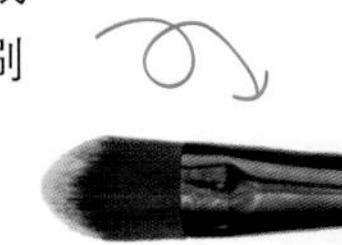

遮瑕刷

如果眼部周围有黑眼圈，那么就不能使用硬邦邦的刷子，因为这里的肌肤比较敏感。最好是选用柔软而有弹性的合成毛刷，按照肌肤的纹理轻轻地涂抹。遮瑕刷的刷毛越往前就变得越窄，这样眼部、鼻部这样狭窄的部位都能轻易涂抹均匀。

大晕彩刷

大晕彩刷可以用于任何一种粉底、匀色粉，或是高光，最好选择天然动物毛制成的刷子。不仅眼部和面颊，任何部位都可以使用大晕彩刷。

眼影刷

眼影刷一般选用毛质柔软的动物毛制成，形状多呈椭圆形，刷毛较短。为了能够让眼影的色彩更加鲜明，应该使用能够均匀混合色彩的眼影刷。特别是在使用深色眼影时，要利用眼影刷将眼影和眼线的色彩调和均匀。

大眼影刷

天然动物毛制成的大眼影刷会有自然柔软的感觉。刷头略有毛峰，这样就可以轻易地涂在下眼睑上，而且不会留下明显的界线。大眼影刷可以用来上亮色的眼影做基本色，也可以用来最后定妆。

晕染眼影刷

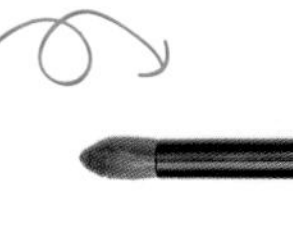

晕染眼影刷的刷毛略呈圆形，较窄，由天然动物毛制成，非常柔软且不会留下刷痕。这种眼影刷适合化烟熏妆，因为它柔软的刷毛可以将眼影很自然地晕染开，也可以将大量的眼影迅速均匀晕染开，达到色彩的调和。

中号眼影刷

天然动物毛制成的眼影刷，非常柔软，不易留下刷痕。这种眼影刷的用途很多，是给眼睑中部上妆时必须使用的道具，也可以用来给唇部上妆，还可以用来涂抹面部的遮瑕膏，但是主要还是用来化眼妆。眼影刷最好可以根据眼影的颜色分类（例如：分成打底色用眼影刷，主色调用眼影刷，高光用眼影刷等）。

极细眼线刷

极细眼线刷要使用由天然动物毛制成的产品，用来化细致鲜明的眼线妆，配合眼线液使用。极细眼线刷的上妆效果精致尖细，所以一旦刷毛开始分叉就不能再用了。

斜角眼线刷

斜角眼线刷可以画出非常精致的眼妆，用来画眉或是画眼窝的线条都有不错的效果。这种眼线刷的刷毛选用合成纤维制成，一般配合乳状或液态的眼影使用。其毛质较硬，像眼线笔一样很容易使用。

扇形刷

小的扇形刷非常纤细，可以用来去除多余的散粉。特别是可以很轻松地去除眼睑下方残留的眼影。

眉粉刷

眉粉刷可以帮助打造更加出彩的妆容，刷毛短且硬，边缘呈一条斜线。应该选择刷毛为合成纤维和动物毛混合制成的产品，因为100%的合成纤维太硬，不适合表现妆容效果。

另外眉粉刷也可以配合粉状的眼影使用，能够将眼影正确地涂在眼窝部位。

螺旋刷

如果眉毛的颜色太深，或是上妆前需要修正，这时就需要使用螺旋刷。眉毛的颜色太深，用螺旋刷轻轻地刷几遍，色彩就会变得柔和许多；另外，如果不小心睫毛膏粘住了睫毛，可以用螺旋刷将睫毛分开，这时一定要从下往上梳理，这样睫毛膏就不会粘到眼睑上了。

唇刷

弹性好，且刷毛较长的唇刷尾部一般呈扁平状。如果想要将唇色涂抹得均匀或是填补内侧唇色，又或是涂抹遮瑕膏，合成纤维制成的唇刷和动物毛制成的唇刷都是不错的选择。

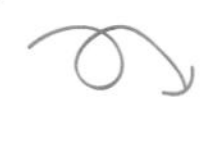

此外，还有斜角轮廓刷、眼褶刷、修容刷等很多不同种类的化妆刷。另外，其他的化妆道具还有棉棒、化妆棉、卷笔刀、修眉剪等。再次说明一下，化妆刷是可以多重使用的，大家完全可以按照自己的意愿选择合适的化妆刷。

2. 化妆刷的清洁方法

随着化妆的日渐流行，使用化妆刷的人也越来越多。使用化妆刷之后，大家是否考虑过应该多久清洗一次，又或是应该怎样清洗化妆刷呢？事实上，化妆刷的使用使化妆变得更加简洁方便，但化妆刷的清洁工作却十分繁琐。大家应该都知道，不干净的化妆刷会损坏皮肤，而清洁的化装刷不仅可以让状容更加美丽，还可以保护皮肤。所以从现在起，即使繁琐，也要认真仔细地清洁化妆刷。

Q：化妆刷应该多久清洁一次？

A：一般来说，3~5天就应该对化妆刷进行简单的清洁，一周需要进行一次深度的清洁。

Q：化妆刷应该用什么来清洁？

A：化妆刷的清洁方法一般有两种。第一，使用专门清洁化妆刷的产品进行清洁；第二，使用洗发水或羊毛洗涤剂等较温和的洗涤剂进行清洁。化妆刷专用的洗涤剂分为液态和凝胶两类，可以根据化妆刷的种类选择使用。像粉底刷和蜜粉刷这样刷毛多且大的产品，适合选用凝胶状的洗涤剂，而像眼影刷和眼线刷这种刷毛较小的产品适合使用液态的洗涤剂。如果是使用洗发水等较温和的洗涤剂，在清洁之后一定要做一次营养或护理。

下面我们来看看具体的清洁方法吧。

粉底刷的清洁

选择凝胶状的洗涤剂进行清洁。将刷毛涂上凝胶洗涤剂后一缕缕地按压揉搓，注意清洗的时候不要损伤刷毛。然后将清洁好的粉底刷放入清水中漂洗干净。清洁完毕，要注意检查粉底刷内侧有没有残留的粉底。因为残留的粉底会导致细菌滋生而损伤皮肤。粉底刷清洁干净之后要将水分充分控干，并且注意不要损伤刷毛原有的形态。

遮瑕刷的清洁

遮瑕刷的清洁方法和粉底刷的清洁方法相同。

蜜粉刷、腮红刷等刷毛较多的化妆刷的清洁

像蜜粉刷和腮红刷这类刷毛较多的化妆刷，一般分3步进行清洁。

1.使用凝胶洗涤剂进行清洁。

2.使用清水漂洗。

3.使用营养液或精华液护理，然后再漂洗。

因为这类化妆刷的刷毛多由天然动物毛制成，所以如果按照粉底刷或遮瑕刷的清洁方法清洁，很容易损伤刷毛。天然动物毛制成的产品一般刷毛都比较丰厚，所以清洁时更需要柔和，更需要护理。

眼影刷和眼线刷的清洁

眼影刷和眼线刷要选用液态的洗涤剂进行清洁。由于液态洗涤剂具有挥发性，所以不用另外使用清水漂洗，洗涤剂可以自然地挥发。将化妆刷洗涤剂倒入瓶盖中，不需要倒很多，将化妆刷放入其中漂洗，直到洗涤剂呈透明澄清的状态，清洁工作就结束了。控干刷毛上的水分时，注意不要改变刷毛的形态。

化妆刷清洁过程

1.准备一个小碗，盛上一点清水，倒入凝胶洗涤剂（一定要使用化妆刷专用的洗涤剂），搅拌出泡沫。当泡沫充分散开以后，将刷子放入水中来回摇动。

2.使用清水漂洗。漂洗的时候动作要轻，不要让刷毛变形。

3.天然的动物毛跟人体毛发相同，如果只是用洗涤剂清洗，很容易损伤毛质。所以，为了能够保持刷毛柔顺的状态，清洁后一定要用营养液等进行护理。

3. 其他化妆工具介绍

粉扑

粉扑是用来涂散粉的。如果使用恰当，粉扑的效果要远远超过散粉刷的效果，而且也更持久。粉扑要选择不粘粉底，且缝线缝合紧密的。另外要选用不易破损、方便清洗的产品。

海绵

海绵可以帮助你将粉底涂抹均匀，特别是在使用粉底液的时候，可以将粉底液留下的痕迹都均匀地涂抹开。另外，乳状粉底、散粉或是遮瑕膏都可以使用海绵轻松地上妆。楔形的海绵能够很轻松地给鼻翼两侧甚至内眼睑等一些细小的部位涂上粉底。海绵的材质也分很多种，乳胶海绵最适合长久使用。海绵的形状各异，可以根据自己的意愿进行选择。

睫毛夹

睫毛夹是帮助睫毛自然卷曲上翘的化妆工具，一般选择弧形、胶条弹力较好的产品。最近新出了很多电动式睫毛夹，能够方便快捷地达到效果。睫毛夹也分为传统的整体睫毛夹和局部睫毛夹两类。

镊子

镊子一般用于去除多余毛发，修整眉形时使用。另外在粘贴单束假睫毛或整体假睫毛时也需要使用。

彩妆品，一定要买高价的吗？

有些产品虽然价格高得令人咋舌，不过因为性能卓越，也能创下销售佳绩。反之，有些产品价格亲民、品质又好，轻易便能推翻大家“便宜无好货”的偏见。可见有些产品虽然贵却还是应该要买，而有些产品选择便宜的也无妨，只要能够明确地区分出选择的基准，就能成为聪明的美妆品消费者。

1.BB 霜：选择中间价格带即可

BB霜中有高价，也有便宜的产品。不过价格太低的产品，基于利润考量不得不降低制作成本，不论在产品的使用感不是内容物成分上均无法顾及。化妆品随着使用原料的不同，可能会产生很多倍的差价，但也没必要使用上万元的产品。在我亲自参与化妆品制作后得知，化妆品根本没必要那么贵，只要选择中间价格带的产品，并通过测试后再来选择是最聪明的。

挑选BB霜最重要的是延展性与色调。BB霜的特性是具有延展性且滋润，因此优良BB霜的要件之一就是不浮粉，且能薄薄推匀。测试时，以指腹推匀时不会留下痕迹，好推匀、颜色自然并具有明亮肤色效果的为佳，且要选择比自己肤色亮的产品才能一整天无暗沉，并维持华丽感。

2.CC 霜：与其认品牌，不如依使用感来选择

CC霜不论是国际美妆品牌或一般国内品牌都有推出，但CC霜的诉求每家品牌都不同。要说BB霜和CC霜究竟有没有什么不同，老实说很多产品都只是名字不同，但内容相似。比起强调遮瑕与水润感的BB霜，CC霜更接近基础彩妆。如果把CC霜想成是调理气色的产品应该比较好理解，所以常当作调理气色与强化保养成分的底妆产品来使用。

CC霜和BB霜一样应选择中间价位的产品，高价的CC霜常强调基本保养的角色。建议基础保养时使用好一点的产品，就不需要再使用高价的CC霜。且比起品牌，更应该着重在产品的使用感，使用时不要涂太厚，能打理肤质、维持肌肤润泽感的中间价格带产品，就是非常好的CC霜产品。

3. 粉底：高价系列有较多好的产品

因为从事彩妆师的工作，我使用过很多种品牌的粉底，使我得出高价品牌中有较多优质商品的结论。在高价的品牌中，像是DIOR、ESTEE LAUDER或GIORGIO ARMANI等要价数千元以上的粉底，在服帖度与持妆度上的确比较优异，涂抹后不容易产生反黑现象。

反过来说，低价粉底容易有粒子粗大、反黑现象，涂抹后在吸收及服帖度上都需要较长时间。最大缺点是底妆不够轻薄，容易有厚重感。像是国际品牌欧莱雅的产品在服帖度、持妆度及水润感上都不错，所以在拍摄连续剧时，皮脂分泌多、容易脱妆的男演员经常使用。

所以我自己爱用的底妆产品也都是高价品牌。DIOR和ESTE LAUDER的产品是我最常使用的，偶尔会使用GIORGIO ARMANI的产品，但也有一些专为专业彩妆师推出的彩妆品牌，虽然走的是高价路线，结果却不如预期，像是M牌、B牌和N牌的粉底，我买来就从未用完过。

4. 蜜粉：专业彩妆师都会选择高价系列

在挑选化妆品时，我通常不会对高价或便宜产品有先入为主的看法，尤其是着重颜色的产品更是如此。很可惜的是，便宜的蜜粉也从未让我满意过。蜜粉的粒子要细致，刷在粉底上才能展现轻盈的妆感，但便宜的蜜粉大部分粒子都很粗大，刷在粉底上不是显得厚重就是会改变粉底的颜色。为了不让精心化好的底妆最后都变成泛红的妆感，我宁可花多一点钱买贵一点的蜜粉。

最棒的蜜粉应该能细致均匀地刷在肌肤上，且不感到厚重。不是不会随着流汗而流失，而是能在肌肤形成一层保护膜，只有汗水会流下来而不会影响妆感，才是最棒的蜜粉。

专业彩妆师最常使用的蜜粉产品通常比较优秀，我爱用的品牌有M.A.C、MAKE UP FOR EVER、RMK、Paris berlin等，我最喜爱RMK水凝柔光蜜粉，内含适量的细致珠光粒子，能呈现透明中带有小奢华感的妆效。

5. 眼影：低价也有很多好产品

在眼影的选择上，应该抛弃对价格先入为主的观念。希望大家先确认眼影的粒子与珠光后，挑选自己想要的颜色来进行测试即可。高价产品中不乏显色不佳、珠光粒子粗大的产品，便宜产品中也有颜色漂亮、显色度佳且持妆效果好的产品。尤其是中间价格的眼影和高价眼影的品质几乎没有差异，有时甚至更优越。所以，一般我不会顾虑价格，只依照测试结果来挑选。

测试眼影时，先用指腹涂抹在手背上来确认产品的显色度，接着用另一只干净的指腹轻轻抹去，全部被抹去的产品则服帖度差、不持久，最好不要购买。购买珠光眼影时，要确认珠光粒子不要太粗，要选择自然显色且服帖度佳的产品，如果想要大的珠光粒子眼影，最好选择粒子像钻石一样闪耀的产品。只要依照这个基准来挑选，即使低价格也能选到优质产品。

6. 眼线：抛弃价格偏见，通过测试来选购

眼线的选择上，必须通过实际的测试来选购。最近很受欢迎的眼线笔中，有像CLIO一样是采用意大利或德国技术的韩国品牌。这样的产品以品质和使用感来说，几乎和国际品牌没有差别，反而因价格便宜而更具竞争力。

但有时买便宜的产品反而浪费，为什么这么说呢？因为太便宜，所以没有认真测试它的显色度、延展度与防水度等功能，好好地测试这些功能是选购优良眼线的方法。

测试眼线产品的方法很简单，不论是眼线胶或眼线笔，请试画在手背上，5秒内能完全干且不晕开的产品是好的。快干是优良眼线的必需条件，如果泼上水后不轻易地晕染，表示具有优良的防水功能。当然，画在手背上时线条要鲜明，柔顺好画是基本要件。

7. 睫毛膏：性能比价格更重要

睫毛膏一定要选择高价的产品吗？因为是画在眼部的产品所以一定要选贵的？建议大家抛弃“睫毛膏一定要选择贵的”这样的想法，不是只有贵的睫毛膏才有好的品质。以睫毛膏选购来说，最主要的是符合自

己需求的产品，而能达到我们要求的睫毛膏中，中低价的产品也非常多。

睫毛膏要选择不会结块，能刷到底、卷翘持久并具有防水或耐油效果的产品，但比起非常难卸除的产品，建议还是选择虽具有防水、防油效果，但只要用温水就能卸除的产品，这样才不会对肌肤造成太大刺激。

8. 唇彩：很多便宜产品具有绝佳的颜色、显色度与润泽感

二十年前，在我开始接触化妆的年代，低价口红的延展性、持久度、显色度及色感全部都很差，当时都必须花将近十倍的价格购买国际品牌的产品。但现在不同了，很多中低价产品都比高价产品在色彩上来讲更漂亮、持久，显色度也很好。所以，最近我反而更偏好选购中低价的唇彩。

老实说，在我随身的化妆包中，中低价唇彩比高价的唇彩更多。以唇露来说，Benefit的产品算是很棒的，但现在我更偏爱低价的Etude House或Innisfree的产品，不是因为价格的关系，而是就品质来说完全不逊色。像最近某个艺人涂抹了NARS唇膏而大受欢迎，虽然这个唇膏很漂亮，但比它便宜的Innisfree唇膏不论在颜色还是持妆力上都非常优异。所以，唇彩产品不需顾虑价格，关键在颜色、显色及润泽感。

9. 腮红：只要够服帖，低价品也无妨

买腮红不需要在乎价格，只要显色效果佳、颜色漂亮、持久力强，价格多少都无所谓。腮红最重要的就是颜色和服帖度，一般我偏好颜色和整体彩妆妆感相近，刷在肌肤上能和肌肤融为一体的。刷上之后用手就能轻轻擦掉，表示产品服帖度不佳；服帖度好，持久度也会比较好，在选购腮红时一定要注意其服帖度。

我最近很爱用Elisacoy的产品，相较之下算是比较便宜的产品，不过颜色却比其他产品来得漂亮，服帖度也很棒，我常在连续剧或其他秀场中使用。

第二章

基础肌肤护理

根据肌肤类型来彻底清洁

我们会根据不同的肌肤类型来挑选保养品，但清洁的方法为什么都一样？其实，不同的肌肤类型的确应该有不同的清洁方法。油性肌肤要连毛孔一起清洁，而干性肌肤使用三重清洁法只会让肌肤变得更干燥，这些都是大家应该要知道的。

化妆工具	选择要点
· 重点卸妆液 Lunasol- 重点卸妆液	· 重点卸妆液 确定防水产品是否容易卸掉再选购。
· 洗面乳 Nuskin-Creamy 洗面乳（中干性用）	· 洗面乳 选择能用水简单洗净的温和产品。

1. 摇晃重点卸妆液
摇晃卸妆液，让油水分离的那两层能均匀混合。

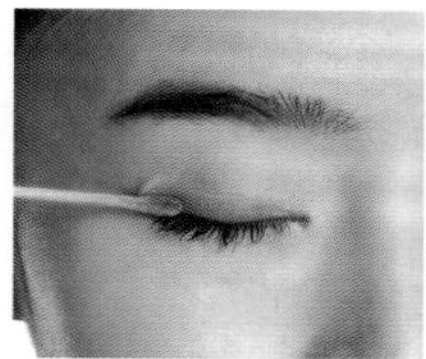

2. 卸除眼线
用棉棒充分蘸取重点卸妆液，轻轻卸除眼线，不要刺激肌肤。

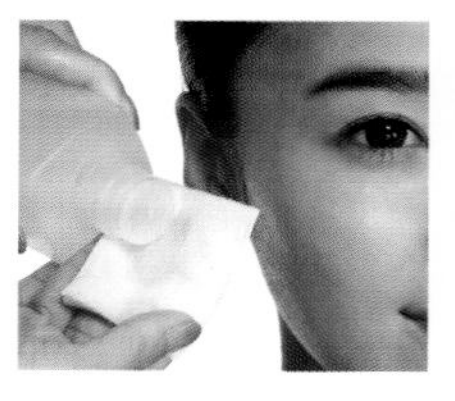

3. 用重点卸妆液浸湿化妆棉
将重点卸妆液充分浸湿要用来卸除眼妆的化妆棉。

4. 卸眼妆
将化妆棉轻敷在眼皮上大约 10 秒钟，稍微按压并轻轻卸除眼妆。

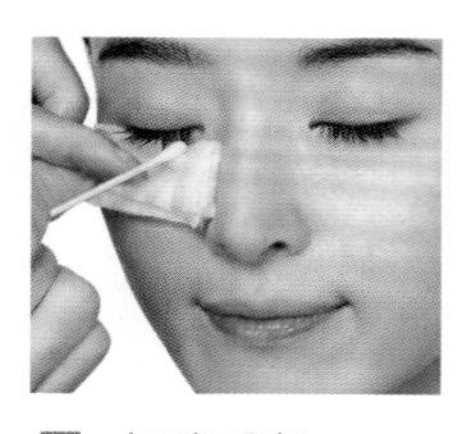

5. 卸睫毛膏
将化妆棉垫在眼睛下方，闭上眼睛，以棉花棒蘸取卸妆液来卸除。

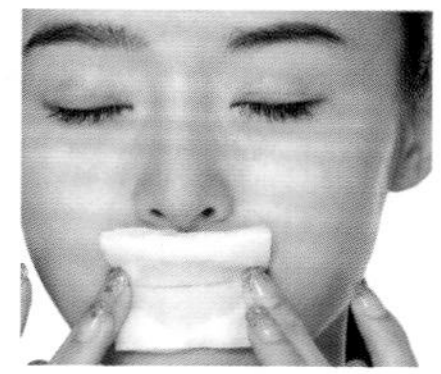

6. 卸唇妆
将蘸有卸妆液的化妆棉覆盖在嘴唇上，轻轻按压后卸除唇妆。

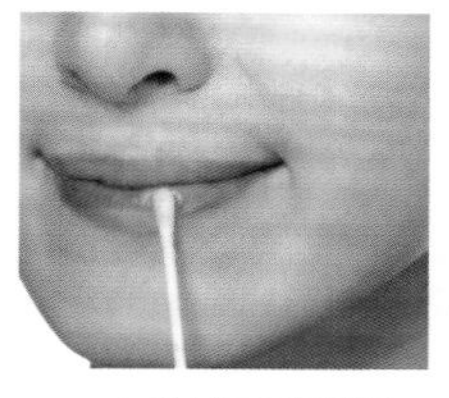

7. 唇纹细部清理
使用棉花棒蘸取卸妆液来卸除卡在唇纹或角质中的残留唇妆。

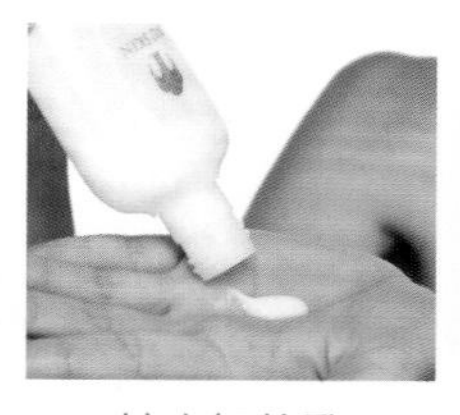

8. 挤出卸妆乳
将温和的卸妆乳挤在手上，约直径 2 厘米大小。

9. 抹上卸妆乳

卸除重点彩妆后，以温和的卸妆乳涂抹在脸颊、额头、下巴等部位，轻轻按摩后冲洗。

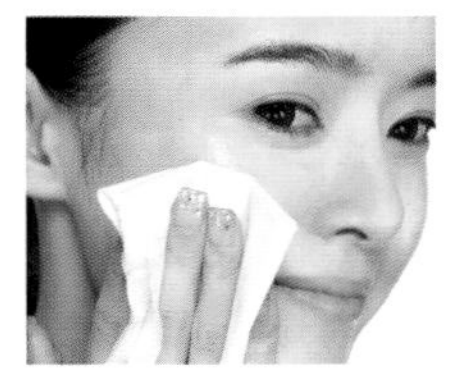

10. 用纸巾擦拭

用纸巾轻轻擦掉残留在脸上的卸妆乳，之后以温水洗净。

11. 毛孔清洁（油性肌肤追加）

将洁面乳挤在掌心，搓出泡泡，油性肌肤可用毛孔刷将全脸每个角落都仔细清洁，再以温热水多泼洗几次，最后以冷水清洗收敛毛孔。

小窍门

不同皮肤类型的清洁法

1. 干性肌肤

重点卸妆液→以卸妆油或卸妆乳按摩1分钟→微温水清洗多次→最后在冷水中混合3滴保湿精油来洗脸。

2. 油性肌肤

重点卸妆液→以卸妆水或卸妆乳按摩1分钟→微温水清洗多次→洁面乳→毛孔清洁→温水清洁→冷水清洗。

3. 中性肌肤

重点卸妆液→以卸妆油或卸妆乳按摩1分钟→微温水清洗→用洁面乳简单洁面(一周3次)→温水清洁→冷水清洗。

4. 混合性皮肤

和干性肌肤相同，最后在T字区和毛孔明显的部位用洁面乳轻轻按摩后，用毛孔刷再度清洁。

小窍门

10个清洁小提醒

1. 将手洗干净再开始清洁。

2. 选择适合肌肤的产品和清洁方法。

3. 清洁产品最好不要长时间停留在脸上；为了不让搓出的污垢被吸收，要在1分钟内擦掉；使用卸妆油时一定要用干的手抹在脸上，再用手蘸水充分乳化，稍微按摩再以水清洗。

4. 洁面乳要在手中搓出泡沫，不能直接在脸上搓。

5. 洁面乳在脸上按摩时，注意不要刺激肌肤。

6. 一定要先用温水洗净，最后再用冷水作结；用热水洗脸会刺激肌肤，让肌肤变得干燥。

7. 多次用水冲洗，直到脸上没有残留洁面乳。

8. 最后擦干时，要用纸巾轻轻按压擦拭，不要拉扯肌肤。

9. 残留的水分以手指轻拍帮助吸收，之后涂上化妆水，不要让脸有干燥感。

10. 涂抹化妆水后，在吸收前就涂上精华液与营养霜等适合自己肌肤的基础保养品。

基础化妆品的使用方法、顺序以及洁面方法

下面将为大家介绍最基础的洁面方法以及爽肤水、精华液、眼霜、乳液和面霜的使用顺序和方法。大家需要准备的就是日常使用的基础护肤品。

1. 早晨上妆前简单的肌肤护理

洁面→爽肤水→乳液→面霜→上妆

早晨上妆前，尽量减少护肤品的使用，只需要使用最基础的护理产品，这样会让妆容更加清透。另外油性皮肤的人可以省去一些油分较多的产品。

2. 晚上的肌肤护理＋睡前肌肤护理

洁面→爽肤水→精华液→眼霜→乳液→面霜→睡眠面膜（可以省略）

睡前需要将面部的化妆品以及灰尘除去，促进肌肤的新陈代谢，消除肌肤的疲劳感，为第二天肌肤状态的恢复做准备。可以根据肌肤的状态选择添加营养或是使用面膜。

3. 青春期的肌肤护理

洁面→爽肤水→乳液

十几岁正值青春期的时候，肌肤一般油性较大，所以尽可能选择一些不含油分的产品。

洁面的方法

①从额头右边的颧骨开始向左边颧骨来回按摩3次。

②右眼：从右边颧骨开始，沿着眼睑下方按摩，直到眼窝，再从眼窝开始，经过眼球上方回到右边颧骨。

③右边脸颊：整个手按照面部轮廓，从颧骨开始一直按到下颚，再向着眼窝向上按摩，然后顺着眼睑下方回到颧骨。

④右边唇部周围：沿着嘴唇右边按照画半圆的方式反复按摩三次，嘴唇左侧也按照相同的方法反复三次。

⑤利用大拇指和中指按照下巴中央、嘴角、鼻翼的顺序轻轻按摩。

⑥大拇指和中指沿着鼻翼一直向上按摩至眼窝，轻轻按压眼窝，再沿鼻梁向下按摩，最后重复做一遍这个动作。

⑦左边面颊：中指和无名指移动到左侧颧骨，按照右边面颊清洁的要领，反复做三次。

⑧左眼：按照右眼的清洁要领反复做三次。

⑨从左侧颧骨开始，经过左眼睑下方，移动到右眼眉毛上方，最后按摩至右侧的颧骨，然后从右侧颧骨开始，经过右眼睑下方，移动到左侧眉毛上方，最后回到左侧颧骨，像这样按8字形反复按摩两次。

⑩按照1～9的方法重复做一次。

⑪右手按在右眼上，左手按在左眼上，轻轻地将手指弯曲从眼睑上划过，直到两侧颧骨。然后，根据面部的轮廓，用手按摩至下颚，双手交叉，分别向两边耳后轻轻按摩。

爽肤水的使用方法

爽肤水一般用来调理肌肤，恢复肌肤表面酸碱值。使用爽肤水时要用爽肤水将化妆棉充分沾湿，如果化妆棉没有充分湿润，就会刺激皮肤。

①使用化妆棉沾取适量的爽肤水，擦在皮脂分泌旺盛的T字部位。

②将化妆棉充分蘸湿，以鼻子为中心，从下往上擦拭，可以起到清洁皮肤的作用，进而调理肌肤。

③额头、面颊等面积较大的部位可以轻轻地擦拭，如果太用力或是爽肤水用量不足都有可能刺激皮肤，所以使用量一定要充分。

精华液的使用方法

精华液是肌肤护理产品中最能有效改善肌肤的产品。精华液是将能够改善肌肤的有效营养高度浓缩后制成的，所以为了改善肌肤，精华液的选择十分重要。精华液使用起来没有厚重的感觉，而是清爽水润，保湿和营养的效果都非常好，能很快被吸收。精华液是高浓度的营养液，所以并不需要大量使用，即使很小的用量也可以达到改善肌肤的效果，所以一定要根据自己的肌肤状态适当使用。比起20岁的肌肤，精华液可能对30～40岁的人的肌肤改善的效果更加明显，30～40岁的人使用精华液还能起到抵抗肌肤老化、改善皱纹的功效。

眼霜的使用方法

眼霜主要分为两种类型：

①啫喱型眼霜——以保湿为主的产品。适合白天使用，对于油性皮肤是很好的选择，另外下眼睑有水肿或是常佩戴隐形眼镜的人也可以使用。

②乳膏型眼霜——油分较多的产品。适合夜晚使用，对干性肌肤有很好的改善效果。

使用眼霜时，以眼眶为中心，在下方点3～4处，使用无名指由内向外轻轻涂抹开。下眼睑涂抹完，直接将残余的眼霜涂在上眼睑就可以了。对于容易干燥敏感的部位，为防止皱纹，需要更加仔细地涂抹。由于眼睛十分敏感，所以在涂眼霜时不要太接近眼睛，否则可能会引发炎症。由于眼霜一般都含有较高的油分，而且渗透性特别好，所以不需要接近眼睛也能起到很好的效果。

乳液的使用方法

取适量的乳液倒在手上，直接涂于面部即可。乳霜能够起到保湿和锁水的功效，只需轻轻涂抹即可。涂抹乳液时不要太用力，可一边涂抹一边做提升肌肤的按摩。

面霜的使用方法

面霜是肌肤护理的最后一步，可以简单地认为是肌肤的保护层。面霜能够平衡肌肤的油脂和水分，形成一层人工的皮脂膜给肌肤提供养分。面霜还可以持久锁住精华液、眼霜和乳液提供的营养成分，帮助肌肤吸收。另外早晨的肌肤护理想要更加清爽，可以省略面霜。单纯地使用面霜并不能起到改善肌肤的功效，所以要想改善肌肤状况，还是应该选用精华液。特别需要注意的是，油性肌肤的人并非一定要使用面霜，可以根据情况在需要的时候使用。涂抹面霜时，在额头、两颊、鼻子和下巴上分别点上适量的面霜，然后以鼻子为中心，从中间向外用手指轻轻地涂抹，帮助肌肤吸收。

面霜主要分为两类：

乳状保湿霜——主要用来保湿，使用起来清透水润。

营养面霜——营养面霜黏性较高，营养和保湿的效果都很好。

不同肌肤类型的保养重点

根据肌肤类型的不同，肌肤的保养方法也有很多差异。肌肤的保养绝不是洗个两三次脸，再涂上厚厚的昂贵营养霜就可以了。请大家核对下列清单中与自身相关的选项，对勾选较多的类别要特别留意。勾选的项目越多，代表你就是属于那个类型的肌肤。根据肌肤类型的差异，想变成肌美人的保养方法也是不同的哦！

干性肌肤

□ 肌肤持久干燥，弹力也在减弱。
□ 即使化妆了也没有光泽圆润的感觉，反而出现浮粉的情况较多。
□ 眼周、嘴角、脖子等部位多见细纹。
□ 即使是在夏天洗完脸，肌肤仍有紧绷感。
□ 若不涂抹保湿乳液，会感觉脸上有白白的角质。
□ 皮脂分泌少，毛孔细小。

1. 干性肌肤的保养重点

关键在保湿、润泽

肌肤越干，越要特别注意，过度去角质会让肌肤变得更加干燥和敏感。必须留意水分和油分的供给，才能保护角质并维持肌肤的润泽感。虽然从外在补充肌肤水分很重要，但是对于干性肌肤，要摆在第一位的就是从体内补充水分。每天至少喝8杯水是必需，但是喝咖啡或者含有咖啡因的茶容易利尿，体内水分更易流失，应注意这一问题。所以，除水以外，其他的饮料摄取量在一天内最好以1~2杯为限。

保养步骤：清洁→化妆水→保湿精华→丰润的保湿乳

①清洁：以油状或乳霜状清洁产品轻轻地按摩，再用温水洗干净。最好不要使用洗面乳类型的产品，绝对不要用香皂洗脸。最后冲洗时，如果能在水中加入2~3滴精华油，更能帮助肌肤维持润泽感。

②化妆水：洗脸以后，在脸上水分干以前，立即涂抹含精华液成分的化妆水，用化妆棉蘸取化妆水轻轻擦拭即可。

③保湿精华：以化妆水调理肤质并去除老废角质后，在全脸涂抹保湿精华液，并以指腹轻拍帮助吸收。

④保湿乳霜：最后一步，使用含有能吸附空气中水分的玻尿酸或有助于提高肌肤弹力的胶原蛋白，请充分按摩以帮助吸收。

油性肌肤

□ 肌肤容易出油，显得油亮。
□ 毛孔粗大，容易长痘痘。
□ 皮脂分泌较多，肌肤油腻，化妆后容易晕染。
□ 洗完脸以后，即使不用任何东西涂抹也不觉得干燥，过一会就出油了。
□ 皱纹虽不多，但是笑的时候眼周、嘴角深层皱纹会变明显。
□ T字区黑头严重。

2. 油性肌肤的保养重点

一周要做1~2次深层清洁

即便是油性肌肤，也不需每天都进行卸妆、洗脸的双重清洁，要是肌肤需要的皮脂都清理掉的话，反而会增生更多油脂。同样的，过度使用吸油面纸也会促使油脂分泌。一味去除油脂，反而会使肌肤分泌更多油脂，最后只能形成恶性循环。所以，一周做1¯2次深层清洁即可。

如果肌肤很油，但是肌肤却有紧绷感的话，这种肌肤就被称作缺水性油性肌肤，表面虽然光亮，但是肌肤内部干燥。这类型的肤质，不只要从内补充水分，还应该借由运动来促进血液循环，且一周要使用1¯2次鼻膜或去角质产品来清除黑头粉刺。

保养步骤：清洁→深层清洁→角质调理化妆水→收敛毛孔精华→清爽的保湿乳

①清洁：可用洗脸毛巾蘸取卸妆产品来擦拭脸部。一周使用1¯2次能深入毛孔的深层清洁产品，能帮助清洁毛孔里老废物质的磨砂产品也很推荐。洗面奶请选择泡沫细腻且柔和的产品，以微温水泼洗数次后，最后一次一定要以冷水来帮助毛孔收缩。

②化妆水：选择有调理角质效果的化妆水，以化妆棉蘸取后轻轻擦拭全脸，将残留的洁面乳擦掉。

③保湿精华：涂抹具有收敛毛孔效果的清爽型精华液，轻轻按摩帮助吸收。

④保湿乳霜：选择半透明的清爽乳霜，涂抹并使其吸收。油性肌肤和干性肌肤相比，更应该选择质地轻盈的产品，且用量要少。

中性肌肤

- □ 即使不抹化妆品看起来也不会太粗糙。
- □ 肌肤看起来光滑且有弹力。
- □ 刷上蜜粉不太有紧绷感。
- □ 刚洗完脸后肌肤会有些紧绷感，不需多久，就会恢复正常。
- □ 对面疱、泛红等刺激不敏感。
- □ 几乎没有毛孔。

3. 中性肌肤的保养重点

健康肌肤也要注意保湿

即使肌肤没有任何问题，也要保证给肌肤补充充分补水。要保证充足的睡眠并做好清洁工作，一周使用两次以上的胶原蛋白面膜更能保持肌肤的健康。过度去角质会让肌肤变得更加敏感，约2周使用一次轻微的去角质产品即可。去角质以后，要使用具有保湿、镇定功效的乳霜来保养，肌肤底子好也不能有所松懈。不断地补水、维持肌肤适当的油分，才是正确管理肌肤的秘诀。

保养步骤：清洁→含维生素成分的化妆水→保湿精华→弹力保湿霜

①清洁：清洁对于健康肌肤来说很重要。先以卸妆油在脸上按摩1分钟，之后以清水洗去。尽量不要使用界面活性剂过多的产品。即使含界面活性剂也要选择泡沫少的产品，细细按摩多次以水泼洗。最后一次清洗用冷水，以收缩毛孔。

②化妆水：用化妆棉蘸取含维生素的爽肤水，轻轻擦拭脸部，然后用手轻轻拍打直至吸收。

③保湿精华：选择含有保湿因子的精华液均匀涂抹。

④保湿乳霜：使用含有能吸附空气中水分的玻尿酸，或含有能恢复肌肤弹力的胶原蛋白保湿乳霜赋予脸部水润感。

混合型肌肤

□ 额头和鼻子油分过多。
□ 脸颊和嘴角偏干燥。
□ 额头和鼻子部位经常起痘。
□ 水分油分不均衡，难以保养肌肤。
□ 夏天油腻，冬天干燥，肌肤特别容易因季节产生变化。
□ 特别容易增生角质。

4. 混合型肌肤的保养重点

根据肌肤部位不同保养方式也不同

混合型肌肤是兼具干性和油性的肌肤，要按照不同部位进行肌肤管理。油分较多的额头和鼻子周边要依照油性肌肤来保养，一周要做1~2次深层清洁。

洗脸后先用调节水油平衡的化妆水，然后在脸部全部涂抹补水面霜，最后在干燥的脸颊和唇周再抹一层保湿精华油，帮助形成保护膜。涂抹保湿霜时，要根据干性、油性的部位不同来调整使用量。

保养步骤：清洁→调节水油平衡的化妆水→收缩毛孔&保湿精华→保湿霜

①清洁：基础保养品选择干性肌肤专用产品，毛孔粗大或皮脂分泌较多的人用磨砂或深层清洁产品。

②化妆水：选择调节水油平衡的化妆水，用化妆棉蘸取后轻轻擦拭。

③保湿精华：只在T字区使用具有收缩毛孔作用的产品，其他部位用干性肌肤专用的精华液提供营养及保湿。

④保湿乳霜：毛孔粗大而皮脂分泌旺盛的人应减少保湿霜用量，其余干燥的部位可以多涂抹一些。

敏感型肌肤

□ 几乎看不见毛孔、肌肤紧致。
□ 肌肤组织薄、可以看到很多地方的血管。
□ 室内室外温差较大的冬天，肌肤容易泛红。
□ 色素易堆积、肌肤斑点较多。
□ 患过过敏性皮炎或因心理上、精神上的原因罹患皮肤病。
□ 易因季节、温度、紫外线等环境因素影响而出现肌肤问题。

5. 敏感型肌肤的保养重点

任何可以刺激肌肤的肌肤护理都要减少

敏感型肌肤过多做肌肤护理反而会带来坏处。虽然能强化免疫力的淋巴按摩还不错，但具有刺激性的保养却有害。可以使用镇定肌肤的产品，一定要避免有香料或者含酒精成分的产品。防晒霜的化学成分中也会有刺激因素，所以要使用防晒系数低的产品。此外，尽量避免各种会造成冷热刺激的产品，也要尽量避免去桑拿房或用搓澡巾等会刺激肌肤的产品。

保养步骤：清洁→保湿产品

①清洁：使用含表面活性剂最少的天然清洁产品，以使用植物油制成的温和洁面产品或卸妆乳为佳。

②保湿产品：应该使用高保湿产品，但不能含有过度油脂。此外，能帮助降低脸上热度的产品也有帮助，芦荟成分能帮助肌肤保湿，神经酰胺成分能帮助保护肌肤脂质，含有乳木果油的产品也不错。

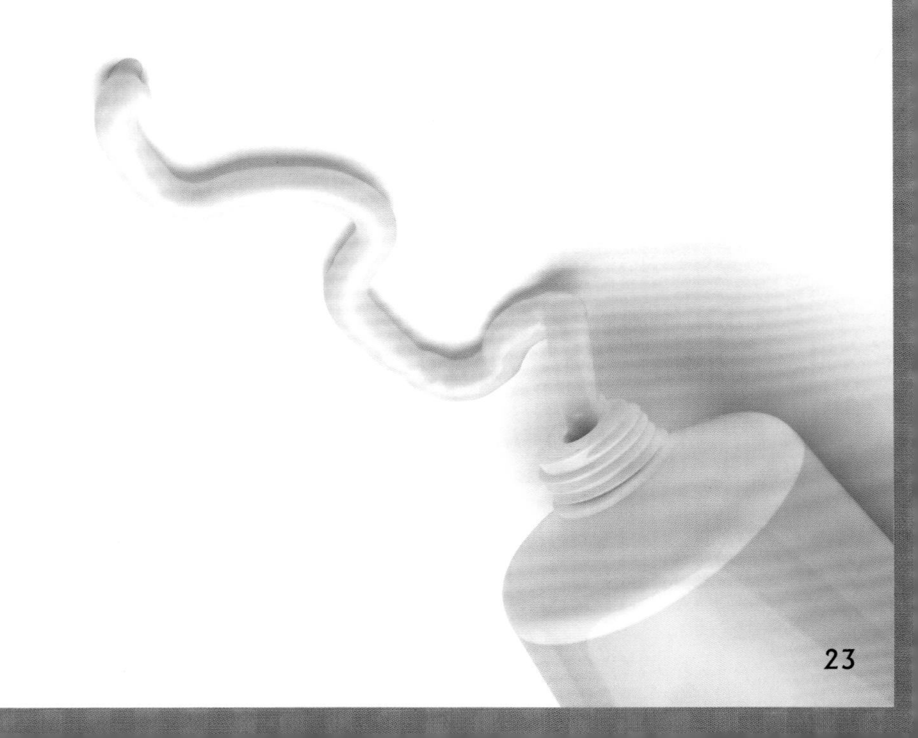

必知的保养品常识

关于保养品的资讯只要在网络稍加搜寻就能得知，且各种美妆节目与书籍里也有各式各样的资讯。可怕的是，比起保养品的基本常识，大家好像更关注化妆的技术。请各位一定要记得，唯有确实了解保养品，才可能拥有美丽的妆容。

1. 涂抹保养品的基本顺序

保养品的种类太多了，不知道该从哪一种开始涂，请帮我整理出正确的顺序？

如果把保养品的涂抹顺序定义为从稀的质地开始涂，不知道是不是能帮大家记住。基础保养品中最稀的是化妆水，因此化妆水→眼霜→精华露→精华液→保湿霜→营养霜→防晒乳，这样的顺序不难记吧？只有一点需要注意，就是有些保养品中含有白天不能用的成分，像最具代表性的抗老成分维生素A系列的“A酸”。

A酸因为会被阳光破坏，必须晚上涂抹才有效。此外，A酸最好不要和水溶性成分一起使用，建议水溶性的维生素C在白天使用，而晚上使用脂溶性的A酸。我们必须好好遵守使用规则，才能看到昂贵保养品的成效，不是吗？

2. 让防晒霜发挥 100% 功效的方法

因常在户外跑来跑去，虽然很认真涂防晒霜，但敏感性肌肤的我涂防晒乳时常感觉肌肤刺痛。防晒乳怎样涂才不会刺激肌肤又有效呢？

防晒乳因含有化学成分，防晒系数越高越会刺激肌肤。以敏感性肌肤来说，与其选择高防晒系数的防晒产品，不如选择SPF25~30、PA++左右低防晒系数的产品。紫外线一般可以分成UVA和UVB，因为UVA比UVB强20倍，因此会深入肌肤，导致皱纹、雀斑与黑斑。如果要防晒，选择能阻绝UVA（以PA+来表示）的产品较有效。

如果是敏感性肌肤，可选择防晒系数较低的产品，之后所有的底妆品都选择具有隔离紫外线功能的也有帮助。一定要记得防晒产品需要在外出前30分钟涂抹完成才有效，且每隔2~3小时就补擦。因为防晒品的紫外线隔离功效会随时间递减，所以最好在开封后1年内使用完毕，过期产品就忍痛丢掉吧！

3. 仔细阅读全部成分

在电视上常听到“保养品成分表”这样的名词，指的是什么呢?

购买保养品时，可以看到标签上有以小小的字体标示成分的列表，上面会清楚标示所有成分，并依照含量由多到少开始排列。

要特别注意的是，如果含量不足1%的话，则可不依照含量任意排列。大家最好要养成仔细阅读保养品成分的习惯，尤其是广告宣传的成分究竟含了多少，因为很多乳霜虽然都宣称含有胶原蛋白，并直接命名为胶原蛋白乳霜，但其实胶原蛋白的实际含量才0.1%。请不要忘记，仔细阅读成分才是聪明的消费者应该有的态度。

4. 聪明的保养品容器辨识法

有一个咖啡色包装的小瓶装精华液非常有名，所以不知从何时开始，其他品牌也推出了褐色瓶子的眼霜、精华液与安瓶。保养品的瓶子包装和保养品有很大的关系吗?

每个保养品都有其适合的瓶子，如果装在透明的方形瓶子中，虽然视觉上来看非常漂亮，但防晒产品更适合放在不透明的瓶子中。最近很多保养品品牌都推出了能减少保养品成分接触到空气与阳光的不透光性滴管包装，而软管式包装由于空气会进入，使用期限偏短。

产品容器的选择会随产品成分而异，像是肌肤成长因子EGF只要碰到空气，效果就会锐减，这样的产品若装在一般方型盒子中上市，结果可想而知。所以，越是功能型的产品越该选用能隔绝空气与阳光的容器。

5. 保养品价格的秘密

看那些涂抹要价上万元保养品的女星，皮肤都超好，高价保养品的品质真的很好吗?

虽然一瓶乳霜要卖到上万，有其道理存在，却无法说高价乳霜就保证品质一定好，很多时候便宜的产品中也有很多很棒的产品。在决定化妆品价格时，容器与包装占了非常大的比重。所以，不表示只要是闪亮亮的透明瓶子里装的一定是好的保养品。华丽的包装纸是为了顾及女性的喜好，而奢华的瓶身当然也会反映在价格上。造成产品高价的原因还包含了宣传品牌形象的广告费用、复杂的铺货费用等。

身为聪明的消费者，应该要从保养品成分和生产厂商来判断品质，而不是被保养品广告所迷惑。希望大家记得，如果只喜爱包装华丽的品牌，很可能会错失真正像宝石般的优质产品。

6. 不要被保养品的香氛和色彩迷惑

挑选基础保养品时，香味和色彩也是考量因素之一。但香味和色彩浓郁的产品对皮肤好吗？

保养品的香味不论是天然的还是人工的都对肌肤有害，尤其是敏感性肌肤最好避免含香气的保养品，奉劝大家为了自己的肌肤应该习惯无香的产品。此外，市面上有很多有颜色的产品，像保湿产品常使用蓝色、弹力产品则是粉红色和橘色等，也有些品牌本身是绿色，所以产品也是绿色。像这样的颜色虽然就广告诉求层面来说不错，但对肌肤却毫无帮助。最好的保养品应该是无香无色的，被保养品的香味和颜色所迷惑，对肌肤来说没有任何益处。

7.BB 霜比粉底更需认真卸妆

本来使用粉底，不过换成BB霜有一阵子了，但好像卸不干净，是卸妆方法有问题吗？

BB霜是在皮肤科与美容院接受手术后，基于肌肤的保护、再生与镇定功能而开发的修饰保湿霜(Blemish Balm)。因为被视为基础保养品，所以很多人误以为BB霜只要简单清洁即可或可以涂着BB霜睡觉。但就BB霜的成分和功能来看，因为其含油量较粉底多、服帖度高，不容易清洁是事实，BB霜大部分都是不容易被卸除的防水产品，所以应该利用卸妆油仔细卸除，只要不是干性肌肤，建议再使用洗面乳进行二次清洁。

8.BB 霜与粉底的差异

BB霜和粉底的差异在哪里？

在底妆阶段使用的BB霜和粉底，以修饰肤色的机能来看很相似，但仍存在着差异。BB霜的优点是服帖度高，只要薄薄涂一层就能拥有水润感，粉底则是持妆度佳、遮瑕力好且含有保养成分。BB霜因为油分感重，会随着时间流逝而变暗，肌肤或多或少会出现“暗沉现象”，粉底的缺点是较干燥、厚重，容易有浮粉或脱妆现象。

9. 要确实了解维生素产品再使用

肌肤斑点多，一直以来都有使用维生素C保养品的习惯。我想知道维生素C产品是否真的有效，又该如何让维生素C产品的效果最大化?

维生素C具有抗氧化机能，因此具有美白效果，毫无朝气的肌肤若长期使用，能使肌肤恢复生气且让脸色变好，这是大家都知道的。不过对敏感肌肤来说，应该要从维生素C含量低的产品开始使用，再慢慢使用含量高的产品。

一般含有维生素C的产品，pH值都在3.4~4.0，算是强酸产品，会让肌肤变得干燥，最好能和保湿产品一起使用。而去角质产品中常含有的“BHA”成分，由于和维生素C一样属于强酸产品，不建议一起使用，应和维生素C产品交替使用。最后请大家一定要记得维生素C产品遇到空气和光线很容易变质，保存时一定要避免高温及阳光直射的地方。

10. 关于保养品的防腐剂

只要没有对羟基苯甲酸酯（Paraben）就不含防腐剂吗?这样的产品是否能安心使用呢?

只要保存期限在2~3年的产品就一定含有防腐剂，不含防腐剂的产品很容易变质，且可能会对肌肤造成致命的副作用。保养品中最具代表性的防腐成分就是对羟基苯甲酸脂，最近由于对羟基苯甲酸脂有害的说法甚嚣尘上，因此出现了很多强调“Paraben free”的产品，不过如果仔细阅读成分表会发现有苯氧乙醇（Phenoxyethanol）或丙醇（Propyl alcohol）类的成分，这些也都是合成的防腐剂，不表示它对人体无害。

此外，对天然防腐剂也不能掉以轻心，就算是从植物中萃取出的防腐剂，依然是防腐剂。现在有很多专家提出应该要彻底检视天然防腐剂的毒性，所以，标榜“Paraben free”的产品并非不含防腐剂，而仅含天然成分也无法称为百分之百天然产品。作为聪明的消费者，应该仔细阅读成分表，才不会被市场营销语骗得团团转。

第三章
基础彩妆

遮盖鼓起的痘痘

见朋友饮酒过量，第二天不仅肚子不舒服，连痘痘都变得敏感起来，这就是女生！为了遮住这些痘痘，化上厚厚的一层妆就可以了吧？错！我们需要的是能呈现透亮肌肤，还能同时遮盖痘痘的化妆技巧！

化妆工具	选择要点
·化妆水 Clinique-三部曲保湿洁肤水 #2，中干性肌肤用	·化妆水 挑选能够清洁毛孔的化妆水。
·饰底乳 Lunsual-清透修饰凝乳 #Ex01 绿色	·饰底乳 挑选能够遮住泛红痘痘的绿色饰底乳。
·粉底 Dior-光柔恒色水润精华粉底液 #010	·粉底 涂上薄薄的一层，挑选遮瑕效果好、服帖度高、稍微暗点的粉底。
·遮瑕膏 VDL-Brightening Tone Concealer	·遮瑕膏 挑选能够用笔涂抹、比自己肤色稍微亮些、不带红光的产品。
·蜜粉 Paris Berlin-High Teach Power #20	·蜜粉 挑选颗粒细、无厚实感的透明蜜粉。

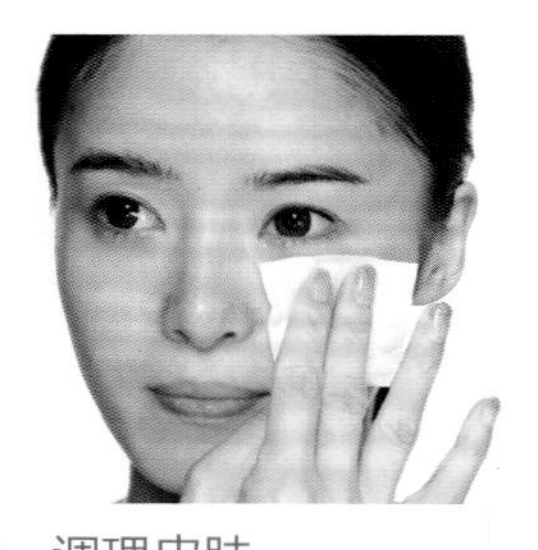

1. 调理皮肤

挑选能够清洁毛孔的爽肤水，用化妆棉蘸上适量爽肤水，擦除脸上残留的油脂和灰尘。

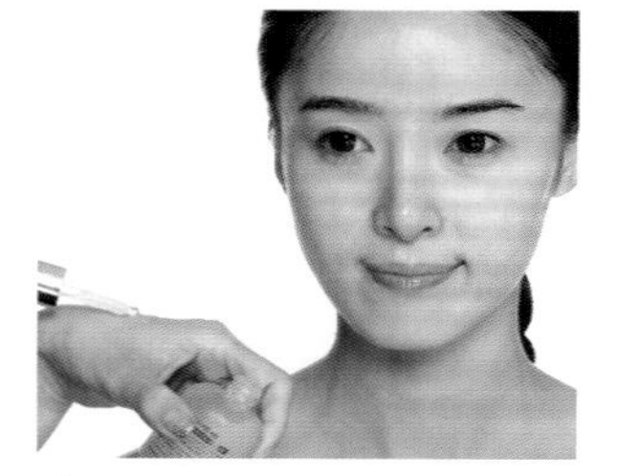

2. T字区涂上收敛水

选择能够收敛毛孔的护理产品，将收敛水倒在手背上，以毛孔集中的T区域为中心，慢慢涂抹到整个面部。

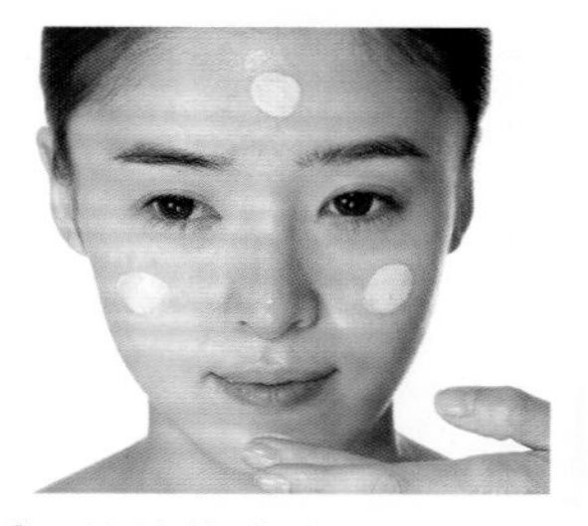

3. 涂抹饰底乳

为了让肌肤更有光泽，用含有细腻珠光的打底产品均匀地涂抹。

4. 使用粉底刷涂抹粉底

粉底液要选择轻薄、遮瑕效果好的产品。使用粉底刷沿着皮肤的纹理，均匀地涂上薄薄的一层。涂抹时毛刷别太用力，有角度地涂抹才不会留下毛刷的痕迹。

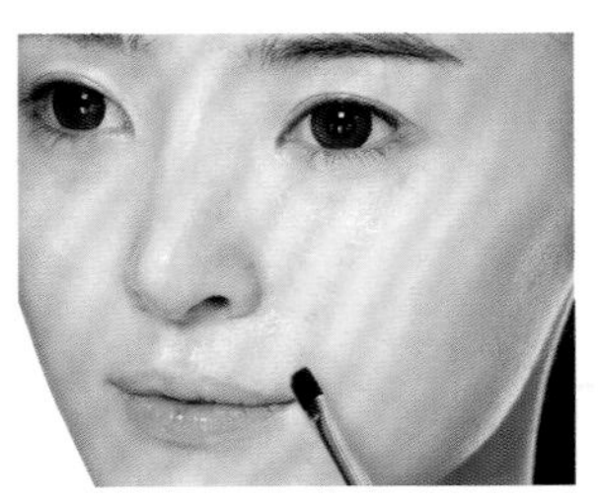

5. 使用遮瑕膏遮瑕①

用毛刷蘸遮瑕膏轻轻点在痘痘部位进行涂抹，与周边皮肤实现自然衔接。

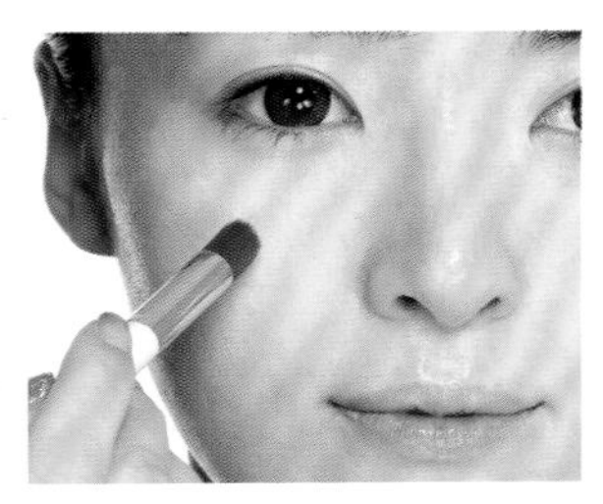

6. 使用遮瑕膏遮瑕②

使用毛刷涂抹遮瑕时，手一定要放松，不能太用力。用力的话，遮瑕膏会重新粘到毛刷上，起不到遮瑕效果。

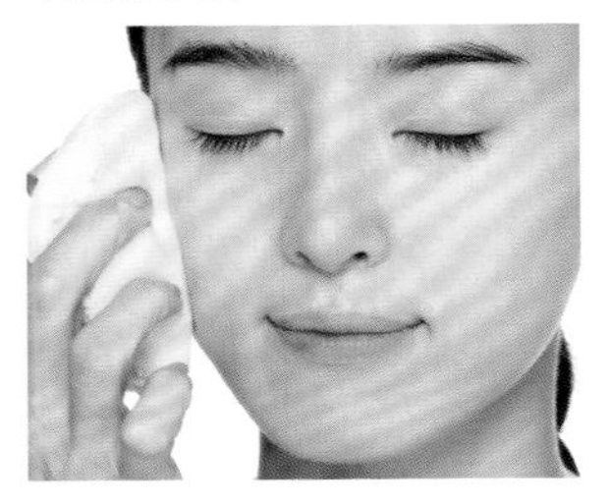

7. 以蜜粉收尾

选用颗粒细腻、持久性佳的蜜粉，从脸部四周开始轻轻涂上，剩下的余粉涂抹在脸部中央。刚才涂抹了遮瑕膏的痘痘部位一定要小心拍上蜜粉才不易脱妆。

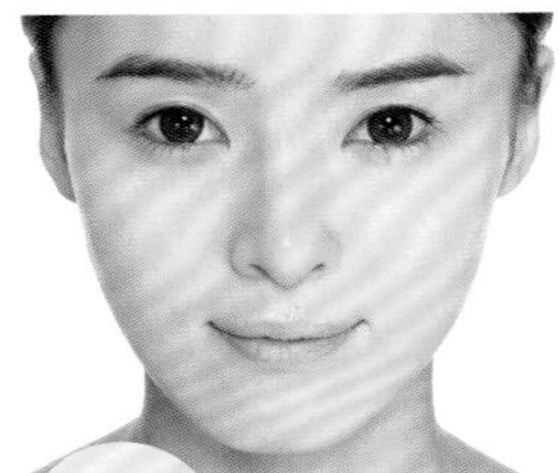

遮瑕成功！

小窍门

毫无理由地狂冒痘痘?

如果不是因为压力、便秘、过度饮酒、吸烟等原因，经常冒痘痘的话，请检查一下手指甲。可能是因为指甲过长，或是习惯性地经常触摸脸部，用脏兮兮的手指触碰脸部也可能导致长痘痘。最后确认一下身体是否上火，上火的话也会容易长痘痘，保持面部清爽对皮肤管理是有好处的。

小窍门

如何选择遮盖痘痘的遮瑕品

最好选择不太稀，油分少、稍干且略带雾面质感的遮瑕品，其遮瑕能力强。为了能遮住痘痘的红头，选含有黄色调，比粉底液（肤色）稍亮的颜色为好。

小窍门

痘痘部位涂抹蜜粉的注意事项

遮盖住痘痘的部位和已经涂上厚厚粉底液的部位，在擦蜜粉的时候，尽量不要太用力。若用力按压，会将粉底一并抹去，或在脸上形成粉痕，这点需要注意。

遮挡睡眼惺忪的黑眼圈

就算不特别说明，只要有黑眼圈，就仿佛在告诉大家："我没睡醒，好累！"。大大的黑眼圈会让脸部显得黯淡无光，让人觉得你很疲倦。但因为讨厌黑眼圈就过度遮瑕，将妆化得厚厚的、亮亮的，会导致皱纹更突出，脸部整体的妆容变得厚实，反而显得年龄较大。如何遮住恼人的"熊猫眼"呢？

化妆工具	选择要点
· 基础底妆 S2J-UV Essential Moisturizing CC 霜	· 基础底妆 选择保湿效果好，能调整肤色的基础底妆。
· 遮瑕 Benefit- 一手遮天遮瑕膏 #2 Artdeco- 魔术遮瑕笔	· 遮瑕 选择稍带杏色，保湿效果好的遮瑕产品。
· 粉底液 1:1 S2J-Complete Finish Illuminate BB 霜 S2J Palette-Premium Blemish Balm	· 粉底液 1:1 为了兼具保湿效果和遮瑕效果，将 BB 霜与粉底液按 1:1 混合。
· 蜜粉 Paris Berlin- High teach Power #20	· 蜜粉 选择颗粒细腻且透明的蜜粉。
· 眼周蜜粉 Bobbi Brown- 零瑕疵光感修片粉 # 黄	· 眼周蜜粉 选择黄色或杏色的较好。

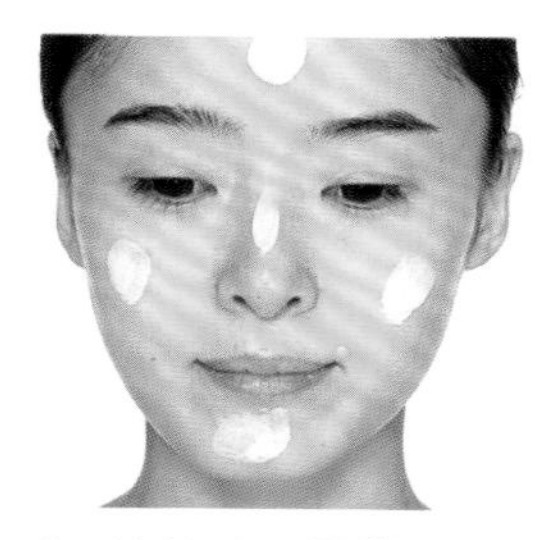

1. 涂抹 CC 霜①
保持皮肤湿润，选择能让肤色发亮的 CC 霜，脸部涂上薄薄的一层。

2. 涂抹 CC 霜②
用手指涂到面部的每个角落，特别是有黑眼圈的眼部周围，要涂抹得细腻、湿润。

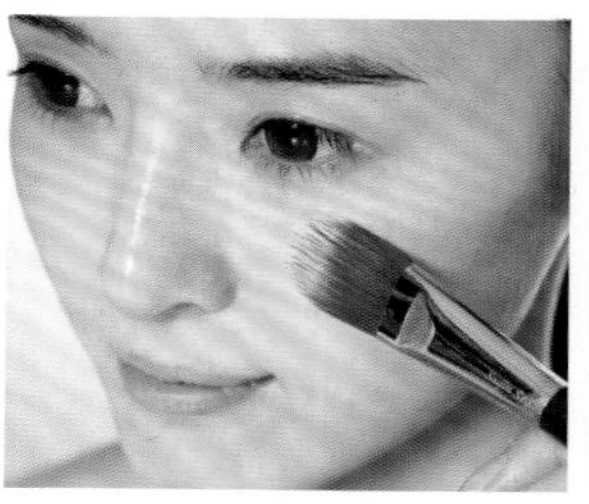

3. 涂抹粉底液 +BB 霜
将粉底液和 BB 霜按 1:1 的比例混合，使用毛刷时不要用力，调整角度，沿着皮肤的纹理涂抹。有黑眼圈的眼部周围不要涂抹。

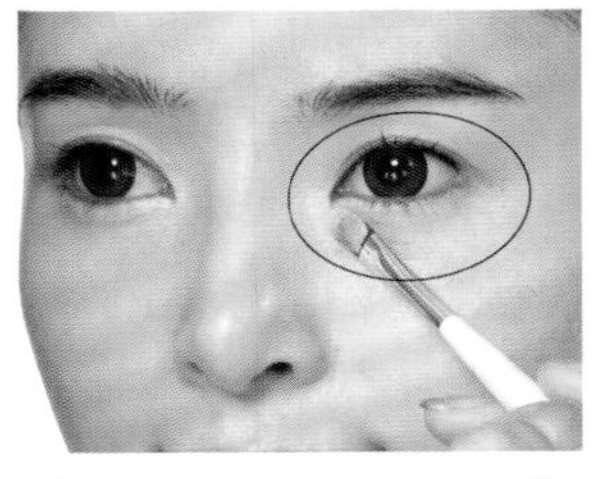

4. 遮住大大的黑眼圈①

黑眼圈周围的眼部皮肤涂抹遮瑕膏，黑眼圈较明显时，用毛刷轻蘸带有杏色的遮瑕效果较好的遮瑕膏，左右来回均匀涂抹，连小细纹之间的缝隙也不能漏掉。

5. 遮住大大的黑眼圈②

上眼皮也用如上方法将暗的部分全部遮住。

6. 用指腹轻拍

抹上遮瑕膏后，用指腹轻轻拍打去除毛刷的痕迹，提高遮瑕膏的附着力和持久性。

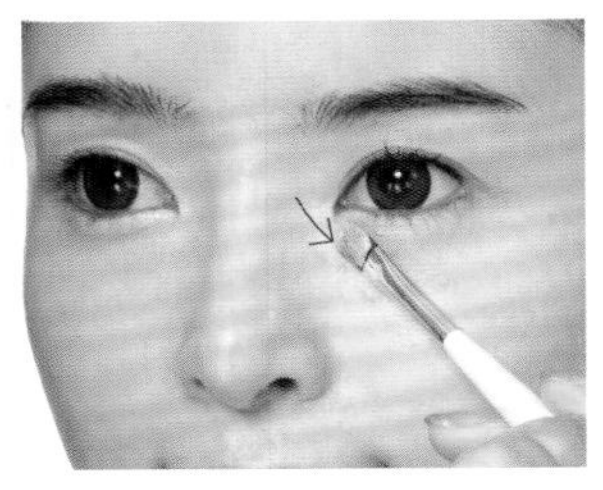

7. 遮住浅的黑眼圈

如果黑眼圈较浅不太明显，可以使用质地较稀的遮瑕笔用同样的方法涂上。与步骤 4，5，6 的过程相同。

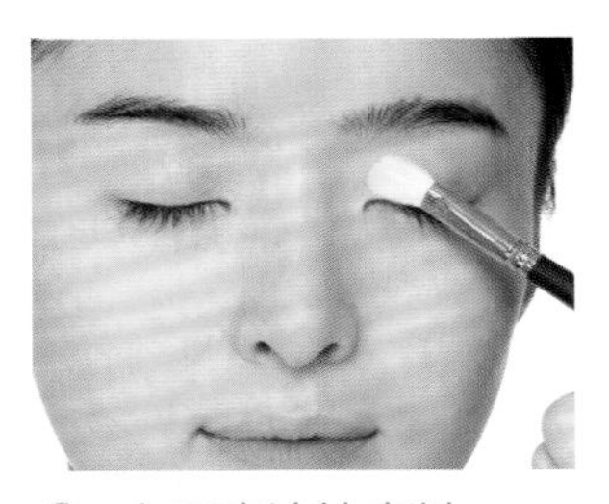

8. 上眼皮涂抹蜜粉

使用软毛刷蘸上能柔化黑眼圈的浅黄色蜜粉，细腻地涂在上眼皮上，进行双重遮挡。

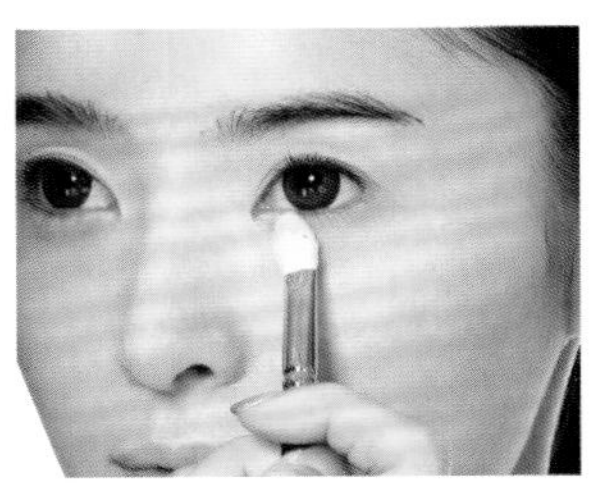

9. 下眼皮涂抹蜜粉

使用能柔化黑眼圈的浅黄色蜜粉，用软毛刷涂抹盖住下眼皮的黑眼圈。

黑眼圈
遮盖
完成！

小窍门

根据黑眼圈的情况选择遮瑕膏的技巧

1. 遮盖大大的黑眼圈

选择杏色的遮瑕效果好的霜类遮瑕膏为佳，用杏色的蜜粉进行双重遮盖较好。

2. 遮盖浅的黑眼圈

选择亮杏色和能用软笔涂抹的液态遮瑕膏较好、适合选择黄色或者杏色的蜜粉进行双重遮瑕。

修饰暗沉不均的肤色

疏于清洁导致色素沉积、被紫外线灼伤及岁月痕迹都使皮肤不够光滑透亮。光滑透亮的皮肤是健康皮肤的最基本条件。但是每天煞费苦心进行皮肤美白管理却收效甚微。无论如何都得不到白皙的皮肤时，尝试一下完美的遮瑕技术怎样？

化妆工具	选择要点
· 饰底乳 S2J-UV Essential Moisturizing CC 霜	· 饰底乳 选择让皮肤变得湿润亮泽的基础化妆品。
· 粉底 1:1:1 S2J-Complete Finish Illuminate BB 霜 Dior- 清透光裸肤粉底液 #010 Ivory Banila.co-The Secret Highlighter # 01 Star	· 粉底 选择能够同时保湿遮瑕的 BB 霜。 选择粉红或杏色微珠光的粉底。
· 蜜粉 RMK- 水凝柔光蜜粉 #poo	· 蜜粉 选择带有珠光的亮粉色或者亮杏色的蜜粉。
· 眼周蜜粉 Bobbi Brown- 零瑕疵光感修片粉 # 黄	· 眼周蜜粉 在眼部周围用粉黄色或者浅桃杏色的蜜粉比较好。

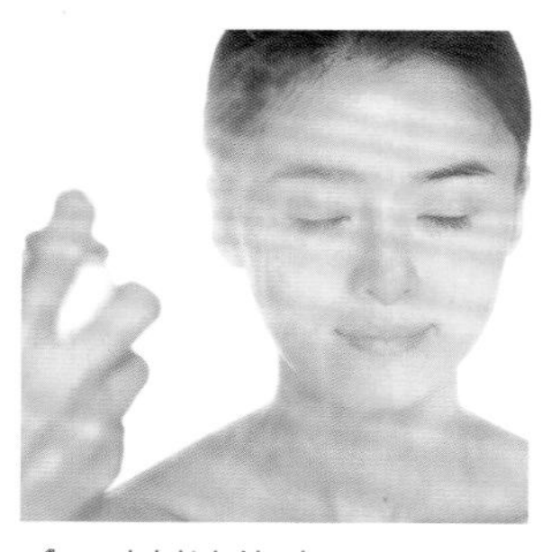

1. 喷射液体喷雾

在离脸部 20 厘米左右的位置，喷射精华喷雾，从而充分润泽肌肤。

2. 打底妆

充分涂抹乳液和润肤霜后，将能调亮肤色的饰底乳挤出一颗豆子大小，在脸部均匀涂抹，从而提升脸部亮度。

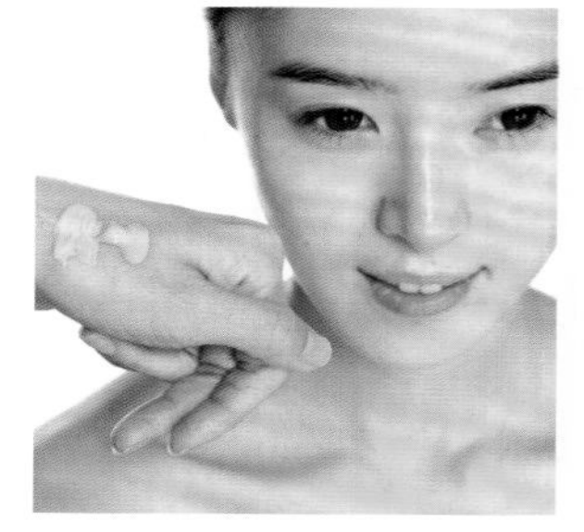

3. 混合粉底液

将 BB 霜、粉底和珠光粉底按照 1:1:1 的比例混合在一起，调和成粉色系的滋润型粉底液。因为要修饰深色肌肤，所以应选择比本身肤色亮一度或两度的产品。

4. 涂抹粉底霜

提亮肤色时，粉底的服帖感很重要。轻轻地用粉刷涂抹上薄薄的一层，用海绵轻轻地拍打，效果会更佳。

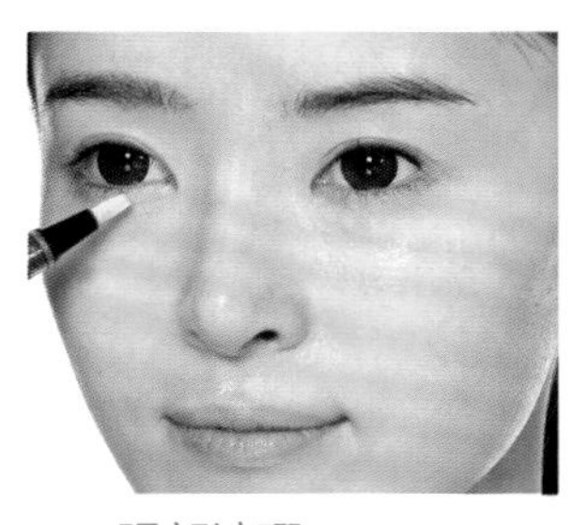

5. 眼部遮瑕

脸部暗沉的话，眼周也可能存在暗沉问题。用浅杏桃色的遮瑕膏提亮眼周围。因粉底上得很薄，遮瑕也只要薄薄的就好。

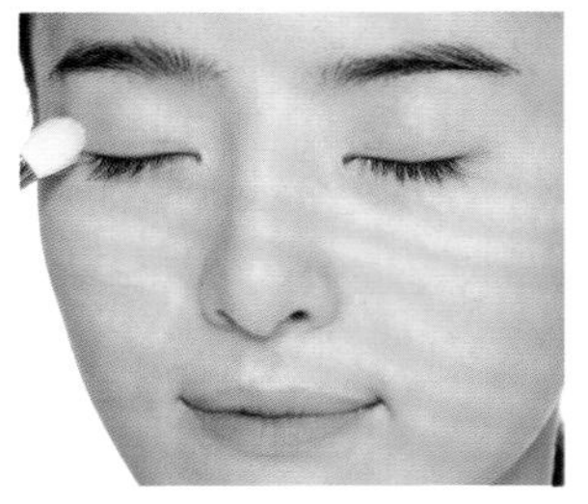

6. 上眼周蜜粉

用中等大小的粉刷确定涂粉的量，仔细涂抹上眼皮和眼下部位，进而调节肤色，嘴角和鼻翼也要仔细涂抹，整体呈现华丽的氛围。

7. 涂抹珠光蜜粉

想在明亮的肤色上增添光亮感的话，先以刷具蘸取珠光蜜粉轻轻刷上。过量涂抹蜜粉，会掩盖住明亮清澈的感觉，所以必须正确调整使用量，正确使用会使人看起来更加美丽耀眼。

小窍门

5 种生活习惯打造美白肌肤

1. 从内而外补充水分

拥有水润透亮肌，除了外在保湿，从体内补充水分也很重要。

2. 一周去角质 1~2 次

要定期去角质，一周 1~2 次即可。使用温和的去角质产品，轻轻按摩以后清洗干净，再涂抹上保湿度高的乳霜，来维持肌肤的润泽感。

3. 牛奶洗脸兼具美白和去角质功效

牛奶对皮肤具有美白和保湿功效，其中的蛋白质分解成分具有去角质效果，用微温的牛奶按摩脸部，再用清水洗干净，对皮肤美白很有帮助。

4. 淘米水洗脸也会美白

注意第一遍、第二遍淘米水要倒掉，用第三遍淘米水洗脸才行。再以冷水洗脸收缩毛孔，紧致肌肤。

5. 随时补充维生素

维生素有改善皱纹、美白、抗酸化、促进弹力等美容效果，维生素 C 能抑制黑色素生成、预防色素沉着，让暗沉肌肤重获新生，更加白皙亮丽。

修饰让肤色脏脏的痣、雀斑

好莱坞的话题女王林赛·罗韩，在影片中成功展现了连雀斑也很可爱的形象。梅根·福克斯的性感，让媒体连她眼下的细纹都觉得性感。但是对于一般人而言，痣和斑点只会让肌肤看起来脏脏的。皮肤科专家曾表示完美消除痣和斑点很困难，那现在让我们来学习如何用化妆来遮掉痣和雀斑吧。

化妆工具	选择要点
·饰底乳	·饰底乳
S2J-UV Essential Moisturizing CC 霜	挑选防紫外线及调整肤色的饰底乳。
·粉底	·粉底
M.A.C-Studio Stick Foundation	选择遮瑕力好的粉底即可。
·遮瑕	·遮瑕
Arideco-Perfect Tnint 遮瑕 3 号	眼部周围要选择液态的遮瑕笔。
Paris Berlin- 遮瑕组	挑选遮瑕力较强的霜状遮瑕膏用于遮痣。
Courcelles- 遮瑕笔	遮深色的痣时要用遮瑕笔。
·蜜粉	·蜜粉
Paris Berlin-High Teach Power #20	选择颗粒细腻的蜜粉。

1. 挑选饰底乳

基础保养选择含水量比油多的保养品，充分按摩以促进肌肤充分吸收。取能提高服帖度的饰底乳（约一颗豆子大小），均匀涂抹在全脸。

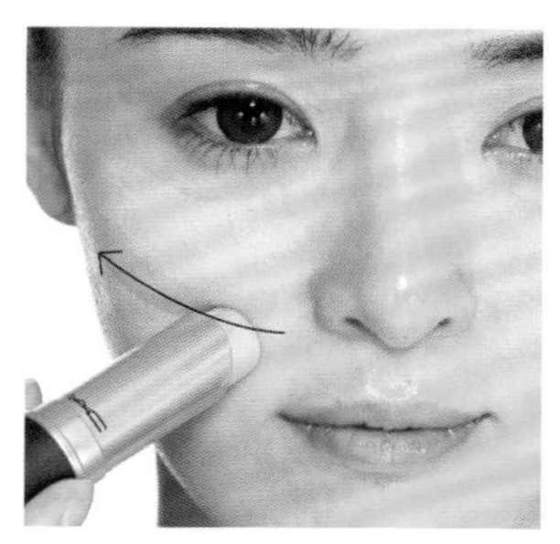

2. 涂粉底①

肌肤斑点多的话，局部涂抹遮瑕品没有太大意义。这个时候使用服帖度高和遮瑕力强的粉底棒，整体涂抹效果最佳，用粉底棒沿着肌肤大范围由内向外涂抹。

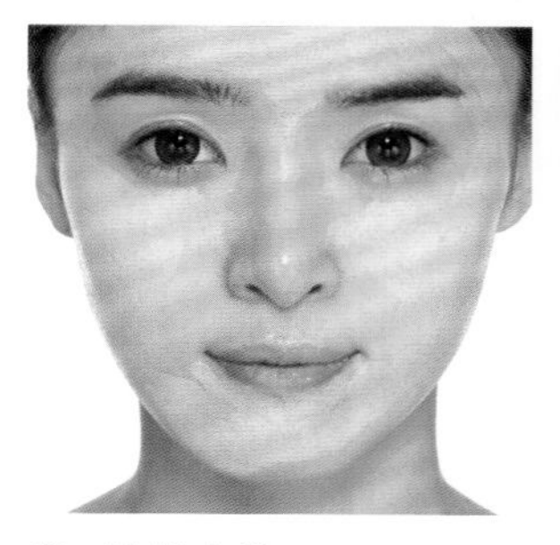

3. 涂粉底②

在脸部大范围用粉底棒涂抹，但是眼部周围不能涂太厚，不然会突显皱纹。

4. 涂粉底③

放松手腕力道，用海绵仔细轻轻推匀。鼻部涂抹粉底过厚的话，会让整体妆感看起来厚重，所以要用海绵轻轻推薄。

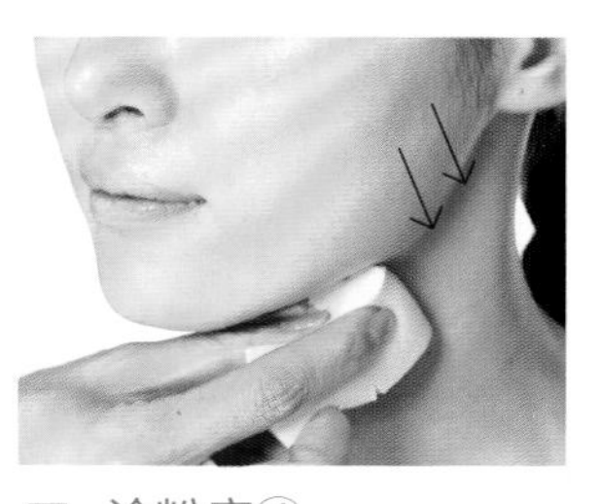

5. 涂粉底④

涂抹遮瑕力较强的粉底时，为避免脸和脖子产生色差，将海绵上残留的粉底由上往下仔细地涂抹在脖子上。

6. 眼周遮瑕

在全脸使用了高度遮瑕的粉底棒后，眼部周围要使用质地较稀的遮瑕产品，薄薄地涂一层。

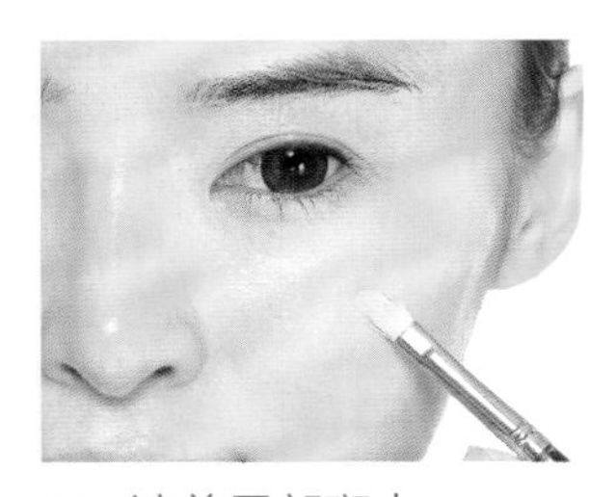

7. 遮盖局部斑点

粉底棒无法遮住的瑕疵，可使用刷具蘸取较浓稠的霜状遮瑕品进行二度遮瑕。

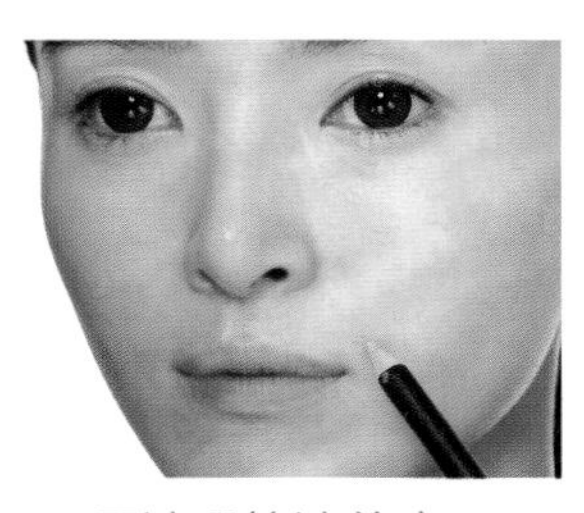

8. 用遮瑕笔遮盖痣

如果痣的颜色很深，可以选择使用遮瑕笔。遮瑕笔点在痣上以后，用指腹轻轻地拍打均匀。

9. 上蜜粉

想呈现更完美的肌肤，要用粉扑蘸取颗粒细腻且不太厚重的蜜粉，从额头、脸颊等部位开始。将眼周围、嘴角、鼻翼仔细遮好。

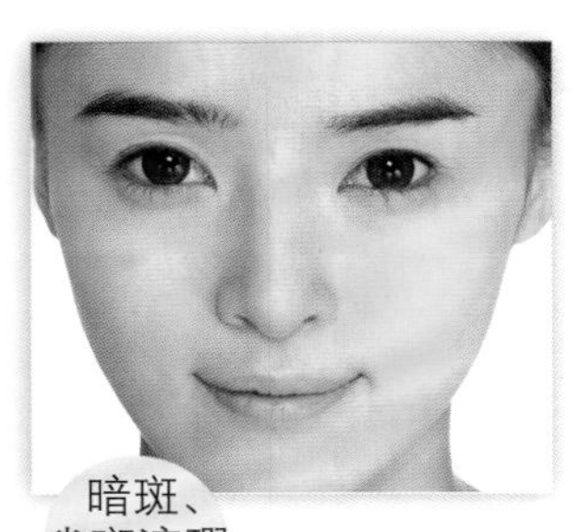

暗斑、雀斑遮瑕完成！

小窍门

遮盖痣与雀斑，最重要是持久度！

想要完美地遮盖痣和雀斑，关键在于提升持久度，此时，基础保养品就变得很重要。如果基础保养品含油量高，随着时间流逝，瑕疵就会再现。为了提升持久度，必须再上蜜粉。使用粉雾状的产品进行遮瑕，担心看起来不够润泽就上很少量的蜜粉，担心持续力下降造成脱妆，这时可使用珠光蜜粉，轻轻扫在鼻梁及苹果肌部位，增添立体透亮的妆效。

修饰皮肤老化的证据——法令纹

年轻演员们饰演老人时，都要化老年妆。化老年妆绝对不会缺少的就是法令纹。法令纹确实反映了我们生活的岁月痕迹。化妆虽然不能抚平皱纹，但是使用遮瑕产品也能起到一定的修饰效果，能让我们看起来更年轻。

化妆工具	选择要点
· 饰底乳	· 饰底乳
Espoir-Dewr Face Glow Volume	选择涂抹后有光泽感的油状饰底乳。
· CC 霜	· CC 霜
S2J-UV Essential Moisturizing CC 霜	选择水润且防紫外线的 CC 霜。
· 遮瑕	· 遮瑕
Artdeco-Perfect Tnint # 遮瑕 3 号	选择亮色的液态笔状遮瑕产品。

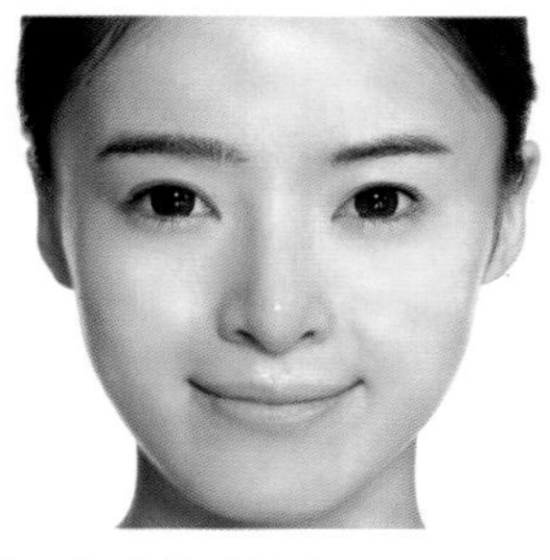

1. 完成基础打底

所有遮盖皱纹的化妆技法核心都是保持润泽感。充分保湿后，让油分与水分在肌肤表面形成一层保护膜是不错的方法。从打底开始形成一层油分，并用添加了保湿精华的 CC 霜使肌肤看起来更具润泽感。

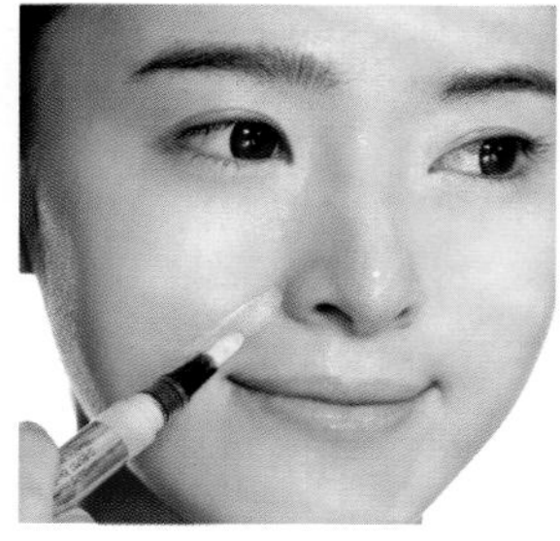

2. 修饰法令纹①

用比粉底液亮度更高的遮瑕产品，薄薄地、水润地沿着法令纹描绘。

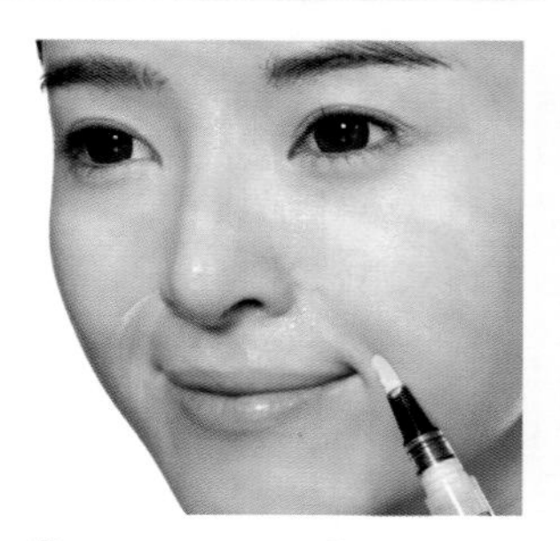

3. 修饰法令纹②

往两边描绘两次，维持适度的润泽感。

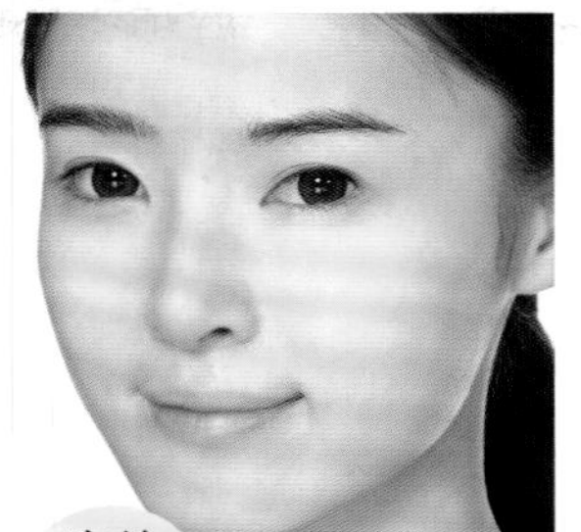

遮盖法令纹完成！

4. 用指腹拍打

用指腹轻轻拍打，让遮瑕品自然延伸。使用遮瑕产品遮挡法令纹后，最好不再使用蜜粉，这样不仅能维持润泽感，而且一出现细纹就用指腹轻轻拍打就能自然遮盖掉了。

小窍门

遮盖皱纹的核心技术

不论是哪种皱纹，遮盖的重点都在于润泽感。法令纹也不例外，在完成润泽的底妆后，使用薄透的遮瑕品来遮盖。法令纹处绝对不能用厚重或粉雾状的产品来遮瑕。虽然涂抹太厚可以用亮一点的颜色来修正，但是经过一段时间，皱纹纹理就会看起来更加明显。所以想自然遮掉皱纹，重点在维持一定的润泽度，即使化完妆过了一段时间细纹出现，用指腹轻轻点拍就能自然遮盖。

遮盖皮肤粗大毛孔

对于没有弹力的肌肤而言，比皱纹更具有威胁力的恐怕就是粗大的毛孔了。专家们也曾表示，要是肌肤弹力越来越弱的话，缩小毛孔会是个很大的难题。但如果将毛孔粗大置之不理的话，化妆时毛孔问题会更加明显。先利用去粉刺的产品去除粉刺，深层清洁毛孔，是修饰毛孔的第一个重要课题。

化妆工具	选择要点
· 化妆水 Clinique－三部曲保湿洁肤水 #2，中干性肌肤用	· 调理毛孔 选择油分含量比较少的产品。
· 收缩毛孔 Skinmiso－毛孔收敛三件组合	· 粉底 选择含油量较少、遮瑕力好且持久的粉底。
· 毛孔隐形产品 Benefit－好无油虑打底霜 Makeupforever－控油润肤露	· 蜜粉 选择涂抹起来无厚重感、颗粒细腻的产品。
· 粉底 Estee Lauder－持久防晒粉底	
· 蜜粉 Paris Berlin－High Teach Power#20	

1 调理肤质

· 使用能调理毛孔的化妆水，用化妆棉蘸取并轻轻擦拭脸部毛孔较多的部位。

2 涂抹收缩毛孔的产品

· 在脸上涂抹能收缩毛孔的产品，维持足够的润泽感。

3 涂抹毛孔隐形产品

· 仔细涂上毛孔隐形产品，打造光滑肌肤。这时以指腹稍微施力，由内向外如轻拨一般，更能使毛孔隐形。

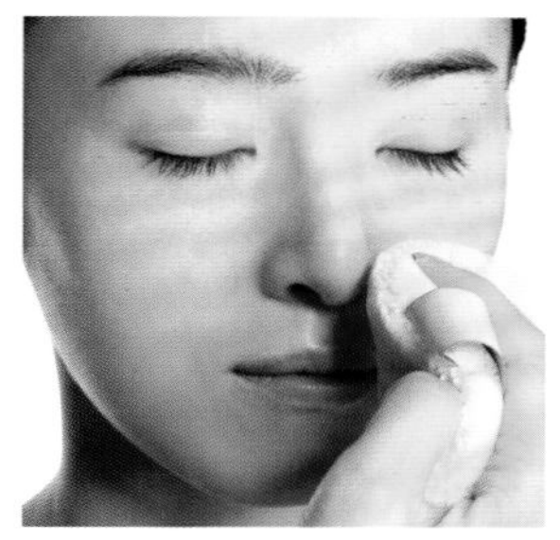

4. 上粉底

为了遮住毛孔，需选择带点粉雾感的粉底，从额头、脸颊等大范围开始涂抹，不要由内向外拍点，要使用推匀方式来涂抹。

5. 上蜜粉

使用有珠光或油分的产品会让毛孔显得更加明显，要使用具有控油效果的蜜粉来吸附毛孔周围的油脂，不要用按压的方式上蜜粉，用轻轻拍打的方式更能提升服帖度。

小窍门

化妆遮盖毛孔时的注意事项

1. 从内而外补充水分

油分和珠光会让毛孔看起来更加明显。如果使用颗粒细腻且含少量珠光的蜜粉不会有太大影响，但珠光过多就会适得其反，应多加注意。

2. 不要经常使用毛孔隐形产品

建议大家只在特别的日子才用毛孔隐形产品。若经常使用毛孔隐形产品，反而容易阻塞毛孔，使症状变严重。所以建议只在非常重要的日子稍微使用一下就好。

3. 深层清洁很关键

使用了毛孔隐形产品后，卸妆时更要着重深层清洁，要使用有深层清洁毛孔功效的洁面乳，在脸上充分按摩后，再仔细冲洗干净。

让干性皮肤变成润泽美肌

“千万不要在车里开暖气”，以美丽肌肤闻名的某位韩国女艺人曾这样说过。从这句话不难理解，粗糙且缺少光泽的干性皮肤，更易产生皱纹，也会加速肌肤老化。如果你是天生的干性肌肤，除了日常生活中要多补充水分，连化妆时也要养成补水的习惯。

化妆工具	选择要点
・喷雾 VDL-Botanique Hydro Relief Mist	・喷雾 选择含精华成分的喷雾。
・精华液 S2J-Ultra Collagen Moisturizing Essence	・精华液 选择有补水控油双重功效的精华液。
・乳霜 S2J-Perfectionist Moisturizing Cream	・乳霜 选择补水效果明显的、可持久保湿的乳霜。
・饰底乳 Espoir-Dewy Face Glow Volume	・饰底乳 选择涂之后能呈现光泽感的油状饰底乳。
・CC 霜 S2J-UV Essential Moisturizing CC 霜	・CC 霜 选择高度保湿、防紫外线且具有遮瑕功效的 CC 霜。
・遮瑕 Paris Berlin-The Crayon #CR217	
・蜜粉 Paris Berlin-Highteach Power#20	・蜜粉 选择能维持润泽感的矿物蜜粉。

1. 喷上喷雾
在距脸部 20 厘米的位置喷射可以让皮肤有润泽感的精华喷雾，以充分供给水分。

2. 涂抹精华液
沿着肌肤由内向外涂抹精华液，轻轻拍打肌肤有助于更好地吸收精华液中的营养成分。

3. 涂抹乳霜
使用能长时间维持肌肤润泽感的乳霜，取一颗红豆大小的量涂抹在脸上，轻轻擦拭、拍打即可。

4. 涂抹保湿膏

使用含有细小珠光的保湿膏，从视觉上增加润泽感。若没有保湿膏，可使用脸部保湿油或者是含油脂成分的饰底产品，有助于形成保护膜。

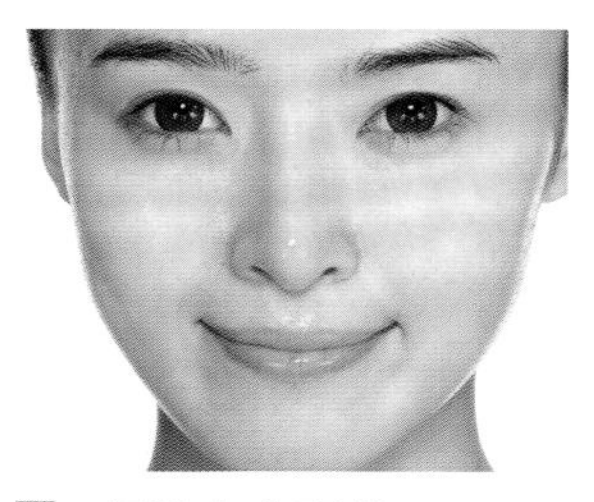

5. 帮助水分吸收

涂抹 CC 霜之前，要充分地按摩来帮助吸收。乳霜吸收过后太久才补上底妆容易不均匀，要在 5 分钟以内涂抹 CC 霜。

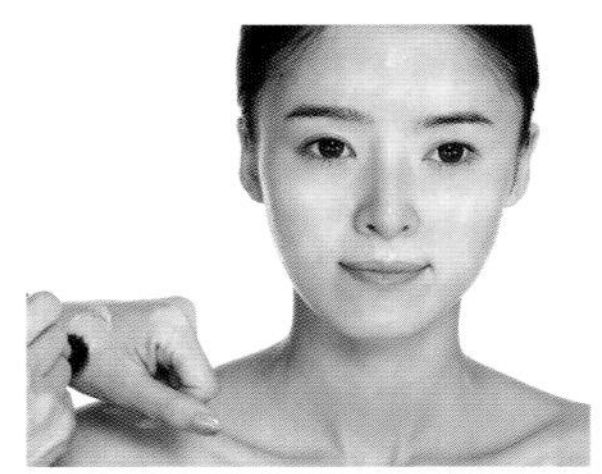

6. 涂 CC 霜①

CC 霜相比 BB 霜而言更保湿，以刷具蘸取 CC 霜，从额头、脸颊等大范围开始刷，要从内向外刷。

7. 涂 CC 霜②

想要 CC 霜更加服帖可以将刷子打直，手腕力道放松，按照肌肤纹理轻轻刷。如果产生粉刷痕迹，可蘸湿海绵轻轻推匀，打造服帖又没有刷痕的妆感。

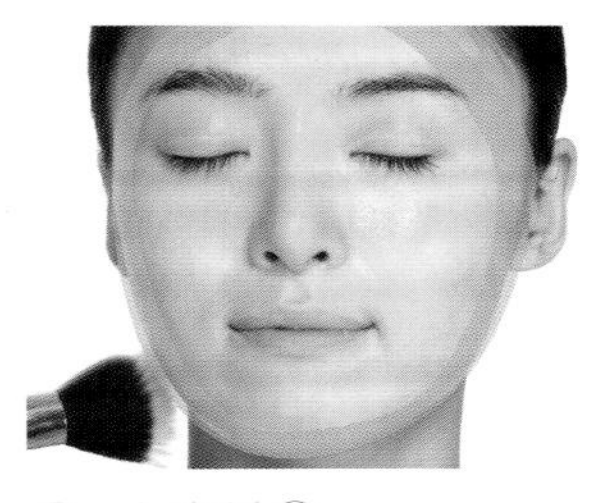

8. 上蜜粉①

不能因为皮肤干燥就完全不上蜜粉。用粉刷蘸取蜜粉，刷在靠近发际的脸部轮廓外侧，能呈现清爽不黏腻的妆容。

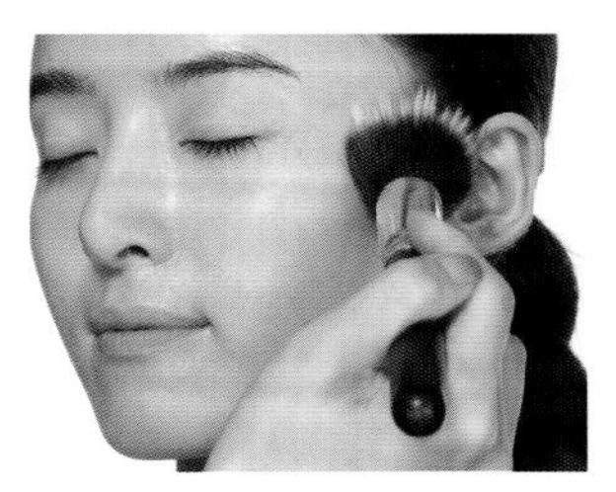

9. 上蜜粉②

只在脸部轮廓刷上蜜粉，其他部位维持润泽，根据个人情况，鼻翼两侧或者脸颊周围毛孔较粗大的话，可少量使用蜜粉，有助于妆容持久。

小窍门

活用油类产品，为干性皮肤打造保水膜

干性皮肤要补充水分并不难，关键就在于持久度。这时我们要使用的就是精华油。先使用喷雾、精华液、保湿霜形成保湿膜后，滴1~2滴天然成分的精华油均匀涂在全脸形成保水膜，水分也不易消失。建议以指腹蘸取油脂后，将其轻薄、均匀地涂在脸上。

让油性肌肤变成清爽陶瓷肌

油性肌肤化妆后很容易出现妆感晕染的情况，根源就在于皮脂分泌过多。适度的油脂虽有利于肌肤滋润有光泽，但油脂分泌过多却成了“糊妆”的主要原因。不过为了“抓住”油脂涂抹过量的蜜粉，则会让肌肤失去润泽。想维持肌肤润泽，表面又能舒爽，一定要学会以下彩妆神技。

化妆工具	选择要点
· 精华液	· 精华液
Skin Miso-T 字收敛精华	选择可抑制 T 字区过多油脂分泌的产品。
· 饰底乳	· 饰底乳
植村秀 -UV 泡沫隔离霜	挑选油脂较少的饰底产品。
· 毛孔隐形产品	· 毛孔隐形产品
Make Up Forever-Eyelid Basen	挑选能遮饰毛孔、调理肤况的透明产品。
	· 粉底液
	挑选持妆度佳、含油量少的粉底。
· 蜜粉	· 蜜粉
Tosowoong-Silk Touching Power	挑选颗粒细小且具控油功效的蜜粉。
· 眼周蜜粉	· 眼周蜜粉
Bobbi Brown- 零瑕疵光感修片粉 # 黄	挑选可以修饰黑眼圈、能调节皮脂分泌的黄色蜜粉。

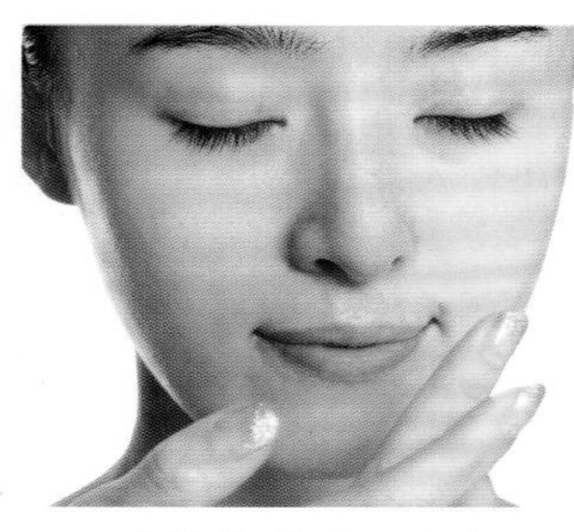

1. 涂抹化妆水、T 字区精华液

用化妆水擦拭掉脸上残余的油分后，在 T 字区涂抹精华液来抑制过多皮脂分泌并收缩毛孔。

2. 涂抹饰底产品

取少量含油量少的饰底产品，均匀、薄薄地沿着肌肤纹理涂抹全脸。

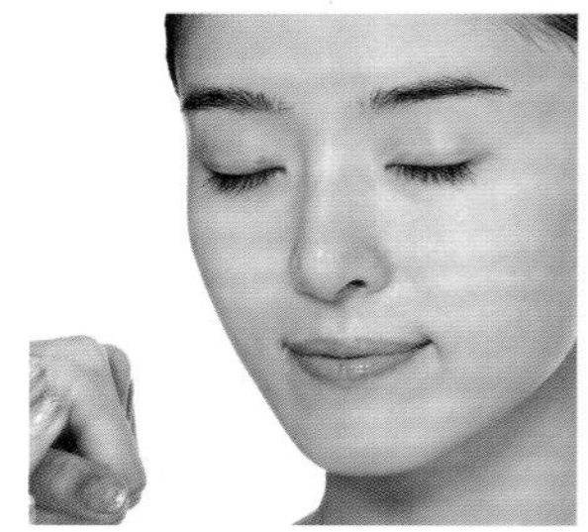

3. 涂抹毛孔隐形产品

毛孔明显的部位，使用毛孔隐形产品集中地在该部位推匀。

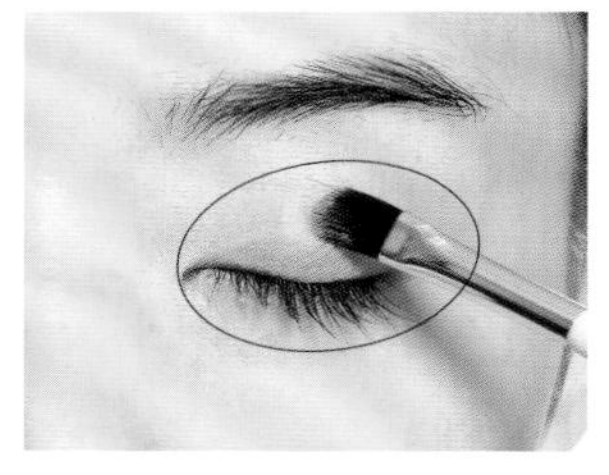

4. 上粉底①

挑选持妆度高带点雾状的粉底，用粉刷蘸取并薄薄地涂抹在全脸。

5. 上粉底②

若想让粉底持妆时间更长，可用海绵在脸上稍微拍打一下。

6. 刷上眼部专用打底

为保证眼妆持久性和显色度，油性肌肤应使用眼部专用打底产品，在眼窝部位轻薄地刷上即可。

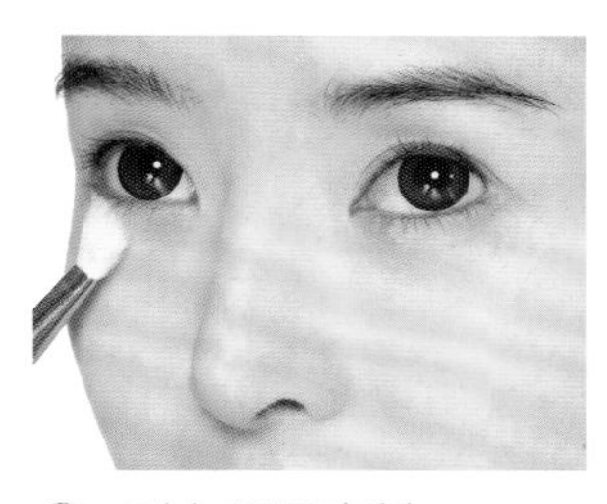

7. 拍上蜜粉

蜜粉有助抓住油脂，用粉扑蘸取蜜粉，轻轻在手背上抖掉余粉后，仔细地拍在全脸。

8. 刷上眼周蜜粉

为了完美调节眼部周围的皮脂，以刷子蘸取修饰蜜粉[I]，轻薄地再刷一次。

9. 掸掉多余蜜粉

不小心沾染的蜜粉，用扇形刷[II]来轻轻掸掉。

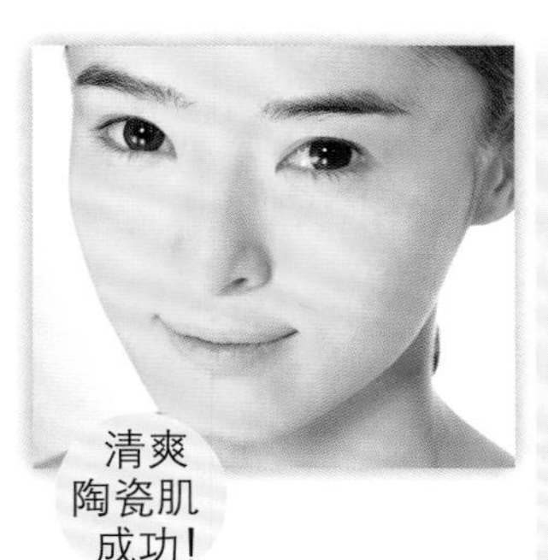

清爽陶瓷肌成功！

关键点

Ⅰ 修饰蜜粉是能够调整皮肤色调及缺点的蜜粉，能提升粉底的持妆力，保证不易脱妆，非常适合用在眼周部位。

Ⅱ 扇形刷是一种美容刷具，主要用于掸掉眼周下方残留的眼影、蜜粉。使用时要轻轻地、温柔地扫过。

小窍门

油性肌肤化妆的重点

1. 皮肤保养要清爽

相对油类产品，应该选择轻盈的保湿产品。

2. 粉底比 BB 霜好

雾状的粉底比 BB 霜更适合油性肌肤。

3. 蜜粉是必需品

能控油的蜜粉很重要。

让苍白肌肤变成性感健康肌

摇滚歌手碧昂丝，超级名模泰拉·班克斯，模特兼电影演员金·卡戴珊等都是好莱坞著名的性感明星。她们的性感指标在于有一身兼具健康与时尚美感的古铜色皮肤。不过，如果只是一味地想把肌肤变成古铜色，是无法像她们一样性感的。想拥有像她们一样的性感风情，必须同时掌握色彩、光泽及技巧才行。

化妆工具	选择要点
· 粉底 2:1:1 Laura Mercier-bronzing gel DIOR- 轻透光裸肤粉底 #030 Banila.co-The secret highlighter #02 moon	· 粉底 没有古铜色粉底的话，也可在粉底中加入古铜色珠光产品混合使用。 挑选比自身皮肤颜色暗 2 个色阶的粉底液即可。
· 蜜粉 Paris Berlin-High teach Power	· 蜜粉 挑选颗粒小的具有透明感的蜜粉。

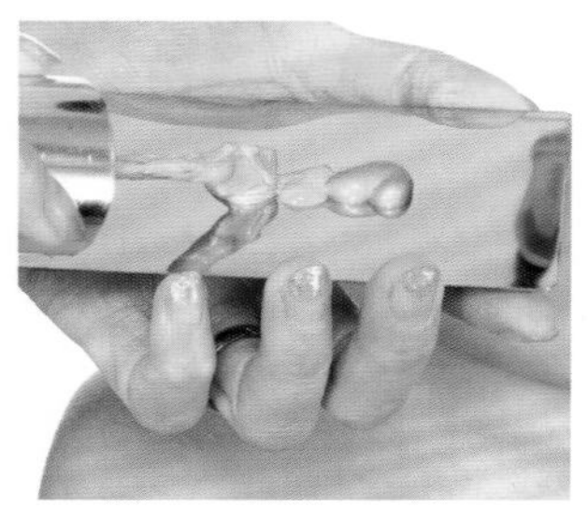

1. 混合粉底①

基础的皮肤保养后，先薄薄涂上饰底乳，将古铜色粉底、一般粉底与亮粉分别以 2 ∶ 1 ∶ 1 的比例进行调和。

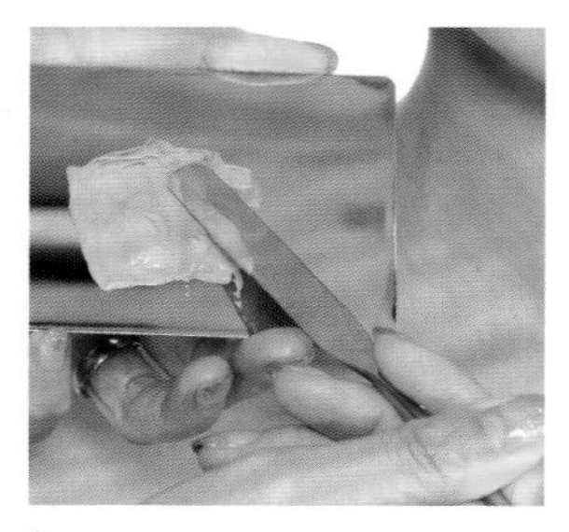

2. 涂抹饰底产品

将 3 种粉底挖到容器中，以刮棒调和均匀。

3. 涂抹毛孔隐形产品

用粉刷蘸取调和好的粉底，薄薄地涂在肌肤上，要涂到完全看不到原来肤色为止。

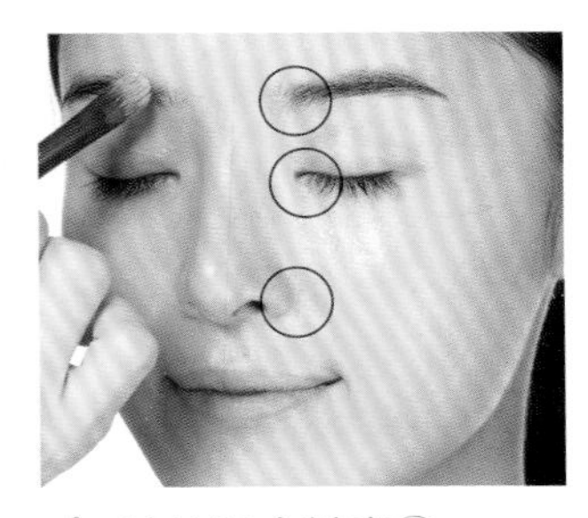

4. 涂抹混合粉底②

用粉刷蘸取遮瑕用粉底，仔细地在眼周、嘴角、眉头附近一一修饰。

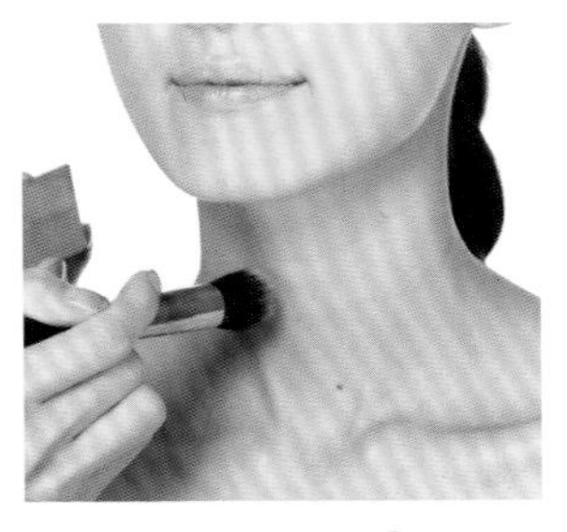

5. 涂抹混合粉底③

为避免脖子与脸部肤色产生色差，脖子也要涂抹混合的粉底。

6. 上蜜粉

保留脸上的润泽感，只在脸际刷上蜜粉。

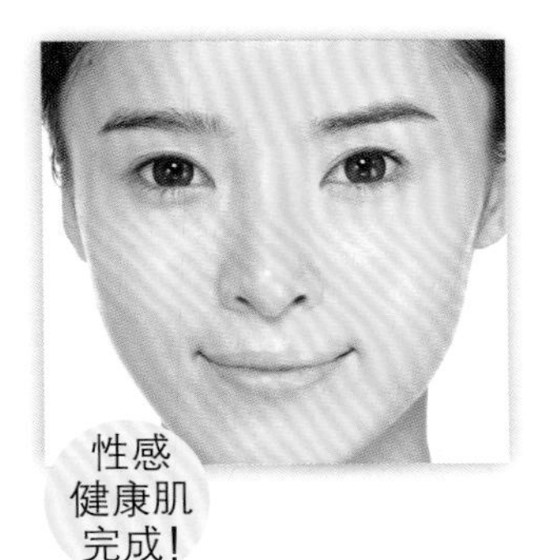

小窍门

色彩和光泽赋予黝黑肌肤生命

肌肤颜色过深的话，看起来会给人生病或带点晒黑俗气的印象，所以在呈现防晒妆时最好能适度活用珠光粉底。古铜色粉底应该挑选带有珠光的产品，才能增添肌肤的光泽感。若没有此类粉底液，可以把含有珠光的乳液加入饰底产品中使用，再者就是将珠光亮粉和饰底产品混合将使用。

修整出漂亮的眉形——眉毛化妆法

眉毛决定了一个人80%的印象，根据脸型、个人气质的不同，每个人的眉毛都有适合自己的厚度、长度、颜色，由此可知，的确存在着特定的“眉毛公式”。虽然也有把眉毛修整得很好的朋友，但是不会修整眉毛的朋友还是占多数。不必过于担心，只要学会修整眉毛的形状，就能让眉毛化妆这件事，事半功倍。

化妆工具	选择要点
·眉笔 Evony ·眉粉 M.A.C- 时尚焦点小眼影 #Sofa ·染眉膏 Etude House- 青春谎言染眉膏 #1 Rich Brown	·眉粉 选择没有红光与珠光的自然咖啡色眼影。

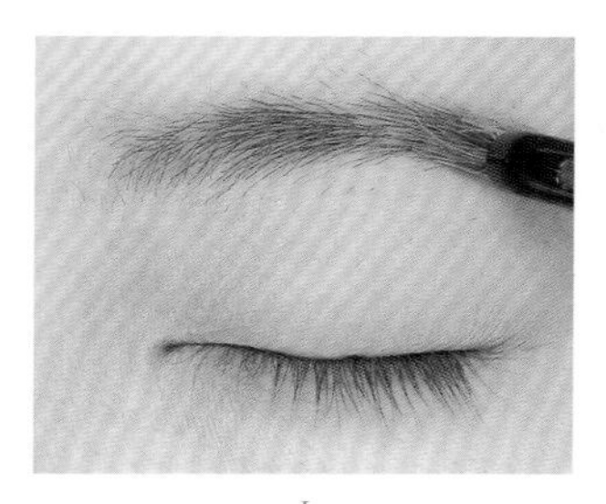

1. 使用眉刷

·修整眉毛前，先用眉刷顺着眉毛的生长方向梳理一下。

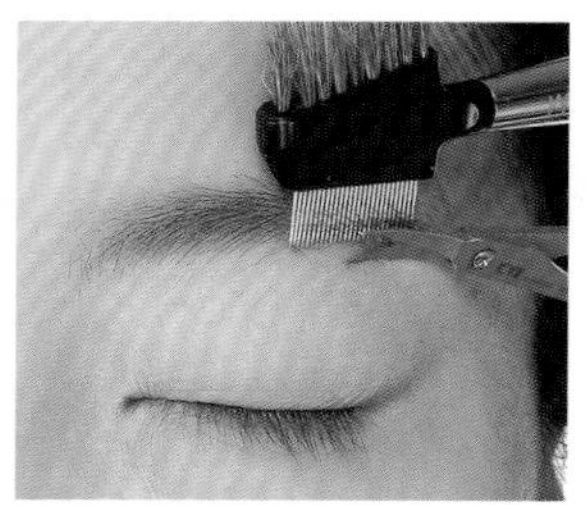

2. 修剪眉毛①

·使用眉毛刷梳理眉毛，突出的眉毛部分就用剪刀修剪。

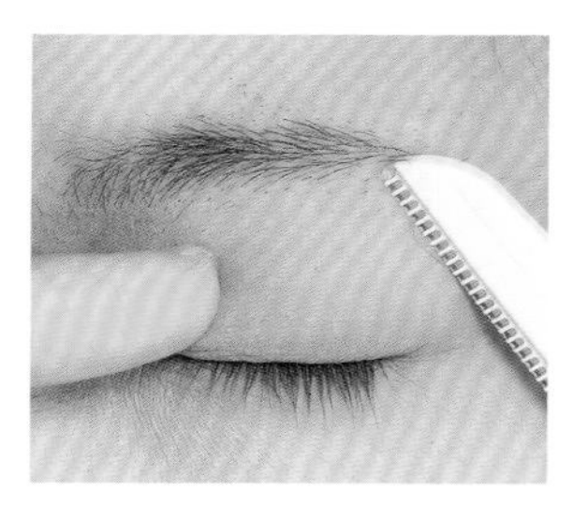

3. 修剪眉毛②

·使用专用修眉刀按照照片上的方向仔细修剪多余的眉毛，修出简洁的形状。

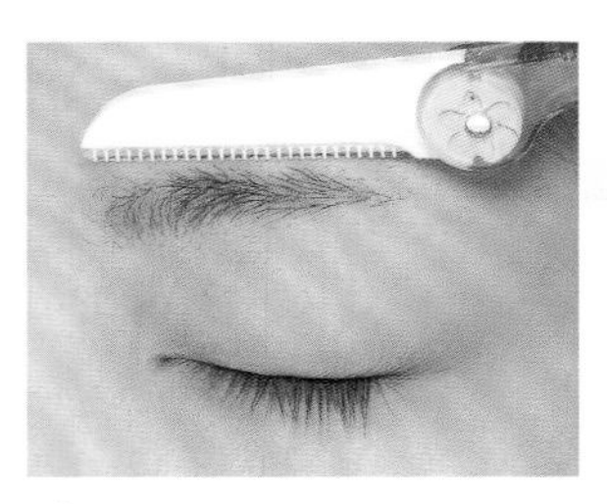

4. 修整眉峰

用修眉刀一点一点将尖尖的眉峰修成柔和的圆弧状，留意使用修眉刀的力道。

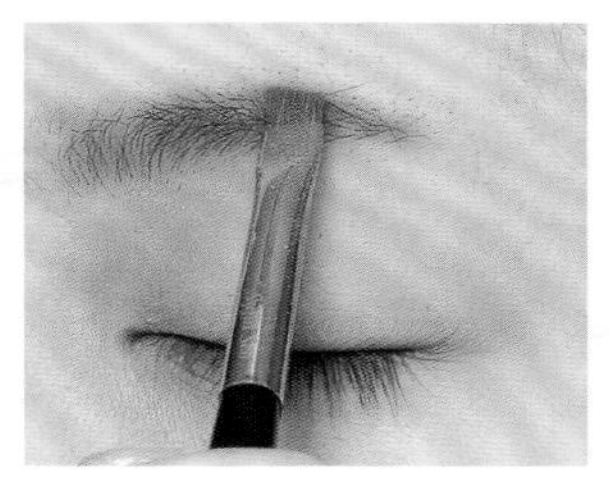

5. 以眉粉描绘线条

用专用眉刷蘸取咖啡色眼影后，描绘出眉毛的形状。

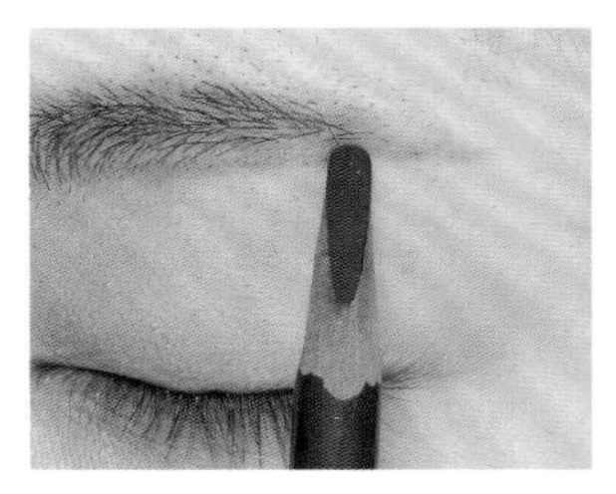

6. 以眉笔描绘线条

用 Evony 眉笔描绘出鲜明的眉毛线条，从眉头开始一直画到眉尾，打造现在最流行、看起来显年轻的一字眉。

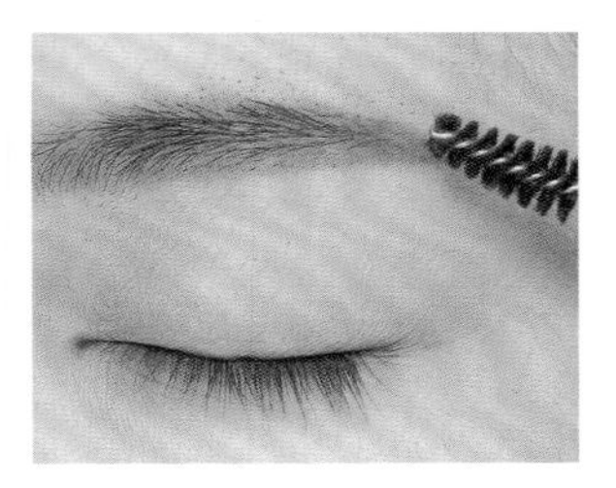

7. 使用眉刷来整理

用螺旋状的眉刷再一次梳理眉毛，使眉毛颜色看起来更加协调。

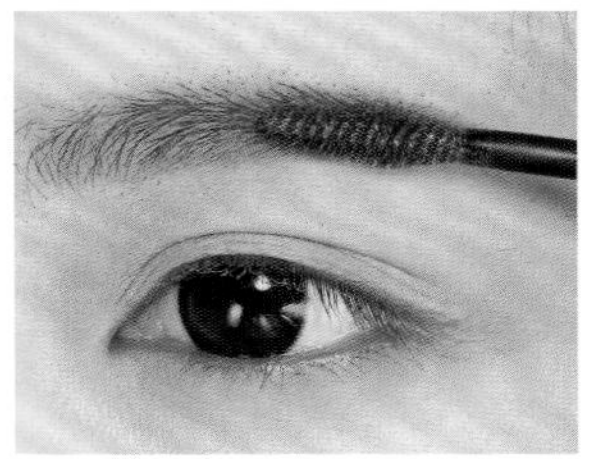

8. 使用染眉膏

将染眉膏刷在眉毛上，如果想让上色更容易的话，先反方向刷 1 次，再顺方向刷 1 次。

眉毛化妆完成！

关键点

I 眉刷是整理眉毛时所使用的刷子。一边是小小的梳子可以梳理眉毛，另一边是有毛的刷子。

小窍门

1. 突显年轻的一字眉

眉形也有流行趋势，国家不同，各自喜好的眉形也不一致，甚至会随着风格的不同来改变眉形。现在韩国最流行的眉形就是一字眉，一字眉被称为是打造童颜的眉形。画一字眉时，先把眉峰修圆，让眉头眉尾的高度一致即可。

2. 修整眉毛的注意事项

很多人都会用镊子拔眉毛，每拔一次都会拉扯到眼周肌肤，反复进行会导致肌肤缺乏弹性而下垂。所以虽然麻烦，还是建议大家用专用修眉刀来修眉毛。若眉毛过于浓密，又想要呈现温柔感觉的话，可将刷子直立 90 度，只要将超过刷子部分的眉毛用眉剪修理干净即可。

用眼影画出棱角分明的眼妆的方法

这是使用眼影的最基本的方法。熟练地掌握了这种方法之后，就可以加入其他的应用从而打造出百变的妆容。这种方法最大的优点是能够跟各种眼线妆巧妙地结合，打造不论何时何地都不会显得突兀的妆容，走到哪里都可以展现自身的魅力。现在市场上的眼影调色板一般都可以用来打造这样的妆容。但是，如果是色彩华丽的眼影调色板，那么就需要单独准备一支基本的褐色眼影。

下面先介绍一下需要用到的眼影：

眼影底膏——阴影眼影

阴影眼影可以让眼睛显得更加深邃而平静。另外，向着眉毛晕染开的眼影，即使没有使用鼻影粉，也可以打造出眼神深邃、高鼻梁的妆容效果。

高光眼影

使用带有珠光的眼影可以增加眼睛的立体感，晕开后还能使妆容更加光鲜亮丽。

加强色眼影

打上高光眼影提亮后，再用加强色的眼影增加眼部妆容效果，能给眼影更添一层平突的感觉。眼尾打上加强色的眼影，既能让眼神显得更加深邃，又可以避免眼线太过突兀。

中号眼影

中号眼影用于打造下眼睑的泪光效果。使用和高光相同的隐约带有珠光的产品，可以打造出被雨水打湿的视觉效果。

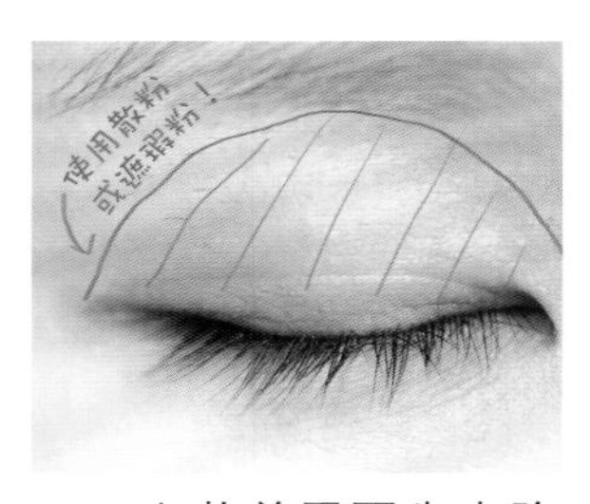

1. 上妆前需要先去除眼部的油光，可以使用蜜粉、眼部妆前乳或是遮瑕膏。这一步不光是为了去除油光，也是为了让眼影更易上色，增加眼影的附着力。

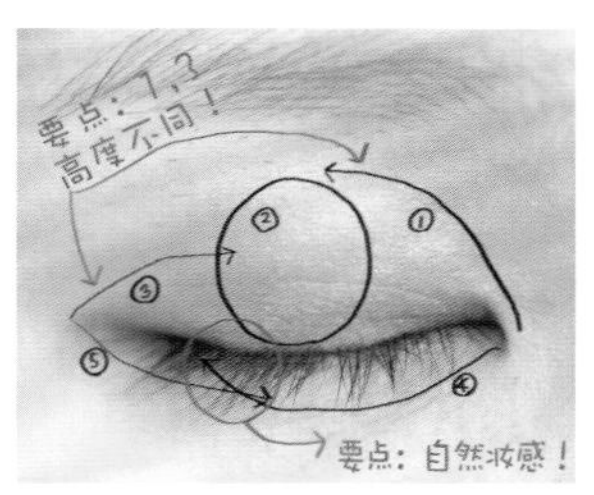

2. 将打底眼影打在眼窝的位置。眼窝部位的打底眼影按照眼眶的形状用眼影刷来回晕染开。这样自然地画出杏仁形就可以了。眼影一直打到眼睛上方 1 厘米的位置，从眼睛 1 厘米的位置开始使用眼影刷将眼影自然晕染开。

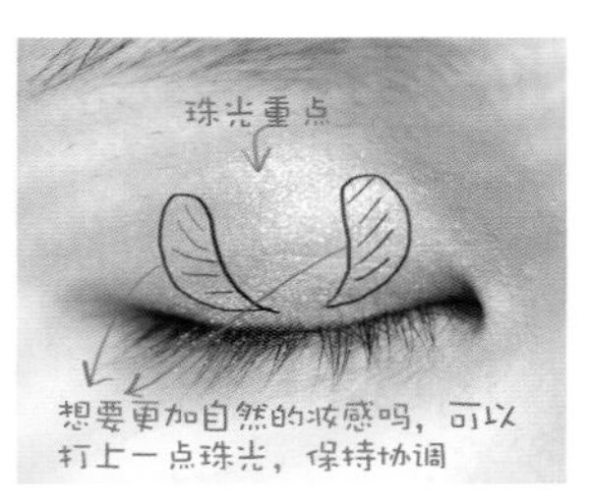

3. 在眼部中央打上高光眼影。闭上眼睛，将高光眼影集中打在瞳孔的上方，集中突出中间的珠光亮彩效果，再将刷子上剩余的高光粉向两边自然地晕染开，隐约有点珠光的亮彩效果就可以了。

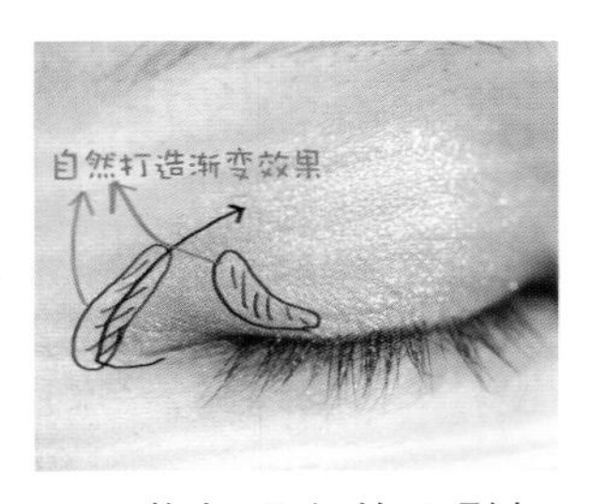

4. 将加强色的眼影打在眼尾处加强效果。根据自己眼睛的长度打上眼影即可。如果是画强烈的烟熏妆，那么先决定好眼线的长度，然后根据眼线的长度适当地打上眼影就可以了。

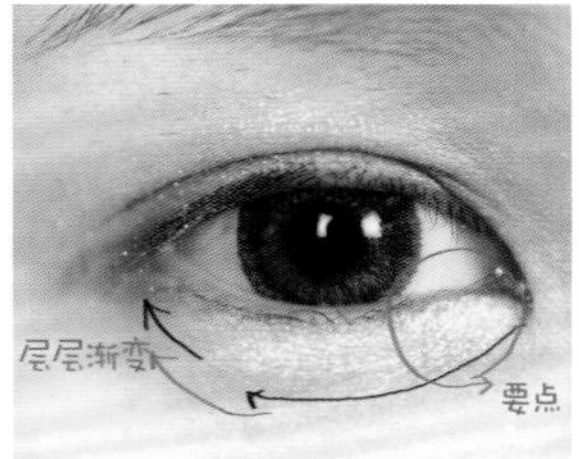

5. 使用中号眼影填在整个下眼线，一直打到瞳孔结束的位置，然后为了能让色彩自然地消失，面积和色彩都要渐渐减少，达到色彩渐变的效果。眼窝的部位可以打得稍微深一点。当然根据妆容的变化稍稍改变眼影的位置也是很好的。

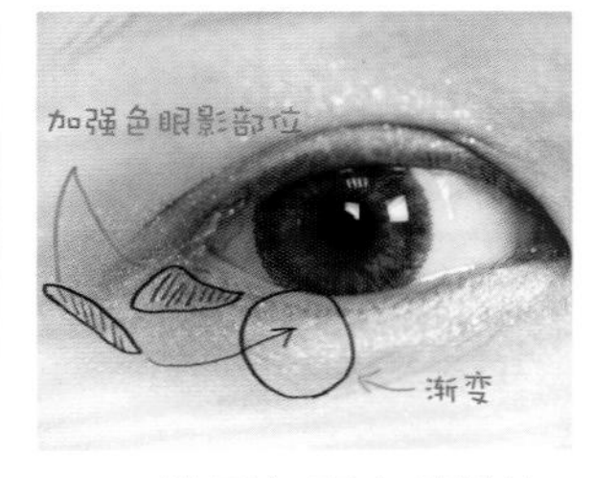

6. 使用加强色眼影打在下眼睑加强效果。与上眼皮一样，眼尾部分的色彩感也需要加深。然后让眼睛前后的眼影自然晕开，达到渐变效果。这时需要注意的是不要让下眼睑的眼影全部晕开，沿着眼睛的轮廓打上眼影，可以制造出稍带界线的感觉。

创造深邃、魅力眼神——眼窝化妆法

由于东方人的眼皮脂肪较多，所以不会像西方人的眼窝那样有凹陷深邃感。眼窝化妆法是为了帮助大家制造出看起来内凹、深邃的眼窝的化妆技巧。在观看话剧或舞台剧时，之所以在离舞台很远的地方，演员们仍给人留下鲜明的印象，就是因为他们都选择了眼窝化妆法。让我们来学习这个隐约又鲜明的彩妆技巧吧！

化妆工具	选择要点
· 眼影 Lunasol- 派对眼盒 #EX01 Tender Glow Beige Brown	· 眼影 准备多种咖啡色眼影盘。

1. 抓出眼窝的基本线

以深浅适中的咖啡色眼影，沿着眉骨下方凹陷处描绘出眼窝线条，柔和地画出弧线。

2. 在前、后加强烟熏

用略深一点的咖啡色眼影在眼头和眼尾位置画出三角形，描绘出渐变感。

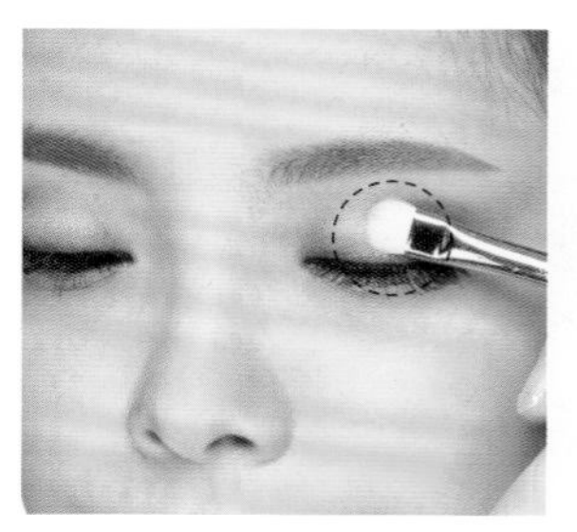

3. 中间提亮

上眼皮中间部位用亮色眼影进行提亮，像描绘瞳孔般在眼皮上提亮。

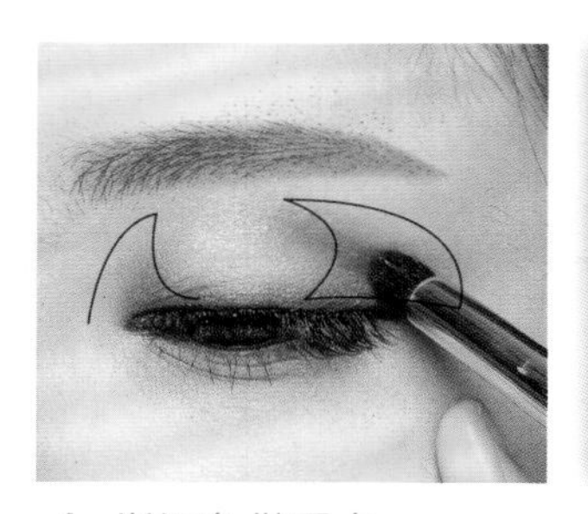

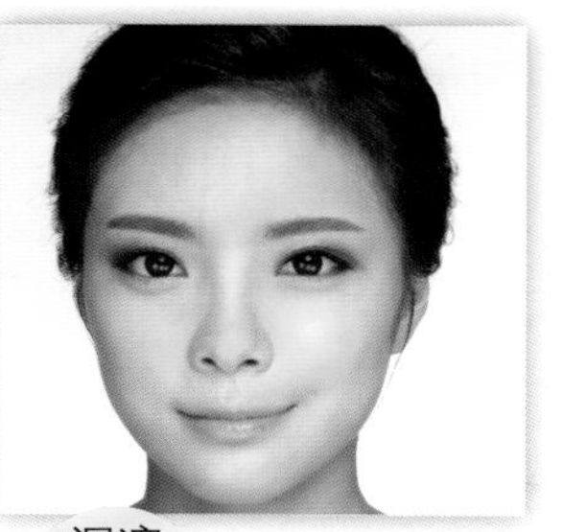

深邃眼神完成!

4. 以深色做重点

若想展现更加深邃的眼神，在眼窝上可利用深咖啡色眼影再刷上一层以增添深邃感。

小窍门

眼窝彩妆的注意事项

眼睛凹陷、看起来好像生病的人，就不要选择眼窝彩妆了。此外，色彩感较强的眼妆不要和眼窝彩妆一起进行，否则会显得过于夸张。选择了其他色彩的眼妆，又想打造出像外国人一样的眼窝，可利用浅咖啡色调的眼影稍微刷在眼窝上，制造出隐约效果即可。

眼妆基础——填充内眼睑

把睫毛间的内眼睑填充上颜色也是眼妆的基本。单眼皮的情况可以不用这样，但如果是双眼皮，或者睫毛上翘露出部分内眼睑的话就要使用眼线笔将这些空隙填上。不论多么用心画眼影，如果这部分是空白的话，整个眼妆的质量都会大打折扣。不用化其他眼妆，只在睫毛缝隙处填充上眼线的话也会让眼睛自然变得大而亮，睫毛也显得丰满了。

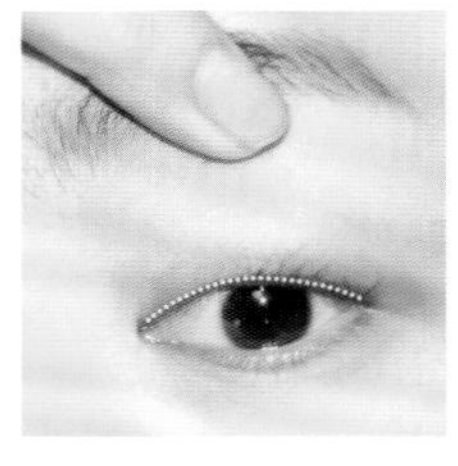

1. 用手指提起上眼皮，看到睫毛缝隙中的眼睑。用眼线笔将图中标示的白点部分填充上。

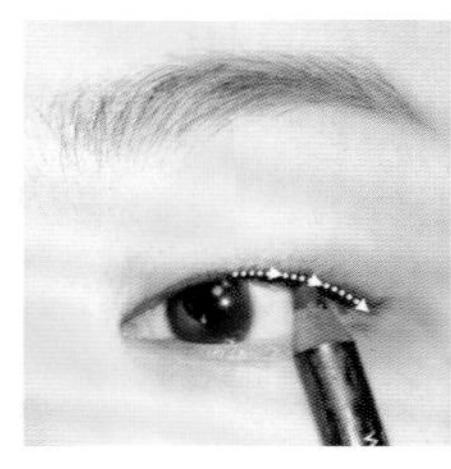

2. 眼睛向下看，从眼球中间开始，将睫毛间隙一一填充。因为有睫毛的阻碍，我们不可能一笔把眼线画完，不如将眼线笔稍稍倾斜，在眼睫毛间隙一点一点地填充，这样少量多次地完成眼线的描画工作。

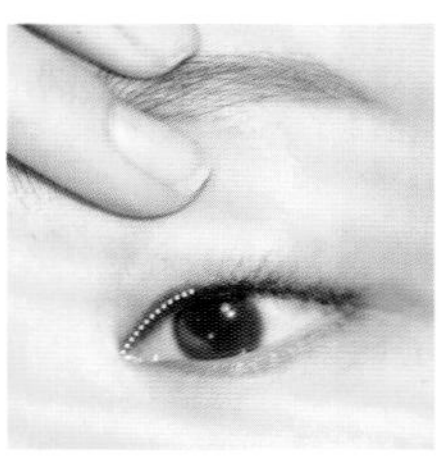

3. 稍稍提起内眼角，将睫毛间的空白处也分别填充上。

Make Up Forever 眼线笔（OL）

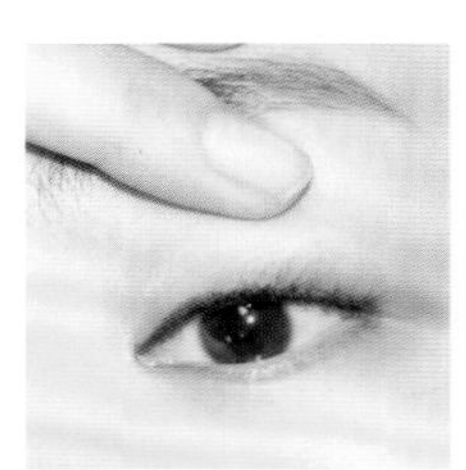

4. 这样睫毛的眼线填充工作就完成了。

必须熟练掌握的铅笔眼线描画法

熟练掌握眼妆的必经过程是铅笔眼线描画法。学会了这个方法，离成功的眼妆就不远了。

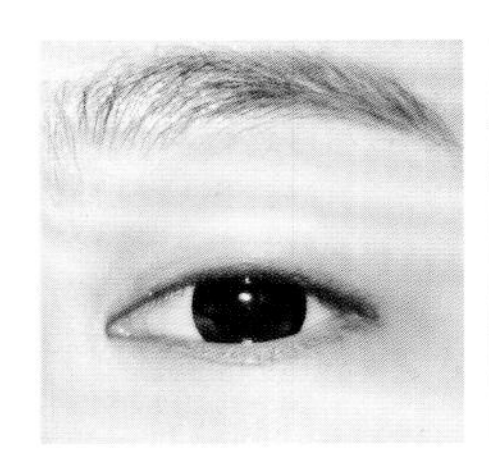

1. 画眼线时最好把镜子放在下方。

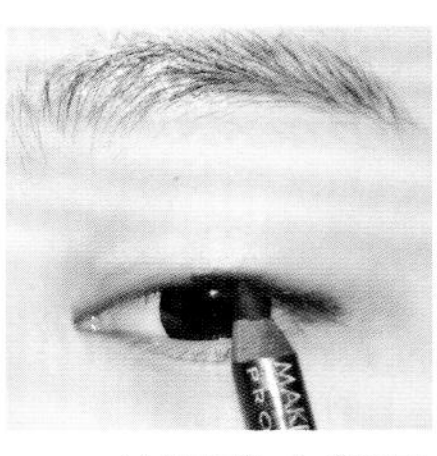

2. 从眼球中部开始画眼线更容易一些。

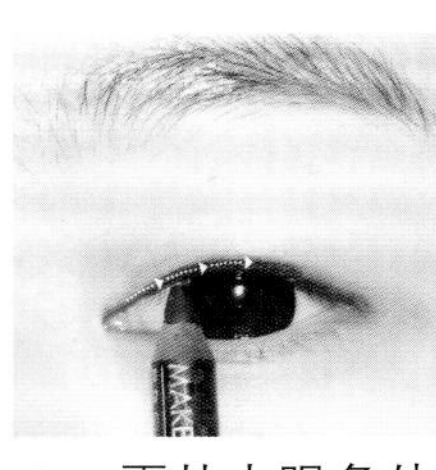

3. 再从内眼角处向中间慢慢移动眼线笔。只有这样慢慢地描画才能使眼线不偏不斜，效果干净漂亮。

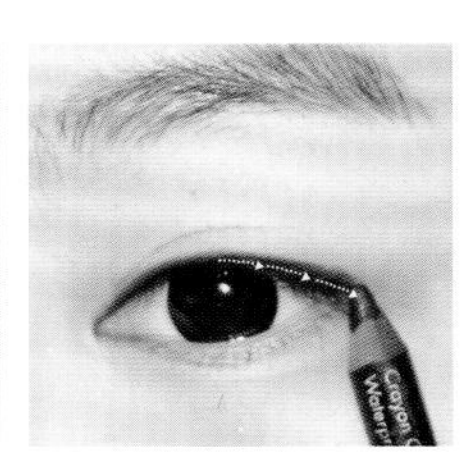

4. 再从中间部分开始向外眼角慢慢描画。

描画美丽性感的眼角

漂亮深陷的眼角会给人性感的印象。有句话说得好，“眼线即眼神”。将眼角稍稍拉长一点就会使眼睛加长，给人更明亮的感觉。不过，每种妆容的眼线妆不是一成不变的，不如根据自己想要的妆容效果来设计合适的眼线造型吧！

整洁醒目的眼线

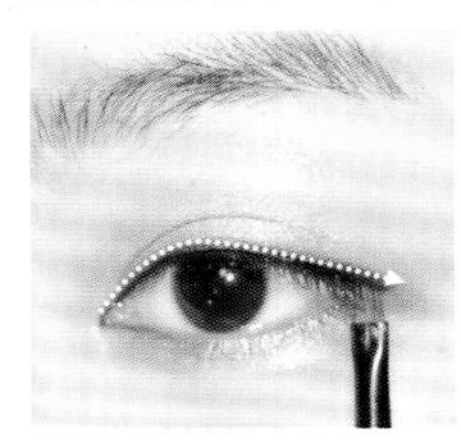

1. 画出基本的眼线。

Banilaco眼线膏（自然黑）

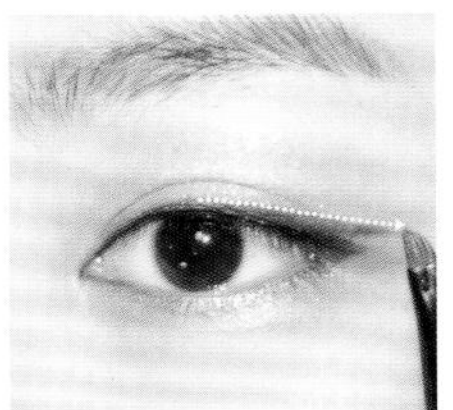

2. 眼睛稍向下看，从眼球中部开始沿着图示的箭头方向画出眼线。

在画眼线时，按照直线来描画，睁开眼后会发现它变成了自然的曲线。

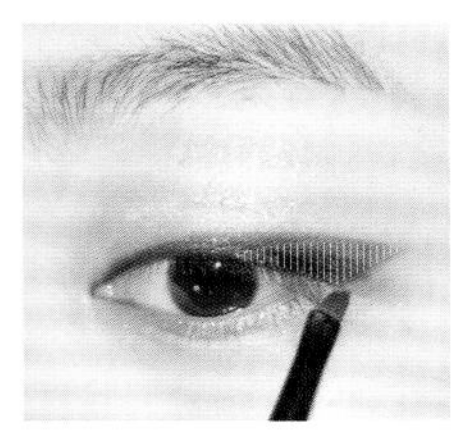

3. 在图示的三角部位涂上眼线。

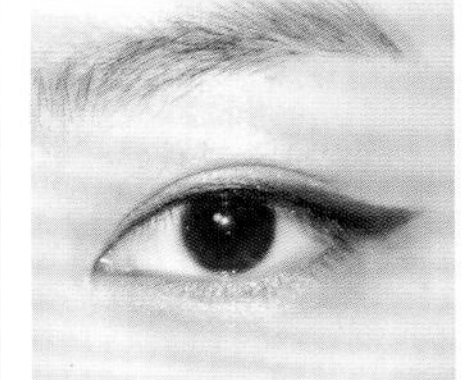

4. 简洁又精巧的眼线就完成了。

有晕染效果的眼线

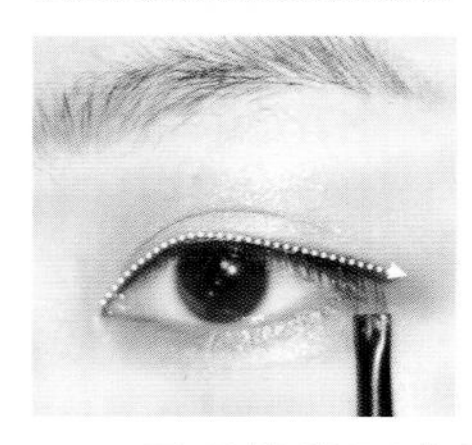

1. 用眼线笔画出基本的眼线形状。

Make Up Forever 眼线笔（OL）

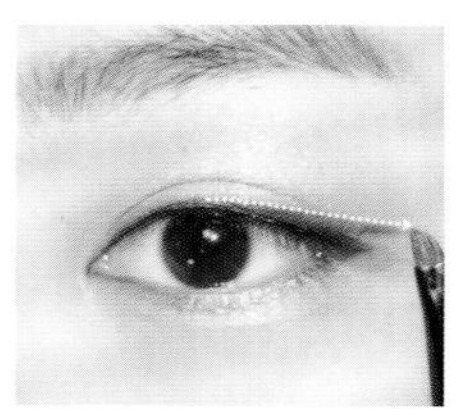

2. 沿着图中标示的箭头方向在眼角部分加重眼线的描绘。

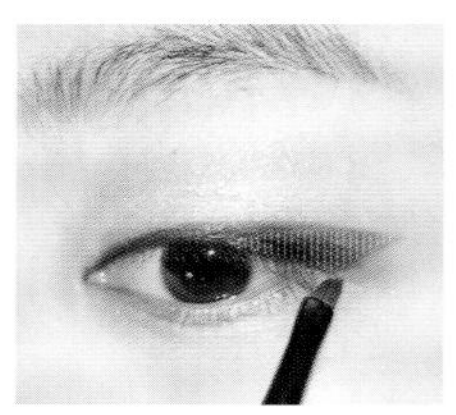

3. 用眼线刷将眼角部分的眼线从外向内轻轻晕开。

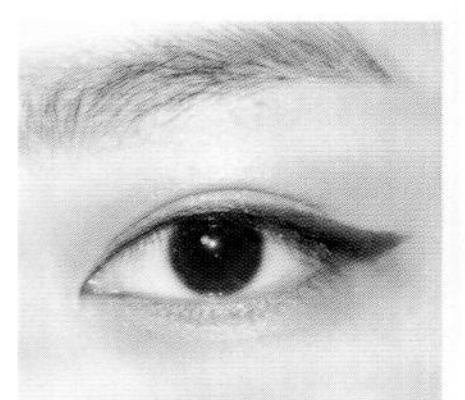

4. 用干净的宽扁形刷子按照图示箭头方向轻轻刷涂。

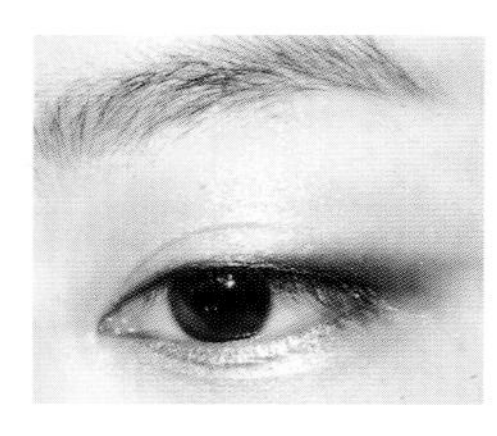

5. 如自然晕开一般柔和含蓄的眼线妆就完成了。

清晰干练的下眼线画法

并不是只在画烟熏妆时才能画下眼线。华丽色彩的眼影需要突出醒目的眼眸，这种情况也是需要画下眼线来配合完成整体妆容的。

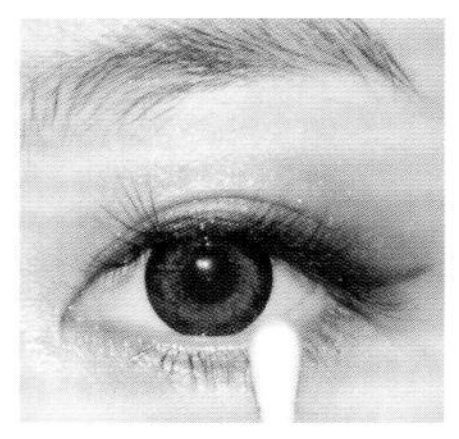

1. 首先用棉棒将下眼睑周边的油脂吸收干净。

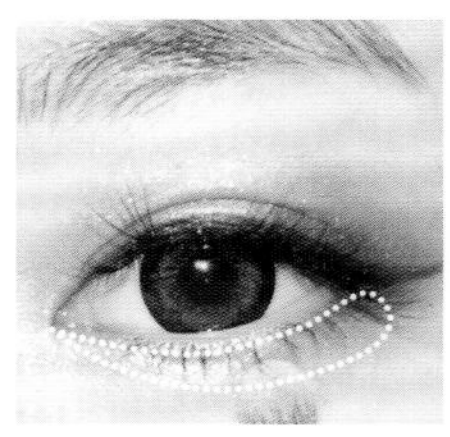

2. 在图中标示的范围内涂上打底色眼影。

画下眼线之前先涂上眼影的话，眼影会吸收皮肤油脂，形成亚光效果。可以用这个方法防止眼线晕开。

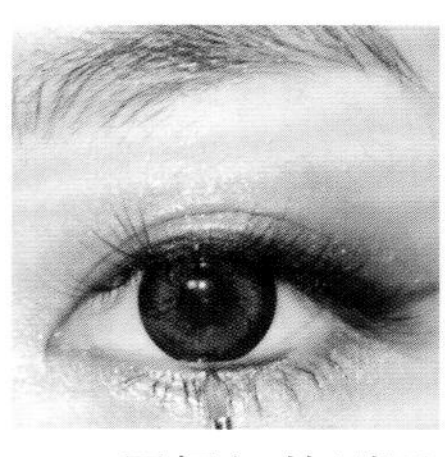

3. 用极细的刷子蘸取眼线膏，轻拉下眼皮，将眼线涂在下眼睑的中央部位。

眼线膏比眼线笔具有更好的防晕开效果。

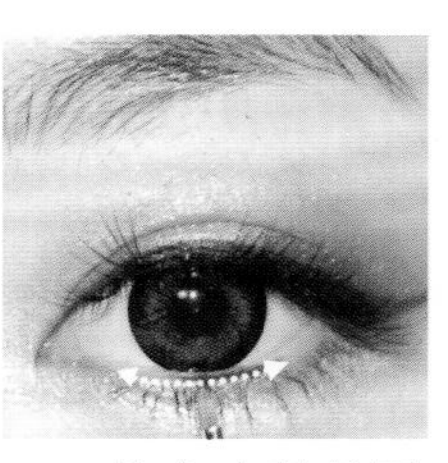

4. 这个步骤的要点是不要一次性完成眼线，最好用刷子沿图示的箭头方向来来回回地轻刷。

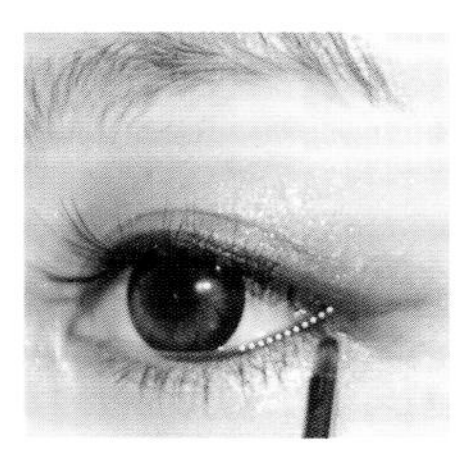

5. 从中央部位向眼角处逐渐移动刷子，填充空白部分。

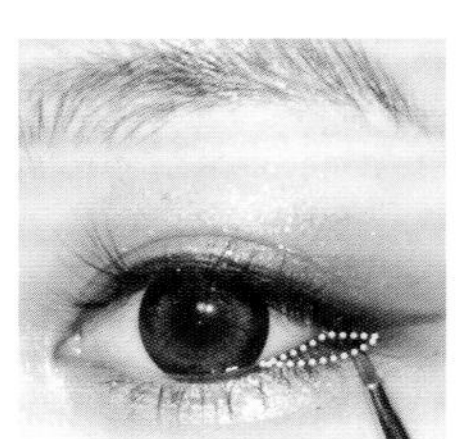

6. 只填充下眼睑的话会使妆容看起来不够自然，在图示的范围内填充上眼睑，使上下眼线衔接。

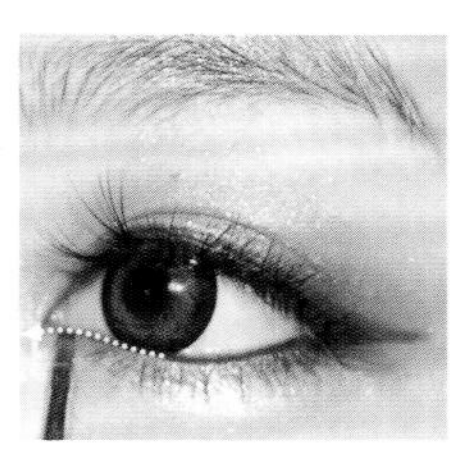

7. 从中央部位向内眼角方向轻描出眼线。轻拉内眼角使其内部全部被眼线填充上。

Banilaco 眼线膏（自然黑）

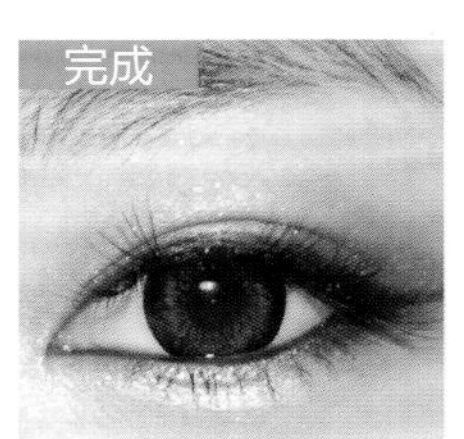

烟熏妆的下眼线画法

将内眼睑填充的下眼线画法可以烘托出闪亮夺目的妆容氛围，而具有晕染过渡效果的烟熏妆下眼线则会给人柔和又干练的印象。想要醒目又含蓄的下眼线，就试着画一个有晕开效果的眼线吧。一般这种眼线的画法和烟熏妆是十分搭调的。

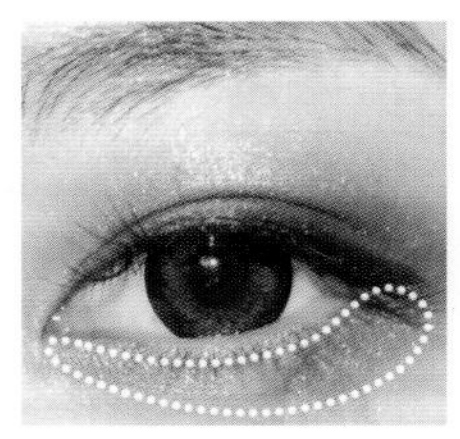

1. 在图示的部位涂上中间色眼影。

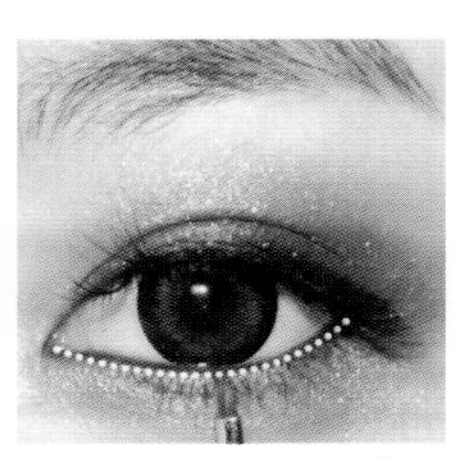

2. 用眼线膏将下眼睑完全填充。其方法与我们刚刚讲过的“清晰干练的下眼线画法”一致。

Banilaco 眼线膏（自然黑）

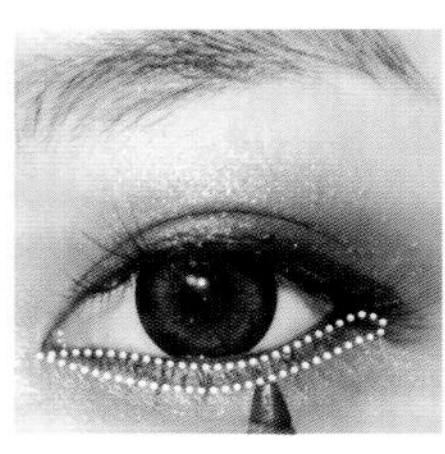

3. 用眼线笔将图中标示的部位涂画上，使眼线变粗犷。

不是要形成一条粗粗的眼线，而是在画眼线时，手腕的力量逐步减弱，自然形成过渡的效果。

Make Up Forever 眼线笔（OL）

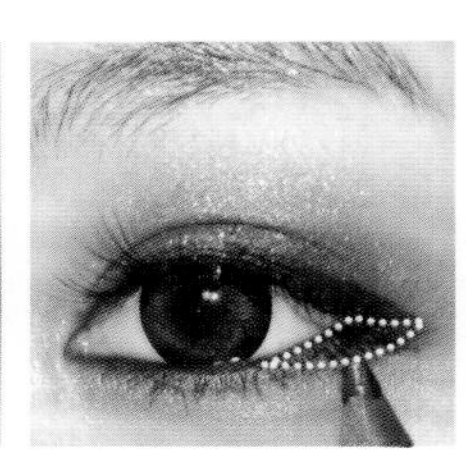

4. 对图中标示的三角区域进行眼线加粗。

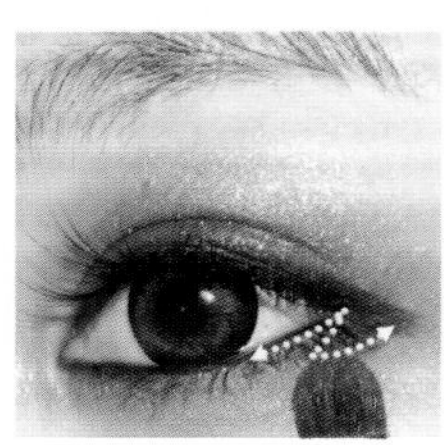

5. 用宽扁形的刷子在图示部位来回轻扫，打造过渡效果。

6. 用宽扁形刷子将深色眼影刷在下眼线上，使眼线如自然晕开一般。

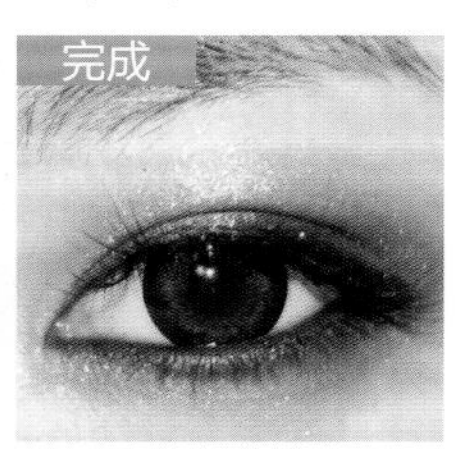

完成

用睫毛膏勾勒出鲜明眼线

想勾勒出鲜明的眼线，但手边没有眼线液和眼线胶，只能选择放弃吗？其实只要运用手边的眼线刷蘸取睫毛膏，就可以变化出眼线效果，如果是有防水功能的睫毛膏，就能呈现出持久不晕染的眼线妆效。

化妆工具	选择要点
· 睫毛膏 恋爱魔镜－魅惑光感睫毛膏 #BK999	· 睫毛膏 选择睫毛膏中显色力最佳的，特别是几乎无纤维的产品。

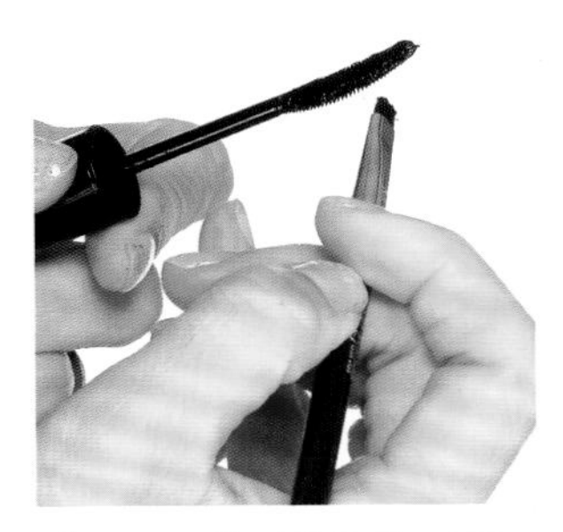

1. 用眼线刷蘸取睫毛膏

用眼线刷蘸取睫毛刷上的睫毛膏，可以在睫毛膏刷头上直接调整用量。

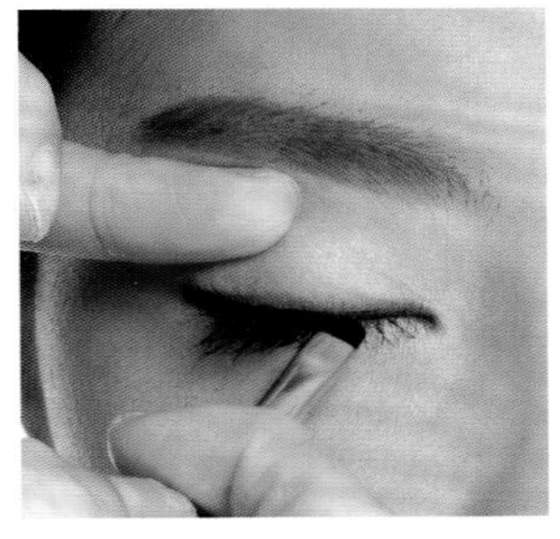

2. 画眼线

和一般画眼线的方法完全相同。用相同的方法在睫毛根部仔细描绘出眼线。

小窍门

双效彩色睫毛膏

在特别的日子，不是只化一般彩妆的日子里，使用彩色睫毛膏来描绘眼线能呈现不错的效果。蓝色、勃艮第红、绿色睫毛膏就非常适合当眼线使用，所以不一定要分开购买睫毛膏和眼线，这样也能减轻经济负担。

让眼睛不充血的眼药水

面临重要考试或紧急的业务工作而熬夜时，隔天免不了会出现眼睛充血的情况，眼睛充血会让颜面疲劳度暴增200%，但为什么艺人每天熬夜拍戏，眼睛却还明亮、水润呢？秘诀是使用能镇静眼睛、舒缓眼睛充血现象的眼药水。

化妆工具	选择要点
· 眼药 HAN DOK-Clear eyes redness relief	· 眼药 眼药水是药品，一定要按照医生的处方和指示使用。

1. 确认眼药水的保存期限

就算是经常使用，使用前还是要再次确认是否为眼药水，也要确认保存期限或有无变质情形。

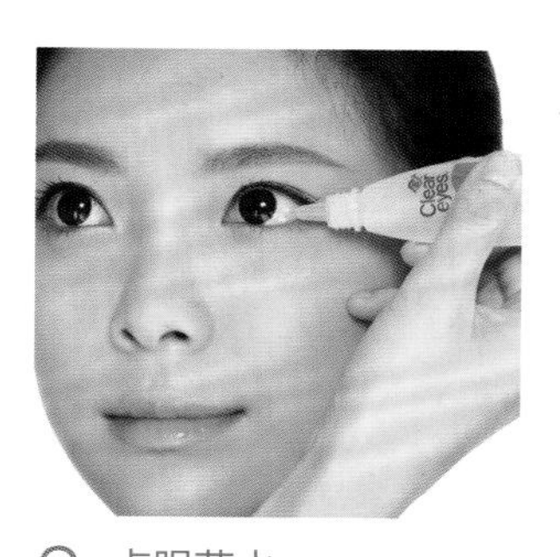

2. 点眼药水

化完妆后可以点眼药水，但要留意瓶口不要碰到皮肤或眼球，如果碰到肌肤，即使保存期限没有过，也可能被污染。如果是从眼科医生那里拿的处方药，一定要遵守医生的指示来使用。如果是我推荐的这个商品，可在完妆后滴1~2滴，然后稍微闭眼休息一下。

小窍门

眼药水是药品，禁止滥用！

大家常在眼睛干或充血时使用人工泪液或血管收缩剂，一般常被称为"眼药水"。虽然临时用一下没什么关系，但眼药严格来说还是药品，请不要把这些产品当成是让眼睛水亮的"宝物"来滥用。如果眼睛充血情形很严重，最好去医院找专门医生治疗。在重要的日子或非常疲劳时，眼睛突然充血、偶尔使用一次是不得已的方法。

睫毛膏的种类及选择方法

睫毛膏可以起到让眼睛看上去更大的效果，所以化妆的女生都曾有一段对它着迷的时期。睫毛膏是女性的秘密武器，它不仅可以让眼睛看上去神采奕奕，还能够在不经意间制造出魅惑的神韵。特别是对于东方女性，由于没有西方人的长睫毛大眼睛，睫毛膏更是必不可少的化妆品之一，睫毛膏也是最后修饰妆容的最佳单品。

1. 使用睫毛膏的目的

- ▶让睫毛看上去纤长浓密。
- ▶形成阴影，制造神秘感。
- ▶让眼睛看起来更大更自然。
- ▶让眼睛看上去更加深邃有神。

一般在挑选睫毛膏时应该选择相对容易干、睫毛不易打结、色泽鲜明、上色均匀的产品。由于是使用在敏感的眼部，所以要选择安全可靠的产品。大部分睫毛膏的形状是钟形，因为睫毛膏的黏性强，这样的设计可以充分利用到容器内壁角落里的睫毛膏。

2. 睫毛膏的颜色

睫毛膏最基本的颜色是黑色。除了黑色，还有一些和眼影色彩相协调的褐色、紫色、青色、粉色、绿色等不同颜色的睫毛膏。

3. 睫毛膏的种类

液体睫毛膏（Liquid mascara）

现在人们使用最多的睫毛膏就是液体睫毛膏。因为它使用起来非常便捷，而且上妆效果自然。液体睫毛膏一般分为含乙烯基的防水型睫毛膏和乳脂配方的不防水睫毛膏。

纤长睫毛膏（Long lash mascara）

这类睫毛膏中添加的纤维质可以粘在睫毛末端并延长，起到拉长睫毛的效

果。这种睫毛膏很适合睫毛较短而又少的东方人使用，但是纤维质会随着时间变化而渐渐减少，所以在挑选的时候要注意观察它的性能和质量。

块状睫毛膏（Cake mascara）

现在几乎不再使用块状睫毛膏，因为它需要跟水或乳液一起使用，没有耐水性。这是睫毛膏初创期的作品，也是蕴含了历史记忆的产品。

透明睫毛膏（Transparent mascara）

化妆时并不常用的一类睫毛膏。它一般呈啫喱状，是用来整理睫毛或是作为营养液使用的。透明睫毛膏偶尔也用在男性化妆中，用以帮助其固定上翘的睫毛。

双效睫毛膏（Synergy mascara）

双效睫毛膏是含有定型功效的补助剂和黑色睫毛膏结合的产品。这两种功能按照顺序使用，能够提高单个的效果。虽然这种睫毛膏性能很强，可是如果使用过度，不仅会让妆容看上去厚重，还会显得脏乱，所以使用时要注意。

卷翘睫毛膏（Curling mascara）

为了能够使睫毛卷曲上翘，卷翘睫毛膏一般使用较硬的染料制成，非常适合睫毛下垂的人使用。

浓密睫毛膏（Volume mascara）

浓密睫毛膏可以让睫毛看上去丰厚浓密，适合睫毛较少的人使用。

自然睫毛膏（Natural mascara）

自然睫毛膏是日常使用最多的睫毛膏，想要自然清新的妆容，就不要少了它。

防水型睫毛膏（Waterproof mascara）

防水型睫毛膏是最近最受推崇的产品之一，它不仅耐水性较强，而且干的速度很快。特别适合夏季使用，涂抹的时候一根一根地刷更能制造自然浓密的效果。

4. 睫毛膏的选择

睫毛数量多但是较短

睫毛数量很多，却苦于睫毛较短的人适合使用纤长睫毛膏。纤长睫毛膏内含有的纤维质可以拉长睫毛并会让眼睛看上去更大。这种睫毛膏不仅适合职业女性上班使用，也适合日常自然妆使用。选用梳子形状或是刷毛较短的睫毛刷会让妆容更加干练清爽。

睫毛下垂

睫毛无力下垂型的人适合选用卷翘睫毛膏。如果睫毛即使用睫毛夹夹过还是很快就下垂的话，就应该选择附着力和强度都较好的卷翘睫毛膏，这样才能维持睫毛的长时间卷翘。

睫毛长且多

睫毛如果又长又多的话，即使不使用睫毛膏也能很好看。但是如果想用睫毛膏，那么就建议选用透明睫毛膏，然后用睫毛夹将睫毛夹起，让眼睛看上去更加有神采就可以了。透明睫毛膏适合化自然妆和裸妆时使用，对于睫毛较多的人来说还可以用来梳理睫毛。

睫毛较少

睫毛的长度还可以，但是数量较少的人应该选用浓密型睫毛膏。浓密型睫毛膏的纤维质可以附着在睫毛中间，让睫毛看起来丰厚浓密，这样即使不画眼线，也能让眼睛更迷人。浓密型睫毛膏的颜色较深，使用起来能够制造浓密效果，在选择的时候尽量挑选纤维质不易结成团的产品。

扩散浸染严重

如果涂完睫毛膏后很容易扩散或浸染，那么就需要选择防水型睫毛膏。现在很多防水型睫毛膏都有各种不同的功能，所以选择一款适合自己的防水型睫毛膏产品就可以了。特别是在夏季，去游泳场时或是出汗较多时，防水型睫毛膏更是必不可少的单品。

想达到特别的效果

偶尔会想要一个特别的妆容，这时候放弃黑色的睫毛膏，选用一款其他色彩的睫毛膏试试吧。但是，其他色彩的睫毛膏并不适合日常使用，所以没必要花大价钱去购买哦！

5. 找一款适合自己的睫毛膏刷头

这里列举的刷头并不一定是最佳的选择。如果你已有适合自己的刷头那么就继续使用吧。这里是我认为合适的睫毛膏刷头，并不是一定要按照这个使用。

睫毛长短不一——曲线刷头

半月形的曲线刷头是最符合韩国女性眼睛特点的，这种刷头可以刷到眼角的睫毛。曲线刷头一般较窄小浓密，刷子头尾部上翘，呈曲线形，使用起来非常便利。这种刷头浓密的刷毛上下呈立体状，能够使睫毛卷翘，如同经过电烫后的效果。

睫毛稀疏——螺旋刷头

螺旋刷头的刷毛间含有丰厚的睫毛膏，能够最大化地使浓密睫毛与长短不一的刷毛相结合，即使睫毛长短不一也能刷出均匀的效果。对于睫毛稀疏的人来说，这样的刷头可以将睫毛膏刷进睫毛之间，制造丰厚浓密的效果。

睫毛多但是短小——梳形刷头

梳形刷头看上去多少有些僵硬，像梳子一样呈一字形。刷毛均匀地排列开，一根一根地刷在睫毛上，能够打造出干练清爽的感觉。如果使用富含纤维质的产品，还能起到纤长的效果。

睫毛十分短小——花生形刷头

花生形刷头刷毛短，比一般的刷头更加细小。特别是越往尾部越窄，适合睫毛短小的人使用，另外也能刷出很精致的效果。

睫毛弯曲下垂——卷翘效果好的螺旋形构造刷头

睫毛弯曲下垂的人适合使用这种螺旋形构造刷头，不仅不易使睫毛打结，而且不管向哪个方向转几圈都能够轻松打造卷翘的效果。

睫毛无力且数量少——大号密集刷头

这种情况要选用纤维质多，且大量附着睫毛膏的产品。大号密集刷头能够将睫毛膏充分刷入睫毛之间，制造丰厚的效果，并且可以调高卷翘度。

假睫毛的贴法

使用假睫毛的目的

化妆时，睫毛是很重要的一部分。睫毛的感觉和长度会直接影响整体妆容的完整度。

完整式假睫毛的贴法

完整式假睫毛的贴法很简单，而且种类多，所以一旦学会之后，就可以轻松应用到各种妆容中。

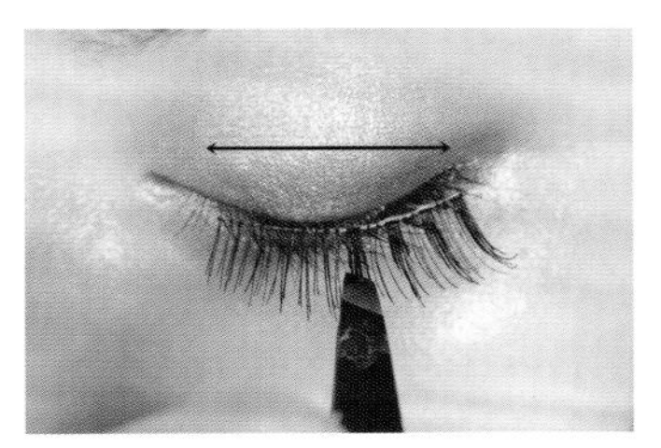

1. 准备一个跟自己眼睛长度相符的假睫毛。长度并不要求跟眼睛完全一样，与整个妆容的协调很重要。完整式假睫毛是不可以直接使用的，需要根据眼睛的大小以及妆容的需要进行修剪。

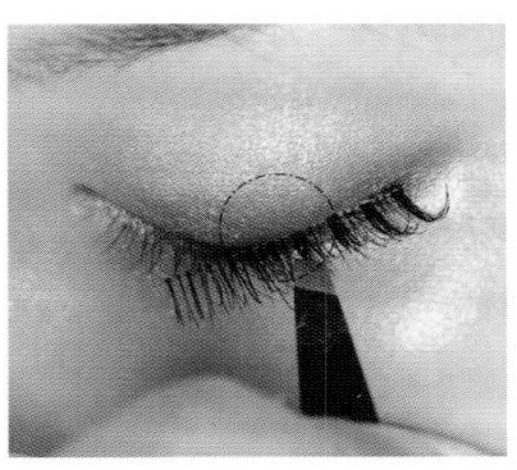

2. 将假睫毛涂上睫毛胶，从睫毛中部开始贴。用镊子夹住假睫毛，从虚线所示的中央部位开始贴。

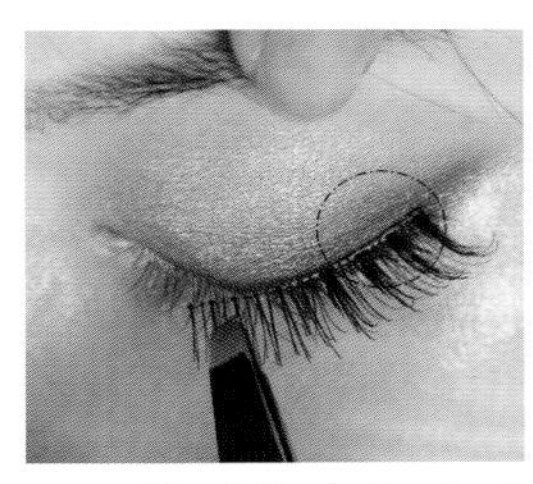

3. 然后依次将睫毛尾部贴好（这一步也可以改为先贴好睫毛前部）。

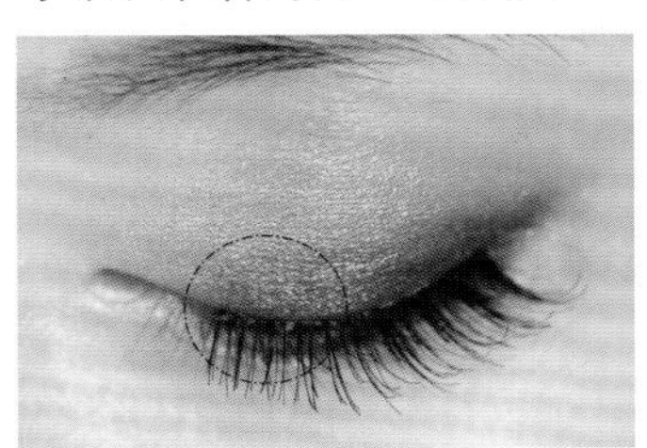

4. 最后贴好睫毛的前部。睫毛的前部和尾部可以根据自己的习惯依次贴好。只需要记住先贴好中间就可以了。

5. 为了让假睫毛更加贴合，可以在睫毛根部画上眼线。当然也可以先画眼线然后贴假睫毛，但是效果不如前者干练清爽。

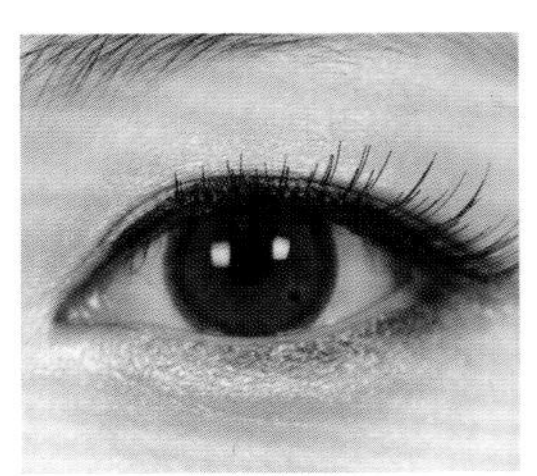

6. 上图是完整式假睫毛贴好后的效果图。睫毛看起来更加浓密丰厚了。

修剪后的假睫毛的贴法

完整式假睫毛可以直接贴上，也可以将假睫毛剪成几段贴，效果更加自然。

但是这种贴法也会更难一点。所以大家可以先练习完整式假睫毛的贴法。熟悉掌握了完整式假睫毛的贴法之后再试一下这种贴法吧。

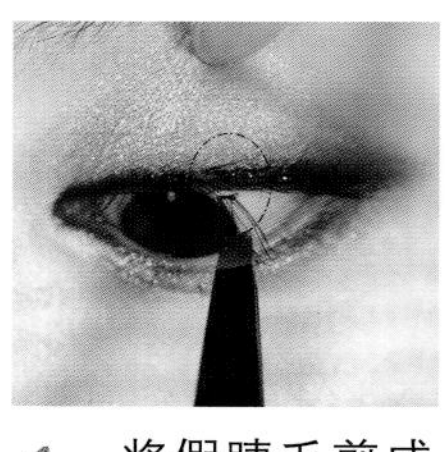

1. 将假睫毛剪成几段。修剪的时候可以根据自己想要的长度修剪。用镊子夹起一段假睫毛先从中间开始贴。要注意找好位置。

2. 找准眼睛中央的位置贴上假睫毛。如图虚线所示，将假睫毛贴在上眼皮的中央。

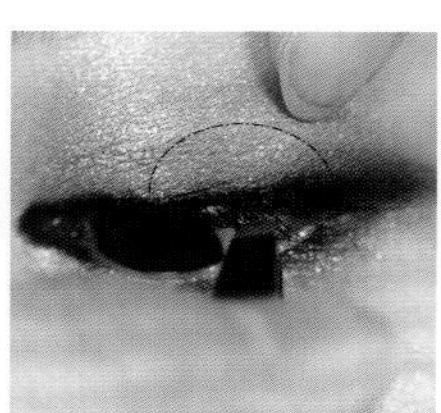

3. 接着将剪好的假睫毛贴在旁边的位置。上图虚线所示的部位贴上第二段假睫毛。像这样继续贴就可以了。

4. 继续贴剪好的假睫毛。与完整式假睫毛的贴法相同，先贴好中间部位的假睫毛，然后继续贴尾部或前段的假睫毛，根据自己的习惯选择顺序。只需要记住先贴中间部位。

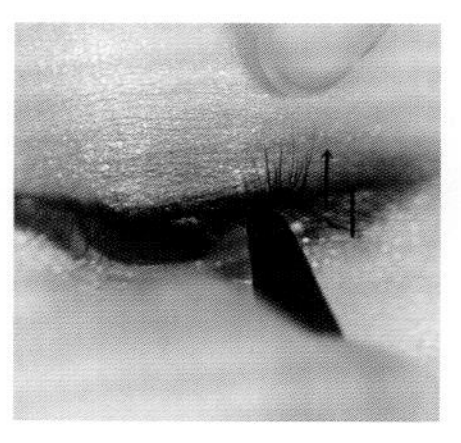

5. 用镊子夹住假睫毛沿箭头方向向上拉伸睫毛。这一步是在睫毛胶完全干透之前调整假睫毛的位置。中间像这样检查才能确保睫毛贴得整齐。

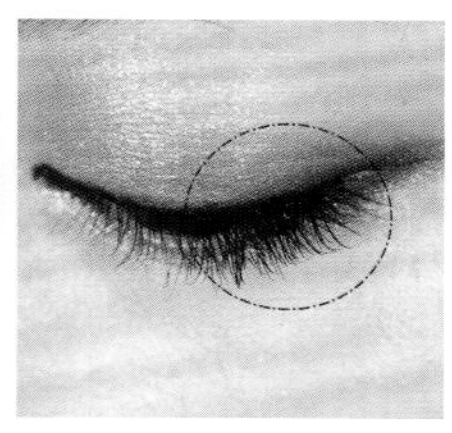

6. 上图是从中央到眼尾贴好假睫毛后的效果图。

7. 按照相同的方法将眼睛前段的假睫毛贴好。

8. 这就是修剪后的假睫毛贴好后的效果图。

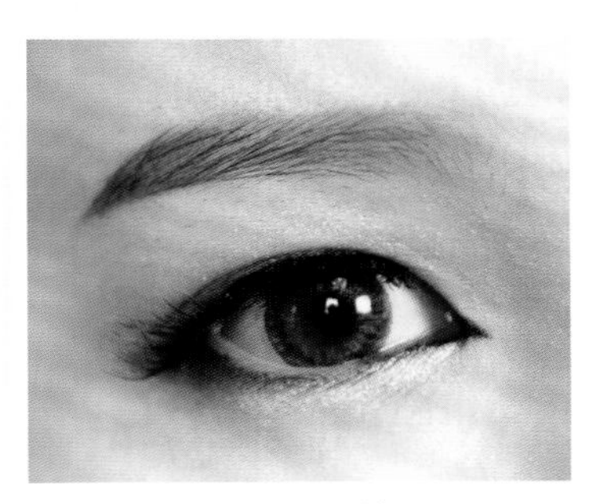

7. 上完妆后的效果图。可以看出加强色彩的效果。

小窍门

第二步中需要注意①和③的高度不同，上妆效果会更好。如果从①到③一直保持相同的高度，那么会让整个妆容显得俗气。特别是现在越来越多的人喜欢使用含有珠光亮彩的产品，如果珠光亮彩都在同一高度，那么妆容会显得非常不自然。④和⑤交叉的位置，要注意色彩的渐变效果。不要让⑤的色彩太过突显。

使用加强色眼影加强时，注意分界线不要太过明显。如果下眼线色彩全部晕染开，眼睛的轮廓会变得模糊不清，看不出眼睛的棱角。最重要的是画眼线之前一定要将眼部打底的眼影充分准备好。只有充分地打好基础，才能让附加的妆容更加自然，若有似无。眼妆也是需要先做好打底工作，才能让整体妆容效果更加美丽。

增添好气色 腮红完全攻略

能增添好气色的腮红，可为完美彩妆带来画龙点睛的效果，且不同的腮红颜色，能打造不同的形象。除了直接使用一般腮红产品，有时也能用唇露或唇膏来替代。

化妆工具	选择要点
· 腮红霜 Stila- 唇颊可丽饼（Convertible color lip and cheek cream)	· 腮红霜 选择用手来上色也能轻松推匀，不会有结块情况的润泽感腮红。
· 腮红蜜粉 S2J- 粉状腮红 #Pink	· 腮红蜜粉 颜色太重会有夸张感，请选择粉嫩颜色。
· 腮红膏 Banila co.-Kiss collection color fix stain#NPK554	· 腮红膏 像唇蜜一样含有充足油分和水分的产品，不仅容易推匀，还能增添光泽感。
· 唇颊露 Benefit- 热情菲菲唇颊露	· 唇颊露 挑选富水润感的产品，越干的产品越容易快速在脸上留下色彩痕迹。

霜状腮红

是可以用指腹或海绵来推匀的腮红产品。霜状质地的腮红拥有适当的光泽与水润感，如果先上润泽感的底妆再搭配霜状腮红，更能强调光泽感。霜状腮红的服帖度很好，适合健康肌肤，但对于出油较多的油性肌肤不是很适合。

1. 用指腹推匀

用指腹蘸取霜状腮红，涂在笑肌上，轻轻点拍推匀。脸型较宽的人，从颧骨往唇周方向打造阴影；脸型偏长的人，则以横向方式来推匀腮红。如果想展现可爱的妆感，就在脸颊中间轻轻拍点就好。

2. 用海绵推匀

无法用指腹推匀的部分可借助海绵，但如果推得范围太宽，会像整脸泛红，建议直径不要超过 5 厘米。

唇膏型腮红

活用唇膏型的腮红并无不妥，反而能呈现更多花样与色泽。但如果要把唇膏作为腮红来用，底妆一定要轻薄，这样才能呈现出自然的腮红妆效。

1. 涂抹在苹果肌

用蜜桃色调唇膏，以画微笑线条的方式涂抹在苹果肌。

2. 推匀

利用指腹轻轻拍点来推匀唇膏。

蜜粉型腮红

这类腮红是含隐约珠光的蜜粉形态。只要以刷子蘸取适当的量，轻轻刷在肌肤上即可。因为是粉末，初学者要注意分量的掌控。虽多少会带点粉感，但蜜粉的珠光会增添肌肤的光亮感。

1. 用刷具来刷①

以腮红刷蘸取蜜粉型腮红，在粉盒上将多余的粉抖掉，刷在笑肌上来增添光泽。

2. 用刷具来刷②

颧骨突出的人，将腮红打亮在内侧有修饰脸型的效果。如果化了润泽感的底妆，却没有控制好腮红的量，妆会看起来很浓。建议先在盒子上抖掉余粉，放松手腕的力道轻轻刷，将刷子持平，会比较自然。

唇颊露型腮红

唇颊露型的腮红因服帖度和持妆度佳，能打造出从肌肤里透出来的自然红润感。不过唇颊露的吸收快，必须快速推匀才行。

1. 点在想要的位置上
利用指腹将唇颊露点在想要的位置上。

2. 快速推匀
因唇颊露很快被吸收而产生痕迹，一定要尽快推匀。如果已经产生印子，一定要用卸妆油去除，重新上蜜粉。

小窍门

寻找适合自己肤色的腮红

1. 白皙肌肤

肤色白皙选用过浓的颜色会有很重的妆感，所以要尽量挑选粉红色、蜜桃色或橘色腮红粉嫩的颜色。

2. 偏黄肌肤

偏黄肌肤最适合水蜜桃色的腮红。粉红色的腮红因为和肤色差太多，会有脏脏的感觉。

3. 泛红肌肤

建议泛红肌肤使用冷色调的薰衣草色或接近白色的浅粉红色。

4. 黝黑肌肤

黝黑肌肤不适合粉红色腮红，建议选择水蜜桃色或橘色。略含红光的修容产品当作腮红自然刷上，不仅能赋予肌肤光泽，还能增添活力。

小窍门

打造自然的腮红妆感

1. 使用腮红霜或腮红膏时

为了维持自然漂亮的腮红妆感，底妆不应太厚重，最好是没有上蜜粉的润泽底妆，才能自然地推匀腮红。如果想上蜜粉，应该在画完腮红之后；干性肌肤则可以省略蜜粉步骤。

2. 使用腮红蜜粉时

使用粉状的腮红产品，应该用刷具蘸取，在手背或粉盒上调整粉的用量。不要想一次显色，应该放松手腕力道多刷几次，才能降低失败率。

3. 使用唇颊露时

使用唇颊露的速度很重要，因唇颊露很快会被肌肤吸收，动作太慢会产生色块印子。为了避免毁掉完妆的情况发生，上底妆前先上唇颊露，等推匀且干了之后再上底妆，能呈现一种从肌肤散发出好气色的感觉。

多功能的霜状腮红

动漫《G型神探》里，男主角遇到紧急情况时，只要大喊就会出现很多道具，简直是“万能”。而彩妆中也有类似这样的多功能产品，能轻松完成眼妆、唇妆、腮红，能把一切不可能变成可能。

化妆工具	选择要点
· 霜状腮红 Skin Food- 浪漫玫瑰季腮红膏 #1 Rose Pink · 唇彩 3CE- 水晶唇冻（Glass gloss）# 透明	· 霜状腮红 如果想选择同时可用在眼周、脸颊与双唇的腮红，最好挑选橘色、粉红色与蜜桃色调的产品，这些颜色用途最广。霜状腮红一般有棒状和罐状，不论包装如何都可多功能地运用在眼周、脸颊及嘴唇。

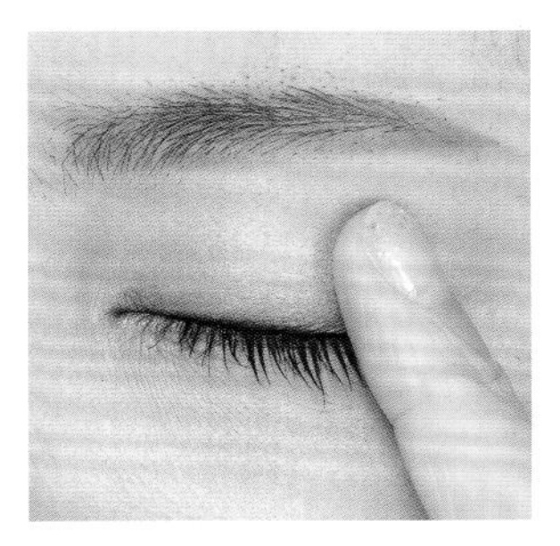

1. 用霜状腮红画眼影

用指腹蘸取粉红色的霜状腮红，涂抹在眼窝上创造出自然的渐层感。

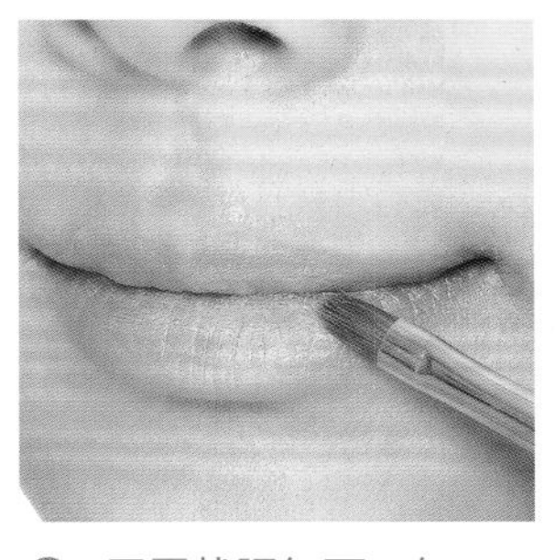

2. 用霜状腮红画口红

用唇刷或指腹蘸取霜状腮红，轻轻点拍在双唇内侧帮助显色，只要再涂上透明唇蜜即可。

3. 用霜状腮红画腮红

用指腹或海绵蘸取腮红，以苹果肌为中心轻轻拍打，来帮助霜状腮红延展。

小窍门

霜状腮红的混色活用法

霜状腮红不只能单独使用，混合使用也能创造出多彩又独具个性的妆容。举例来说，在颧骨前方刷上华丽的粉红色腮红，在颧骨后方刷上蜜桃色调的腮红，不仅可增添脸部的立体感，还能感受色彩混合的奇妙。

口红的选择与使用

上幼儿园时总是偷偷用妈妈的化妆品涂抹着玩，那时手里最常拿着的就是口红了。看电视剧也经常能看到女主角对着镜子擦口红的镜头。口红仿佛就是女人浪漫、美丽的象征。但不论是选择口红还是用它来化妆，都不是件简单的事情呢。

选择口红前需要检查的事项

1.呈现纯净无瑕的肌肤

瑕疵较多的斑点皮肤用大红色唇彩会给人混乱的感觉。但请大家不要误会，并不是只有白皙的皮肤才能用口红，是皮肤要肤色均衡整洁才能更好地配合大红色唇彩。

2.选择口红时要考虑皮肤色调

白净肤色、偏黄肤色、偏红肤色等不同的肌肤色调应选择不同的口红颜色。一般来说白皙的肤色用任何颜色的口红都没有问题；而偏黄肤色适合冷静的酒红色或勃垦地红色；偏红肤色需要先通过底妆来调和泛红的皮肤，然后才能使用口红。偏黑肤色如果擦上暗红色唇彩的话会变得更加黑黝黝，所以更适合提亮肤色的大红色唇彩。

3.唇部去角质不容忽视

全是角质的嘴唇涂上口红简直就是自毁形象。无论哪种颜色涂到满是角质的嘴唇上都不可能好看，因此要注意常给唇部去角质，保持光滑的嘴唇才能涂出漂亮的唇彩。

口红选择法

冷艳色调的冷红VS温暖气质的暖红

红色分适合冷肤色调的冷红和适合暖肤色调的暖红。稍有樱桃色的冷红适合皮肤白皙的人，而相对温暖的大红色则适合用在偏暗的肤色上，有助于提亮肤色。

令人眼前一亮的亮红VS有内涵的暗红

令人眼前一亮的红色温暖而夺目，而感觉深沉的暗红色则是冷酷迷人的感觉。亮红色是大部分人都能适用的颜色，而暗红则是个具有挑战性的需要范儿的颜色。

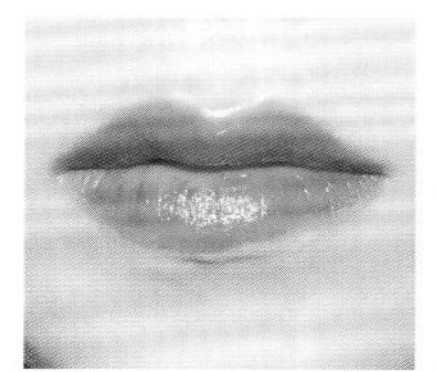

The Saem 优雅女士防水唇彩 SPF10（01 跳跃红）/Lancome 金纯玫瑰唇膏（175 号烟熏玫瑰）

热情奔放的珠光红VS冷静知性的亚光红

闪亮的红色令人生机勃勃，而亚光的红色则给人冷静知性的感觉。闪亮的红有减龄效果，而亚光的红则透着成熟的气质。唇部的细纹和角质都比较严重的话，使用口红会凸显这些问题，所以一定要选择水润闪亮的产品。而在妆效的持久力方面，亚光型产品比珠光型要更胜一筹。

Guerlain 一触倾心唇膏（120）/ MAC 俄罗斯红唇膏

嘴唇中央娇嫩欲滴的清纯造型

口红并不只代表娇艳和性感。它同样可以展现出清纯娇嫩的一面。

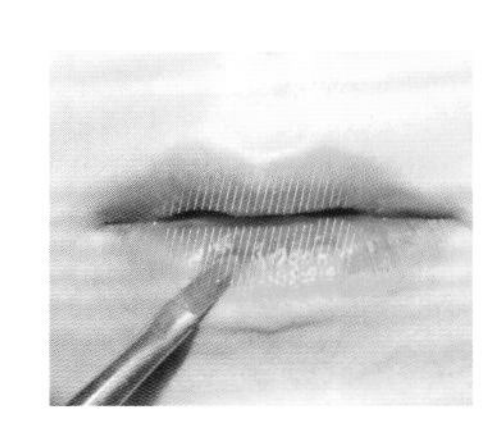

1. 用唇刷将口红轻柔地涂在唇线以内。

MAC 唇膏（俄罗斯红）

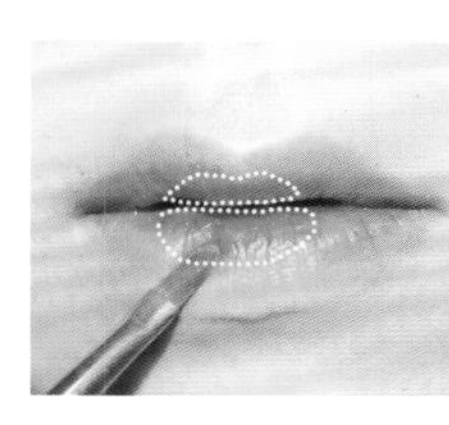

2. 再将口红深深地涂在比刚才小的范围内，娇嫩欲滴的渐变美唇就完成了。

清晰性感的唇线

这是最能将口红的性感魅力发挥到极致的使用方法。口红涂得又深又醒目时，要注意尽量控制眼妆，最好只画一条干净的眼线。

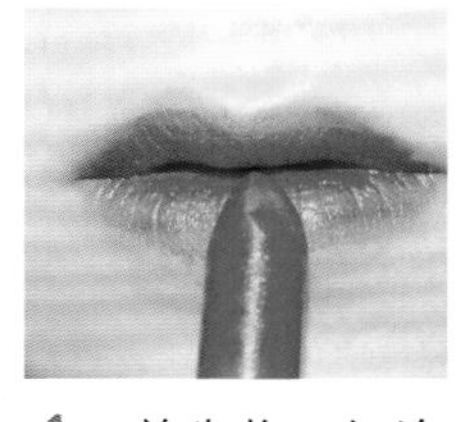

1. 首先将口红涂在唇线以内，从中央开始涂起。

不能先从唇线开始画，而是先把唇线以内填满后再画出唇线。

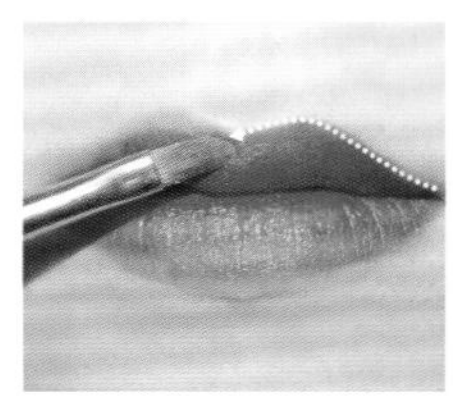

2. 利用宽扁唇刷的宽面按照图示的箭头方向画出唇线。

用唇刷的宽面而不是扁面来涂唇线才不歪斜。

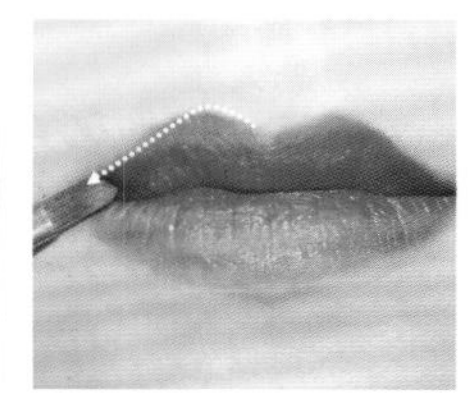

3. 另一面也用同样方法，利用刷子的宽面画出唇线。

MAC 唇膏（俄罗斯红）

4. 微笑使嘴角轻轻上扬，沿着图示的箭头方向画出干净整洁的下唇线。

用胭脂水给嘴唇化个妆

胭脂水是可以用在双颊、双唇等部位的多功能产品，是人手必备的好东西。胭脂水既能以相同的方法反复使用，偶尔也可以换种方法来打造不一样的唇妆。

胭脂水的基本用法

这是最基本的胭脂水涂抹方法。根据涂抹的次数和涂在唇上后停留的时间来调节其深浅。涂上之后立刻涂均匀，呈现出的是轻柔的效果，而涂完后稍待片刻，胭脂水的着色力明显增强，显色也更明显。

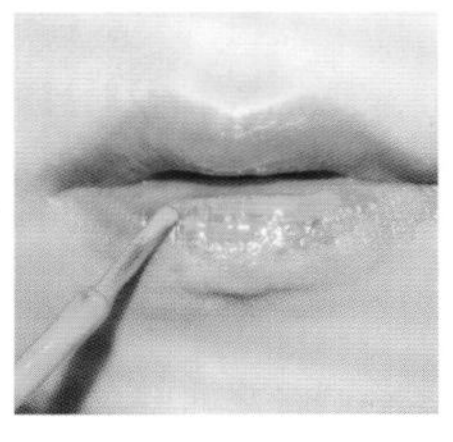

1. 将胭脂水刷涂在唇部中央。

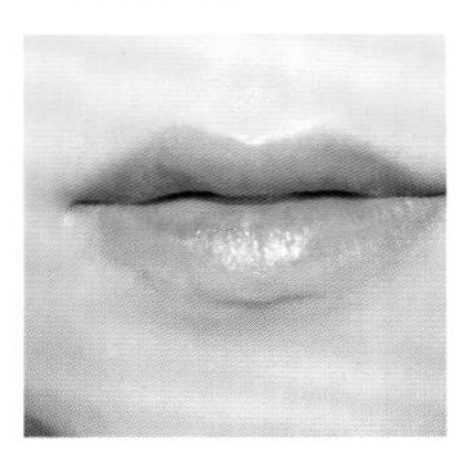

2. 用手指将刚刷过的胭脂水轻轻拍打，使之均匀。

3. 唇部呈现出自然柔美的效果。

只使用胭脂水的话唇部会干燥，可以再涂一层润唇膏或无色唇蜜。

显色度太强的胭脂水柔和展现方法

有些胭脂水的显色度太强，涂在脸上就像沾了泡菜汤一样让人感觉不舒服。这种情况下一般都先用粉底或遮瑕膏将唇色完全遮盖后再使用胭脂水，它的缺点是会导致唇部过于干裂。不如将裸色唇膏和胭脂水结合使用，使唇部展现柔和自然的光彩。

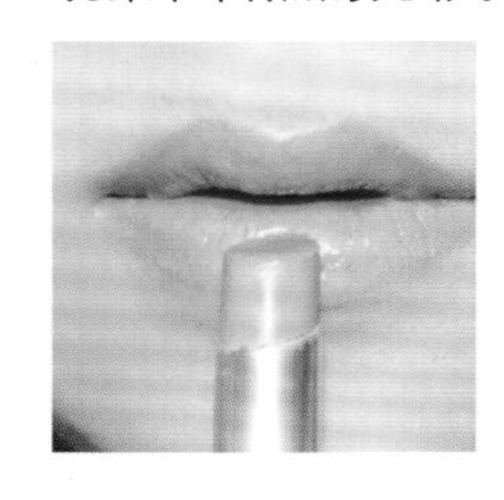

1. 将裸粉色润唇膏涂在嘴唇上。

TonyMoly 香吻润唇膏（BE03 可可粉）

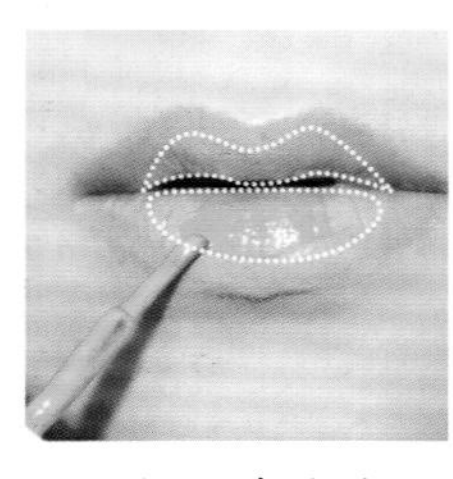

2. 将胭脂水在唇中央轻涂一层。

Benefit 恰恰胭脂水

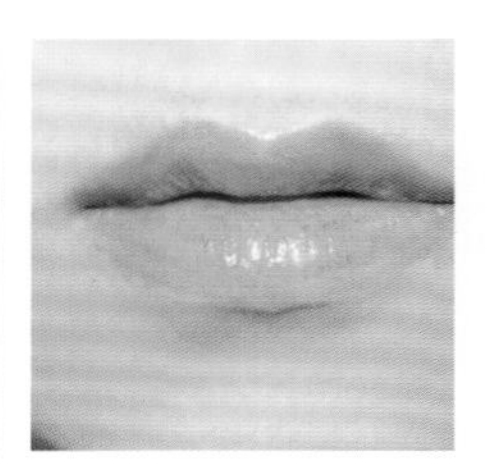

3. 这时抿嘴唇会使唇膏和胭脂水混杂在一起，最好嘴唇不要动，直到颜色完全附着。

唇线整洁唇彩艳丽的唇部妆容

这是效果堪比口红的醒目而艳丽的化唇妆方法。用胭脂水突出唇线的化妆法与口红效果无异，却比口红的持妆度更久。

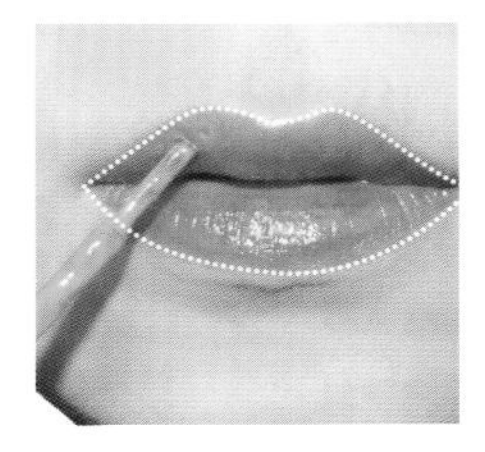

1. 从唇中央开始将胭脂水涂满全唇。浸入刷毛的胭脂水先调整好用量再沿唇线填充饱满。

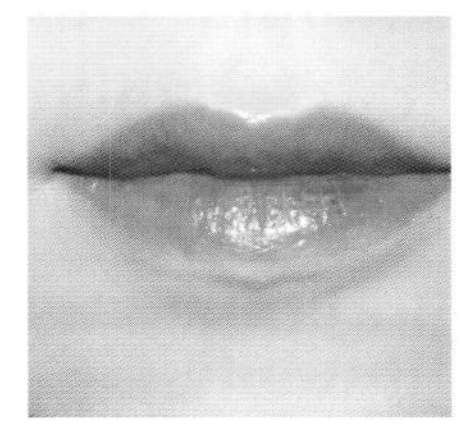

2. 虽然同之前的胭脂水使用方法一样，却出来令人完全想象不到的艳丽唇妆效果。

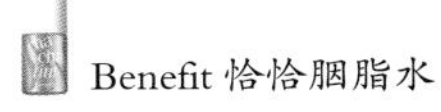

Benefit 恰恰胭脂水

橘子般的渐变唇妆

胭脂水的用法之一就是制造渐变效果。如果不用最常见的粉色胭脂水，用橘色唇彩也可以做出渐变效果，打造充满橘子般鲜嫩色泽的美唇。在选择橘色胭脂水时，橘黄色的产品比橘红色产品能更好地呈现橘子般娇艳欲滴的嘴唇。

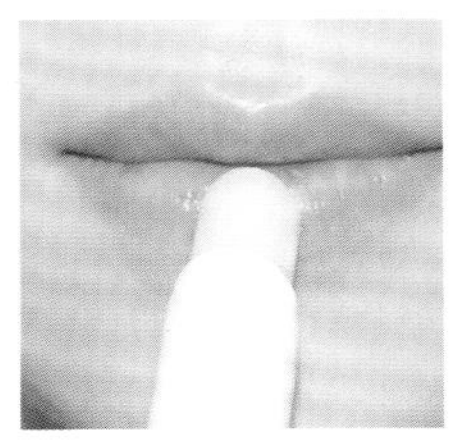

1. 化唇妆之前先用无色润唇膏对唇部进行护理。

下一步要将粉底涂在嘴唇上使唇色被覆盖，先涂一层润唇膏既能滋润双唇，又起到隔离保护的效果。

Uriage 无色润唇膏

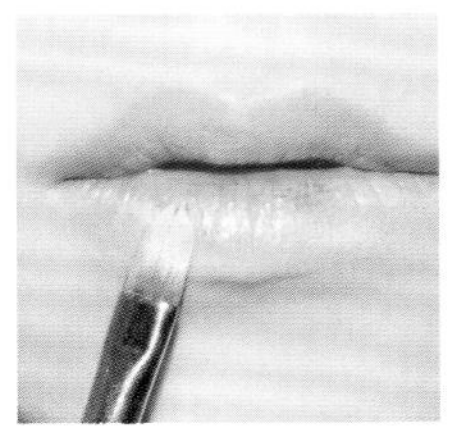

2. 在唇部涂上粉底或遮瑕膏，把唇色遮盖掉。唇部中央可以留着不涂。

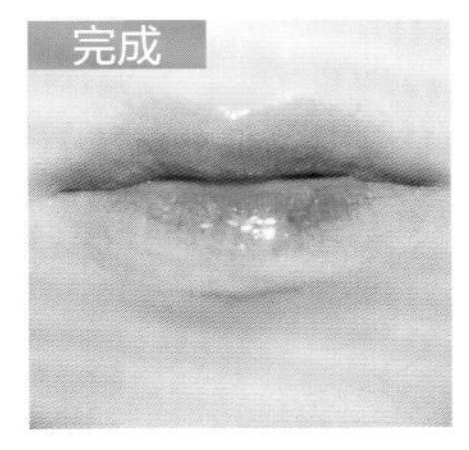

完成

Piccasso 假睫毛（37 号）

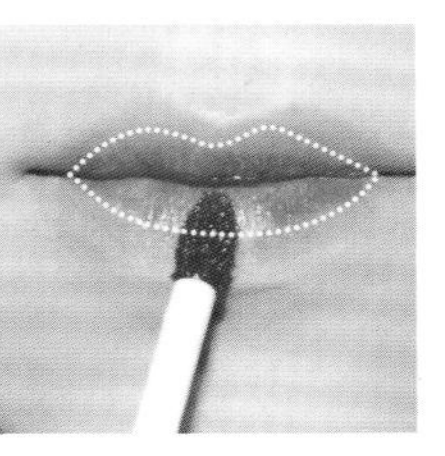

3. 从唇部中央开始刷液体唇膏。到这一步骤渐变色唇彩效果已经显现出来了，要不要让它再娇艳漂亮一点？

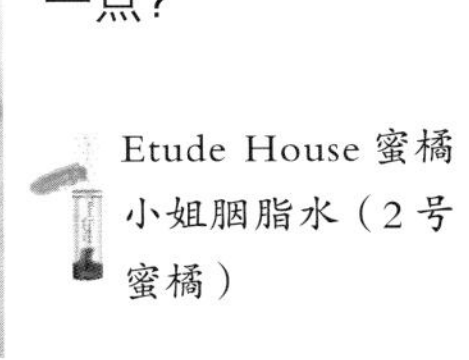

Etude House 蜜橘小姐胭脂水（2 号蜜橘）

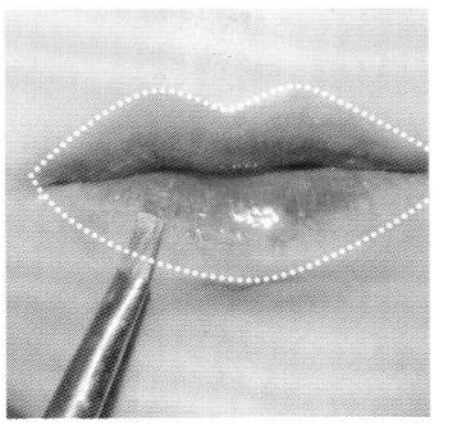

4. 将无珠光、无色的透明唇彩饱满地涂在比唇线宽 1mm 的范围内。

Make Up Forever 透明唇彩

比整形更正确的选择，微整形彩妆

以前极力否认整形的明星们，现在也能自然地承认自己整形的事实。虽然说整形是帮助自己摆脱外貌自卑感的一种积极选择，但是也有需要承担副作用危害的风险。从这一方面看，比起整形，既安全又正确的选择就是化妆了。只要能好好调节颜色、线条的位置和长度、阴影，缺点也是可以调整的。

1. 提亮是下垂脸颊的救星

脸颊有下垂困扰的人，粉底要使用比一般人更亮一点的颜色。完成底妆后，使用几乎不含珠光的提亮产品刷在下垂的脸颊部位，能打造出丰润感。先憋住一口气，提亮脸颊突起的部位即可。

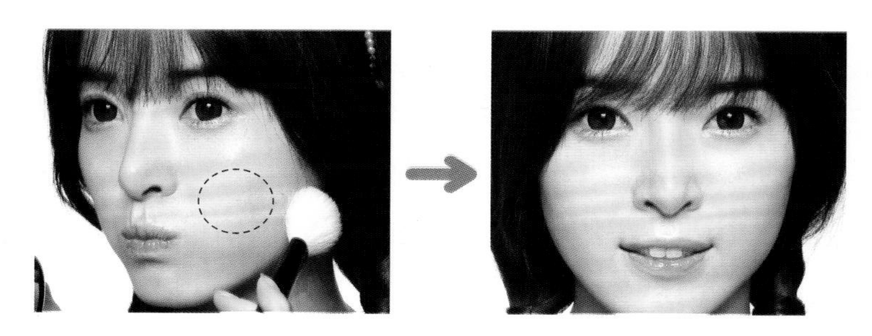

2. 咖啡色眼影是厚眼皮的救星

眼皮厚的人要避免亮色与含珠光的眼影。使用不含红光的咖啡色眼影刷在眼窝与下眼影处，能修饰厚重且闷闷的感觉。先以深咖啡色眼影刷在双眼皮褶上或眼窝上，描绘出5毫米的眼线，之后再使用眼线液或眼线胶描绘细一点的眼线，呈现出深邃的眼眸。

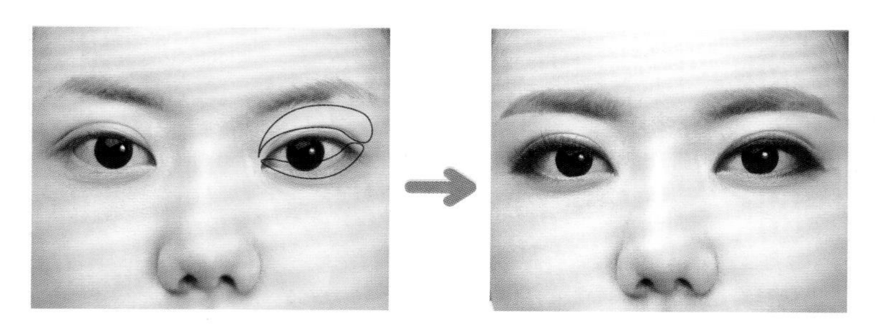

3. 开眼头是眼距过宽的救星

两眼眼距过长，只要利用眼线就能轻松调整。将眼头的眼线画到睁开眼睛时能看到的程度，并稍微拉到眼头位置，再使用深色眼影描绘出渐层，就能创造好像开眼头的视觉效果。

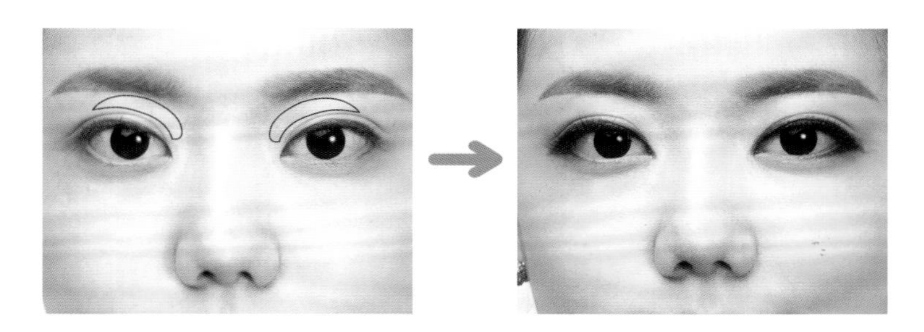

4. 眼尾拉长是眼睛太短的救星

眼睛太短的话，开眼头和开眼尾的化妆方式同时进行很有效果。画出的眼线要比自己原本的眼线拉长8毫米左右，用深色眼影在眼尾部分加强，直到眼尾的分量感出来为止。眼尾的眼线和眼头的深色眼影完成后，就可以呈现出又长又魅惑的眼妆。

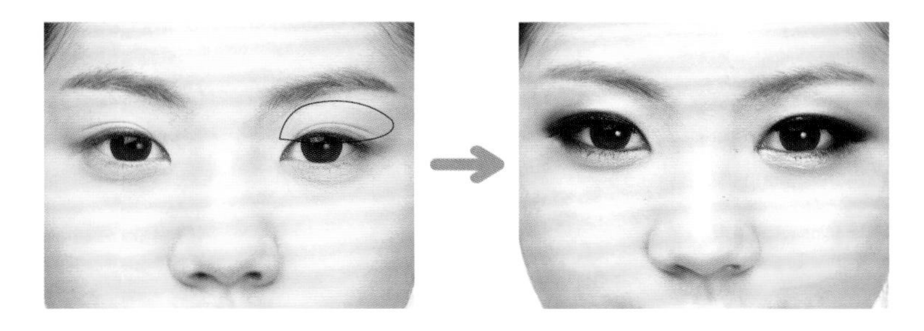

5. 斜角眼线让下垂眼变身猫眼

若想把下垂的眼睛变得更具有魅惑力的话，眼尾部分要呈60度斜角向上画10毫米长的眼线，然后把眼线尾端到眼睛中间的线条衔接起来，就能完成强烈的眼线。再用假睫毛做重点，就会变为性感“猫眼”。

6. 下拉眼线让上扬猫眼变身温柔小狗眼

眼线起始点和终点如果在一条直线上，就会成为可爱的半月形眼妆。如果终点比起点低，就是下垂眼。在眼睛睁开的状态下，直接将眼线往下拉，然后将上眼线和下眼线衔接起来就会创造出温顺的“小狗眼”。

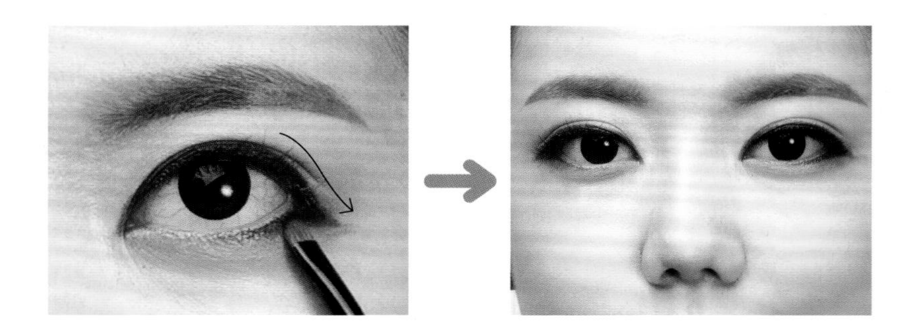

7. 以瞳孔为重点的眼线是小瞳孔的救星

小瞳孔可以选择佩戴放大片，再加上彩妆技巧能让瞳孔看起来更大。描绘眼线时，要仔细补满眼睑，并在瞳孔上下位置画得更粗更黑一点，同时在这个部位贴上假睫毛，让瞳孔看起来更大。

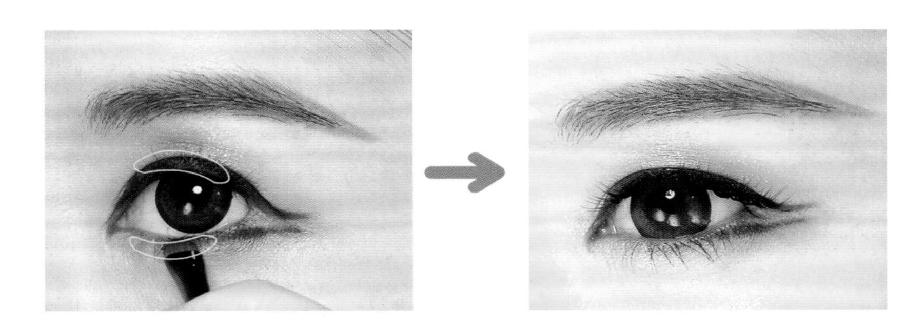

8. 唇露拉长唇线是嘴唇又小又薄的救星

嘴唇又薄又小的人，在使用唇露涂抹双唇时要向外多涂1~2毫米，之后在上面再涂上唇膏，就能创造丰盈的双唇。尽可能不要选用深色唇膏，并注意唇露涂在双唇中间时可能产生向外晕染的现象。如果真的想涂深色唇膏，不要把线条画得太明显，稍微有点晕开的样子比较好。

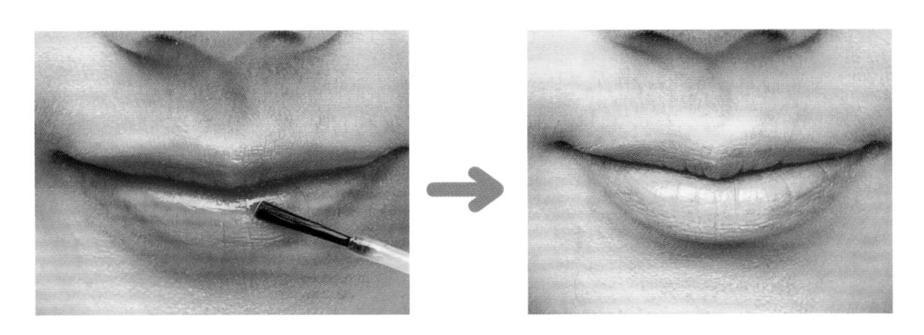

9. 以遮瑕品修饰又厚又大的嘴唇

嘴唇又厚又大的人，可先以遮瑕品修饰唇部外围轮廓，再使用唇露在嘴唇中间重点涂抹。因为唇露会自然向外晕染，能使双唇看起来自然变小。嘴唇里面唇彩向外晕染的程度能调整嘴唇的大小。

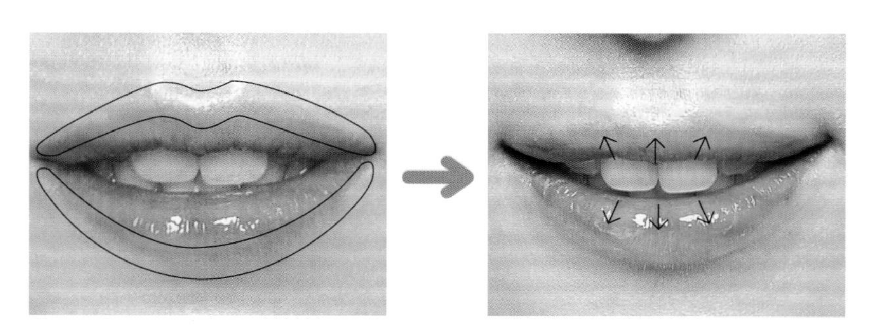

10.V 字修饰是鼻子太大的救星

鼻尖粗短且鼻翼过宽的人，只要在鼻子上加以修饰、画出阴影，就能打造出纤细时髦的感觉。在鼻翼处自然地打上阴影，鼻尖的地方像写V字一样轻轻刷一下，能打造出高挺漂亮的鼻子。要注意鼻子的修容必须使用不含红光及珠光的自然浅咖啡色产品。

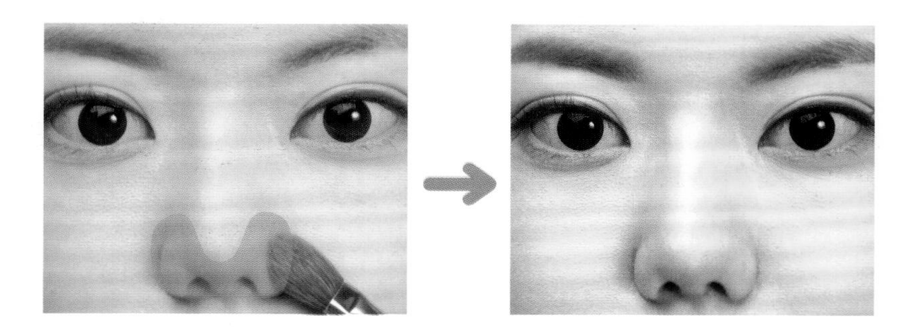

11. 鼻梁提亮是塌鼻的救星

想让又低又短的鼻子看起来鼻头高挺，只要提亮鼻梁就行了，但必须一直打到鼻尖才会呈现挺拔的鼻子。提亮鼻梁会让鼻子有变高的视觉效果。

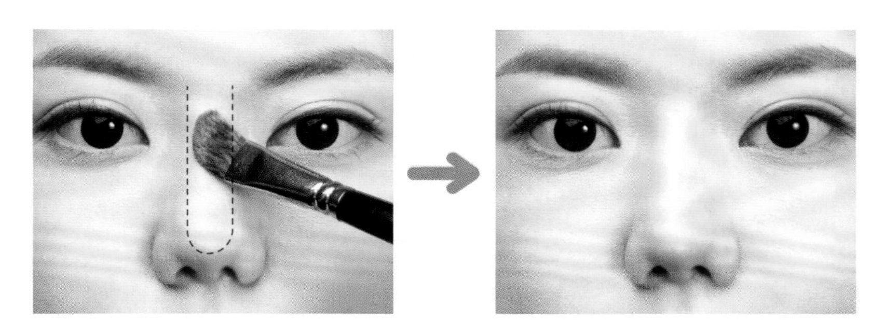

12. 鼻尖修饰是长鼻子的救星

鼻子太长的话，就会显老，若鼻子又长又大，提亮时只要打到鼻子中间位置即可。鼻头看起来变短，加上鼻梁变高，会让鼻子看起来变挺直。

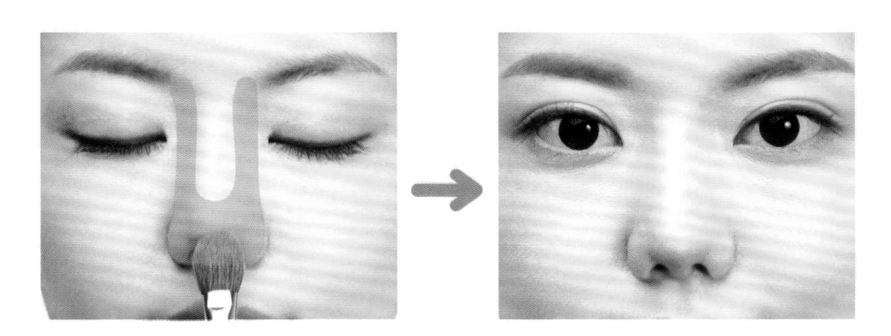

第四章

炫美彩妆

可爱眼尾妆

使用黑色的眼线向后拉升眼尾，重点强调眼尾的妆容。

这样的妆容同时结合了性感和可爱，既能够展现时尚的一面，又不失可爱俏皮，是个魅力十足的妆容。

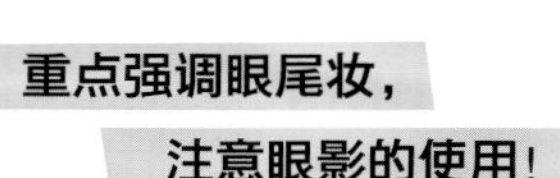

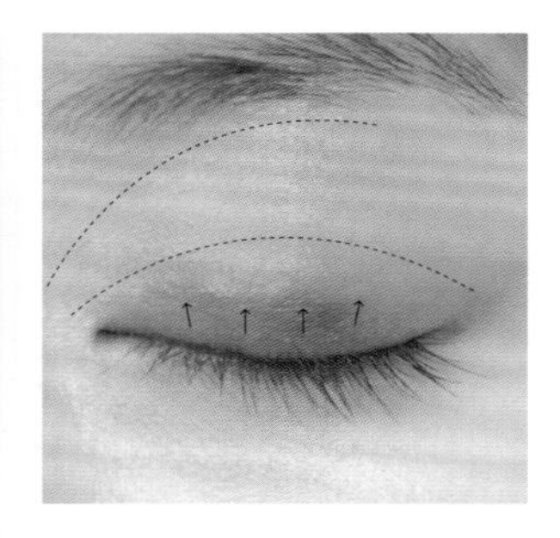

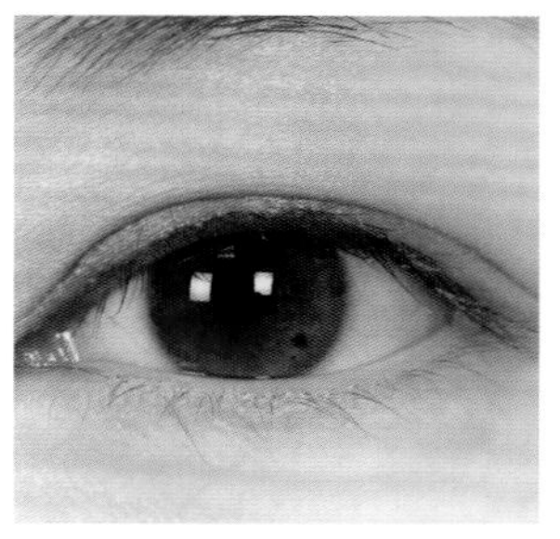

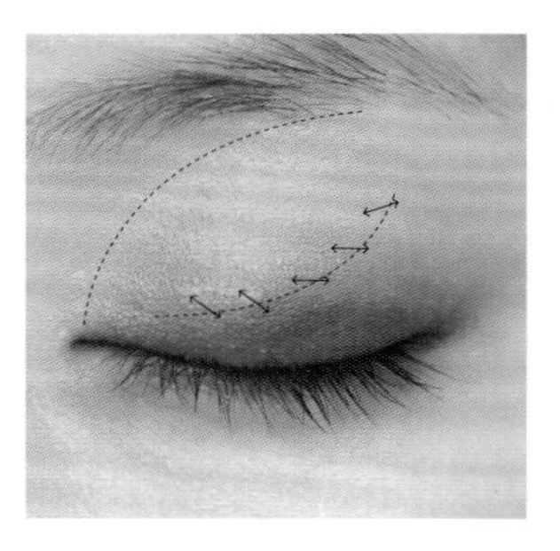

1. 将紫色眼影涂在虚线所示的部位打底。从睫毛的根部开始沿着箭头方向晕染开。双眼皮线的部位也需要涂上眼影打底，其上方也可以不涂。

2. 眼睑上涂了紫色眼影后睁开眼睛的效果如上图。

3. 在虚线部位打上白色亮彩眼影，然后在眉毛下方晕开。这时为了能够与下方的紫色眼影达到颜色协调渐变的效果，可以用眼影刷在箭头所示的位置来回刷。需要注意的是不要将紫色的眼影涂的位置太高。

重点强调眼尾妆，注意眼影的使用！

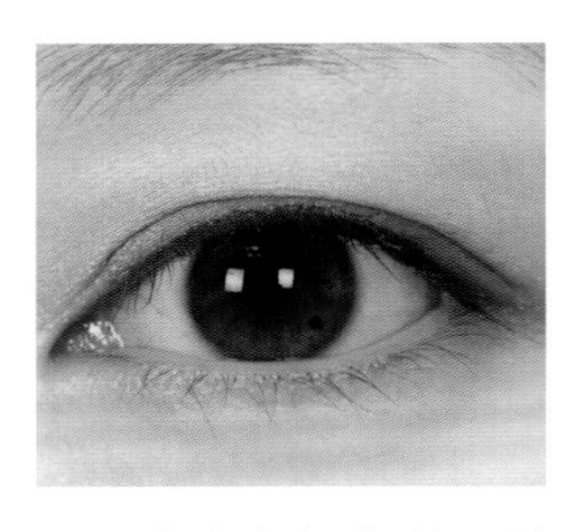

4. 涂完白色亮彩眼影后睁开眼睛的效果如图。

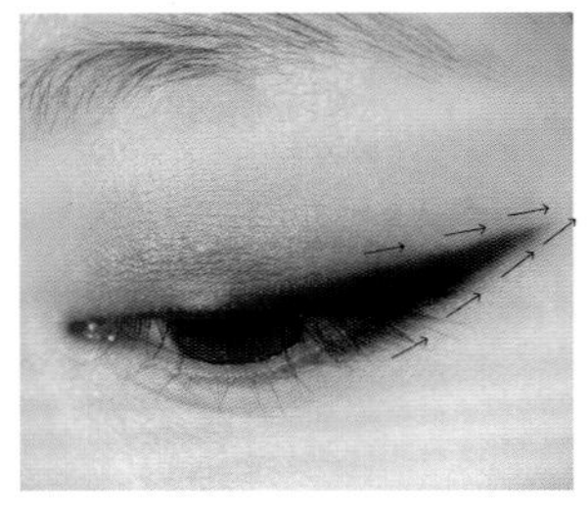

5. 使用黑色眼线笔画眼尾。从眼睛中间开始沿箭头方向果敢地向后拉伸，注意不要画得太粗。上眼睑的眼线画完之后，与下眼睑的眼线自然重合，下眼睑也是从眼睛中间开始向后画。

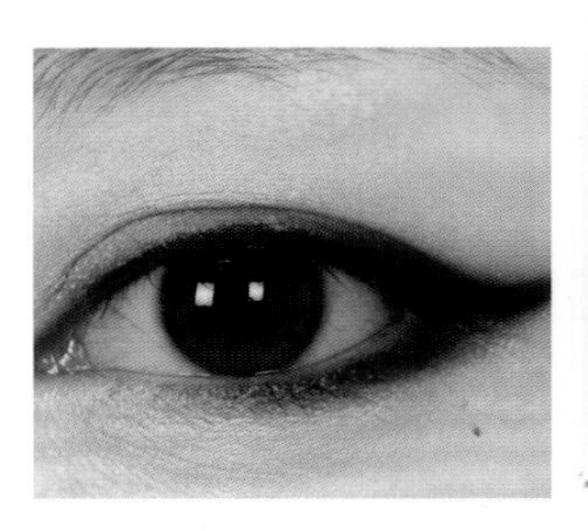

6. 上下眼线完成后的正面效果如图。

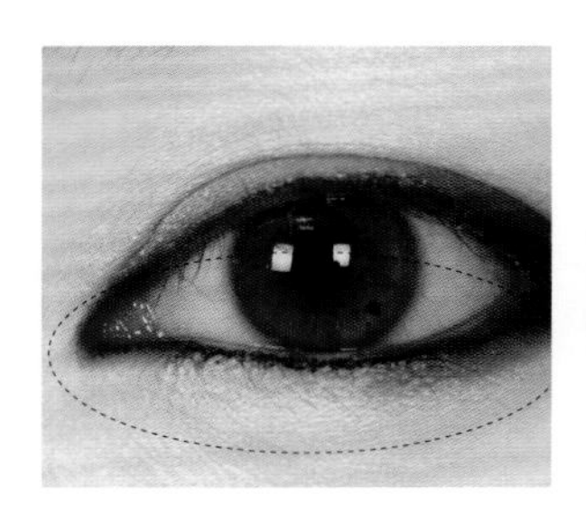

7. 使用黑色的眼线笔从眼窝开始仔细地填满下眼睑边缘。为了使其能够自然衔接，要选择相同的颜色，注意涂的时候不要太厚，但是一定要明确地表现出色彩感。

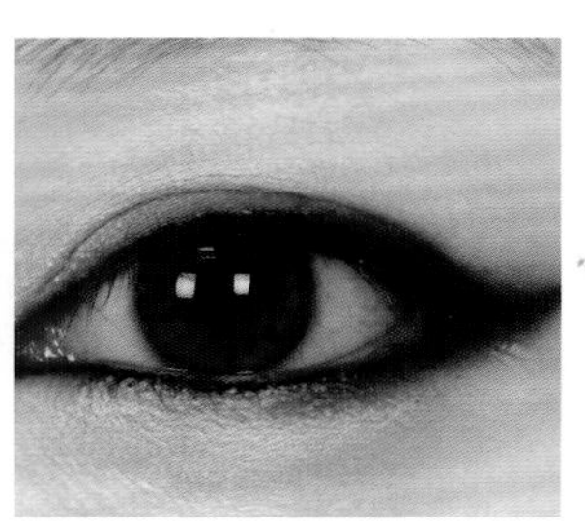

8. 眼睑边缘涂好后的正面效果如图。

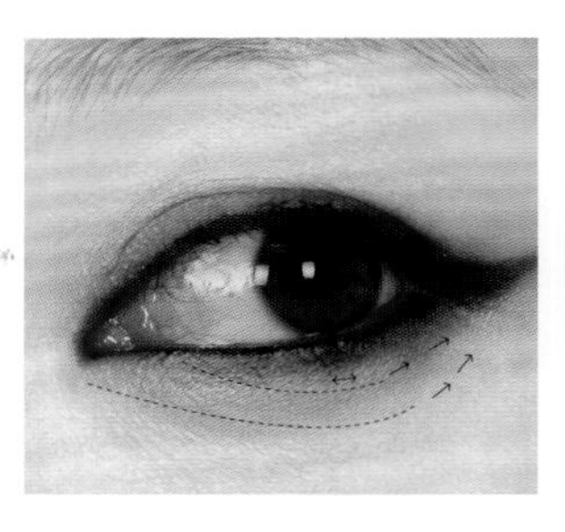

9. 使用深紫色的眼影来加强色彩渐变的效果。从眼睑边缘开始一直到画眼线的位置，用深紫色强烈地表现出色彩的渐变。然后使用眼睑上打底的紫色眼影平衡整体的色调（沿箭头所示方向晕染即可）。

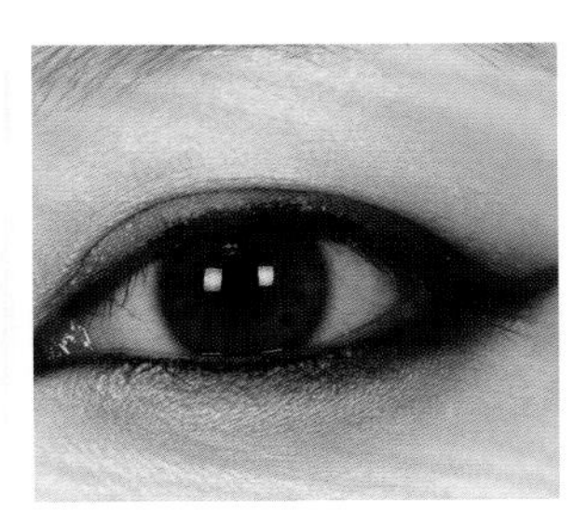

10. 下眼线使用紫色眼影加强后的正面效果图。

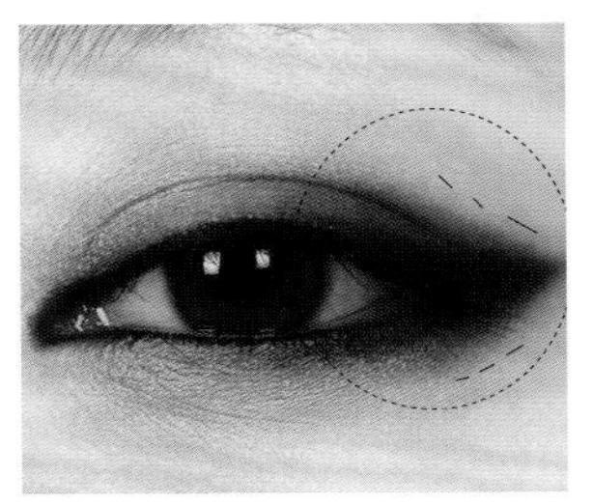

11. 最后使用深紫色的眼影从眼尾到上眼皮和下眼皮之间晕染开，让整体的色彩自然协调，眼线就基本画完了。注意让深紫色的眼影在靠近瞳孔的位置自然地结束就可以了。

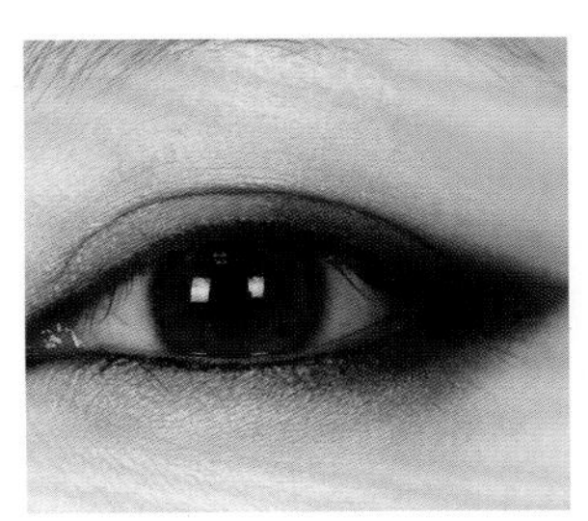

12. 上下眼皮的色彩调和完成后的正面效果如图。

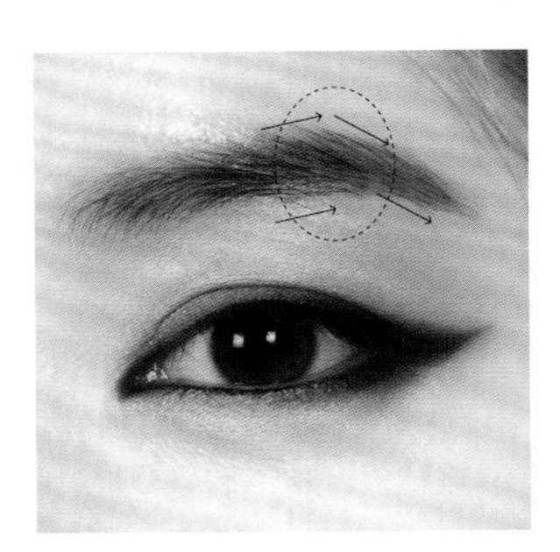

13. 使用深褐色的眉粉画眉。因为整个眼妆色彩感强烈，所以画眉的时候也稍加一点色彩，可以有效防止眼妆看起来太过突兀。画眉时要突出眉峰。这样，魅惑的眼妆就完成了。

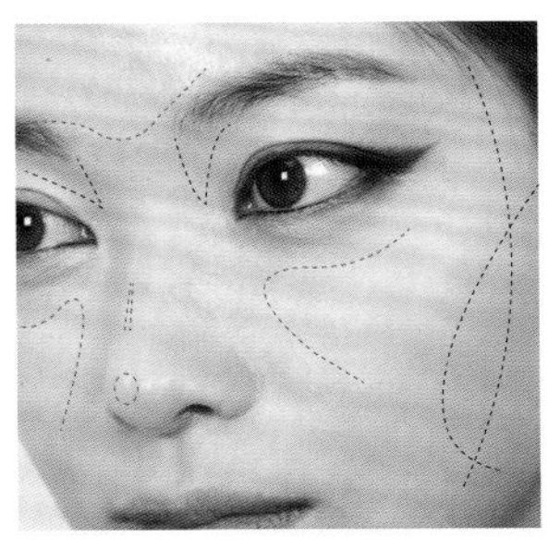

14. 在黑色虚线的部位用化妆刷打上阴影。然后从颧骨到面颊部位打上腮红，稍带一点褐色可以显得更加干练。红色虚线的位置打上高光粉，加强面部的立体感。

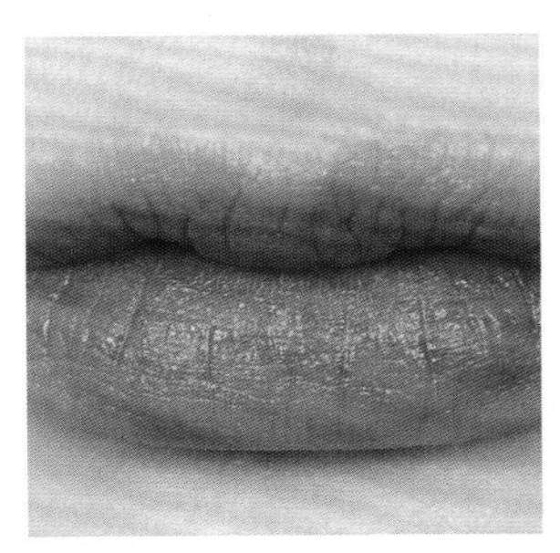

15. 涂上色彩较暗的桃红珊瑚色口红。要选用不含亮彩的口红，这样妆容更加干净利落。唇色稍显得水润即可。可以选择液态口红，也可以和唇膏混合使用。

紫色约会妆

不管什么时候约会都很适合的妆容。
既优雅又成熟的感觉让你更加可爱，更能俘获男友的心。
紫色的神秘感和粉色的浪漫感相结合，具有独特魅力。

特别注意
眼影的画法！

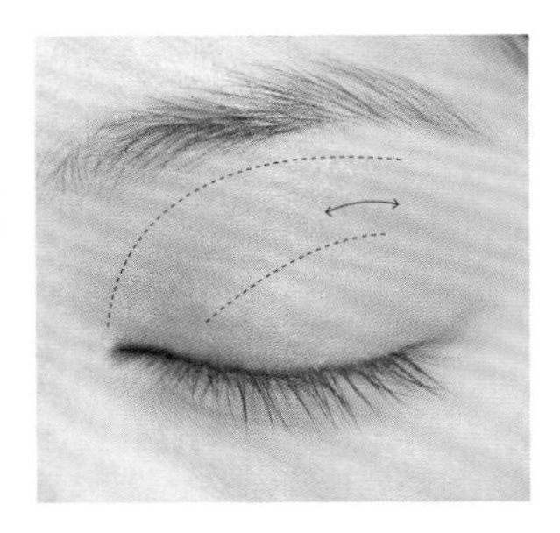

1. 将略带橘色的眼影涂在虚线所示的部位打底。不要涂到上眼皮，将打底的眼影涂在上眼皮和眉毛之间。从眼窝开始越过眼部中央，沿着箭头方向用眼影刷将眼影晕开，让色彩自然地晕染开。

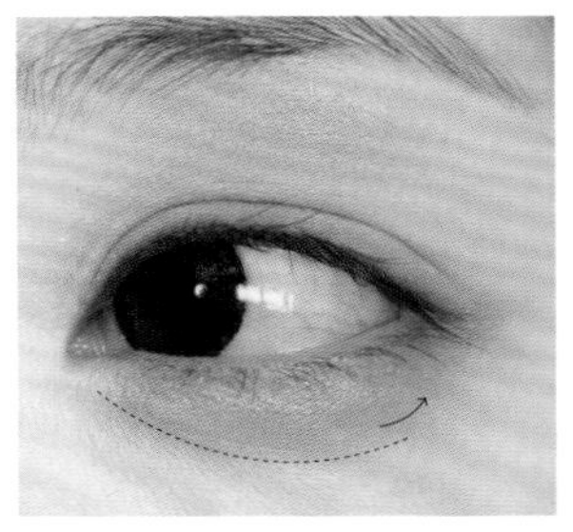

2. 再使用略带橘色的眼影涂在下眼睑虚线的位置上打底。要重点打在瞳孔的下方，然后沿着箭头方向向后自然地晕染开。

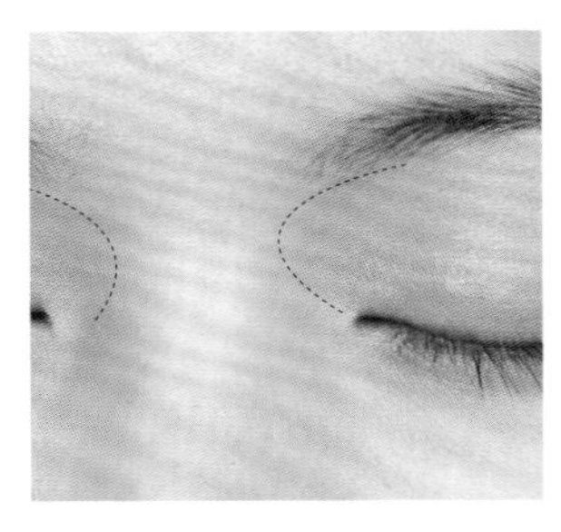

3. 使用褐色的眼影和橘色打底眼影自然衔接，在虚线部位制造阴影效果。虽然是褐色，但是要尽可能选择和橘色协调的华丽而又柔和的色调制造阴影效果。

特别注意 眼影的画法！

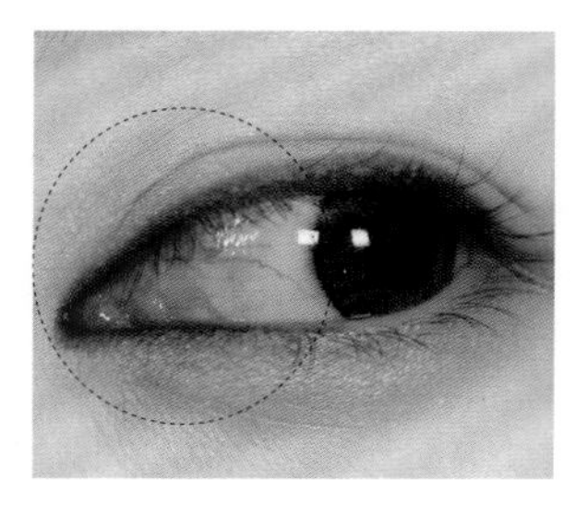

4. 画深褐色的眼线。使用不含亮彩的深褐色从眼窝开始一直画到瞳孔开始的位置。像是开了内眼角一样，明确地画出眼窝的眼线，然后将中央部位的眼影用眼影刷自然晕开。

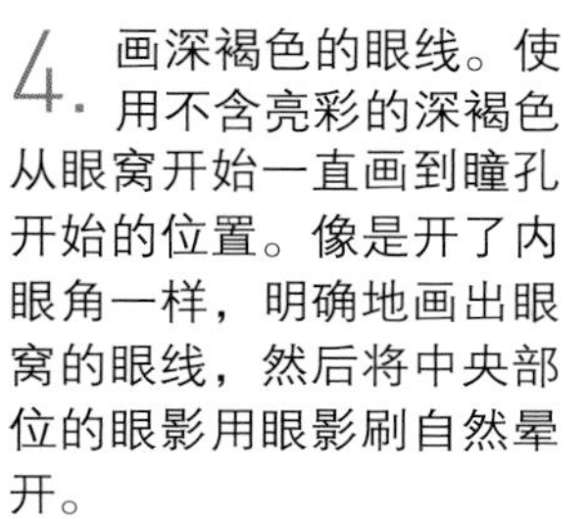

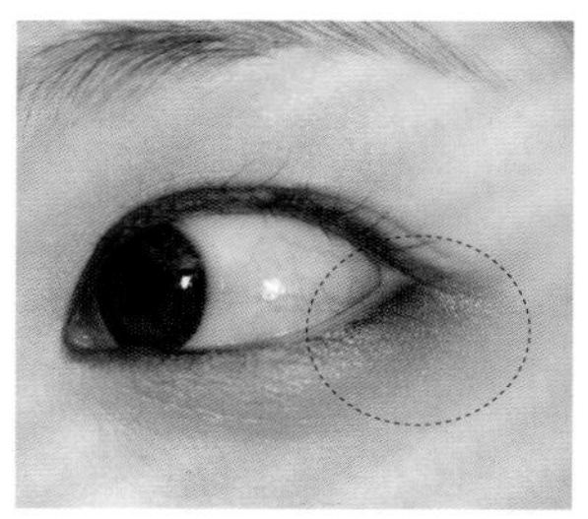

5. 使用金褐色眼影涂在下眼睑虚线所示位置做加强色。由于不画下眼线，所以即使是加强色眼影，也不能涂得太深，自然隐约可见即可。

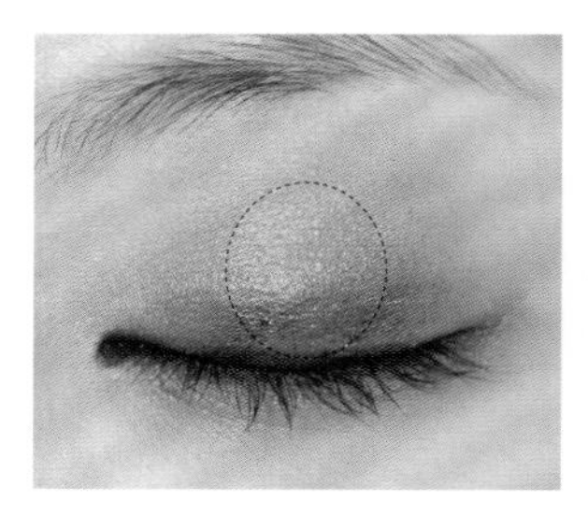

6. 隐约的紫色眼影打在瞳孔上方做加强色。然后将两边自然晕开。虽然不是那种鲜艳明亮的色彩，但这种隐约的紫色均匀地打在瞳孔上方，也能起到加强的效果。

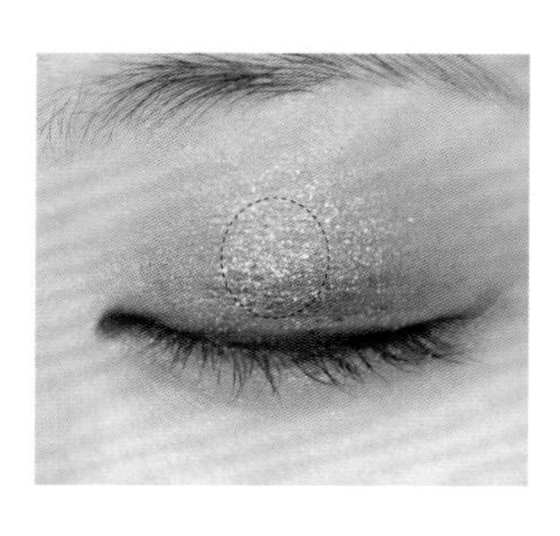

7. 用紫色眼影加强后，再涂上一层亮粉做高光。紫色的奥妙和亮粉的华丽相结合，打造出既神秘又独具魅力的眼妆。

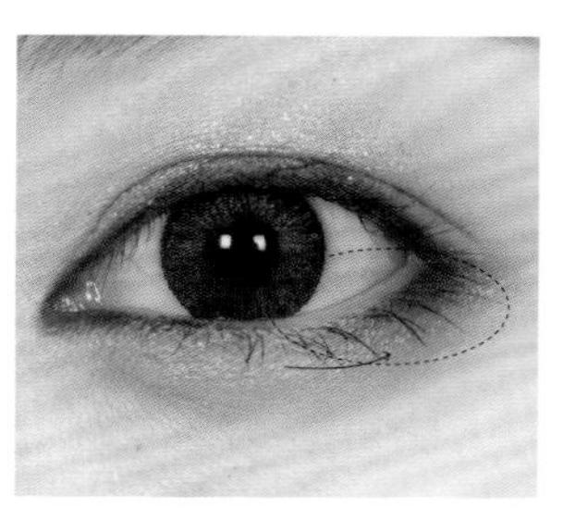

8. 将睫毛膏涂在下睫毛虚线所示的部位，从瞳孔所在的中央位置向后，直到眼尾。睫毛膏不要涂得太多，达到自然的妆效即可。上睫毛不用涂睫毛膏，只需用睫毛夹夹好就行。

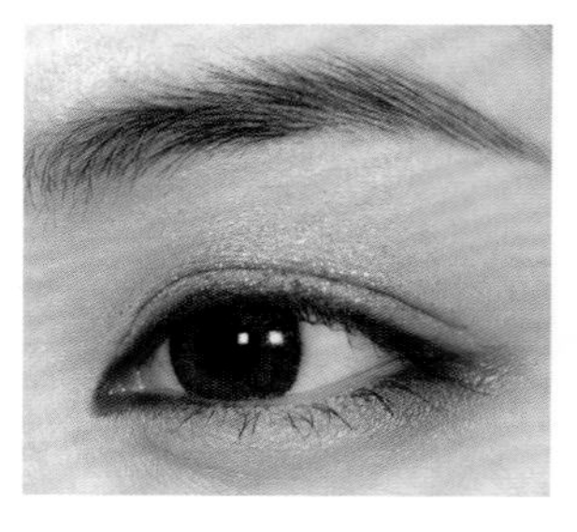

9. 使用深褐色画眉，优雅高贵。画眉时可以比平时画得更浅一点，眉峰稍稍上扬，眉尾也可以画得比平时稍稍长一点。

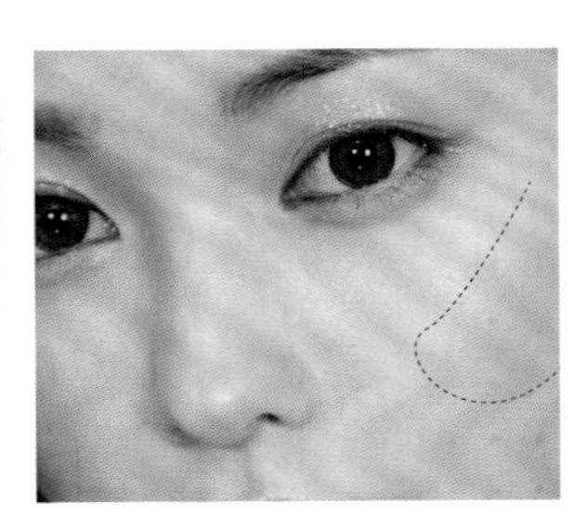

10. 在虚线部位打上粉色的腮红。腮红的粉色和眼妆加强色的紫色相结合，不仅更具有女人味，而且妆容也显得更美丽。腮红不要涂得太宽，从面部中央开始到面颊结束的地方为止。

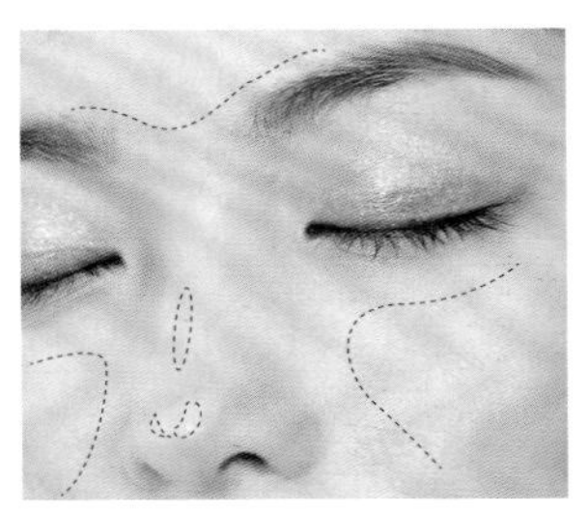

11. 在虚线部位隐隐地打上高光。选择有珍珠亮粉的高光产品，用高光粉刷轻轻地将高光粉晕开，让皮肤显得华丽又有光泽。

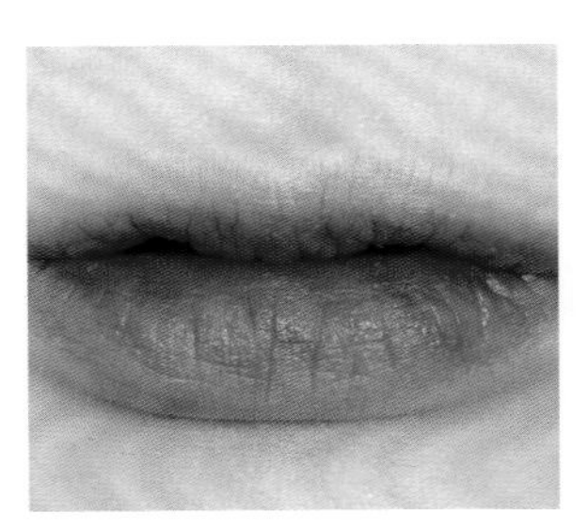

12. 用棉棒蘸取少量的红色唇彩分层地涂在唇部中央。注意不要将界线画得太分明，用心涂抹才能画出更加美丽的唇妆效果。

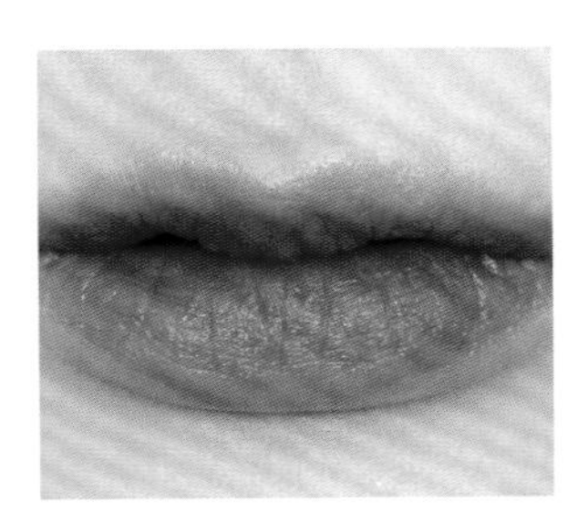

13. 选择几乎不含色彩感、略带粉色的口红，从嘴唇的外部向涂上唇彩的内侧轻轻涂抹晕开，使红色和隐约的粉色达到自然渐变。

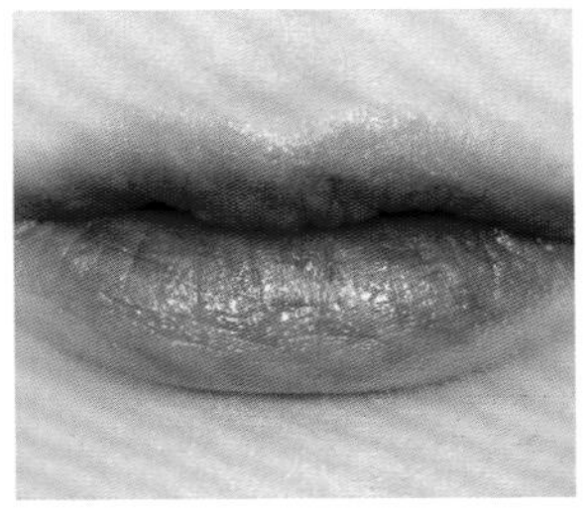

14. 为了与眼妆自然协调，制造出神秘优雅的妆容效果，可以涂一层银色唇彩。选取少量的银色唇彩轻轻地划过唇部中央即可。由于银色的色彩感本身就比较强烈，所以轻轻涂一层就能达到效果。

洋娃娃甜心妆

虽然是突显睫毛的洋娃娃妆，但却是每个人都能轻松使用的美妆。眼妆不要添加色彩，唇部和面颊使用粉色晕染，这样就能轻松打造出欧式洋娃娃一般的可爱妆容。

特别注意

睫毛的卷翘！

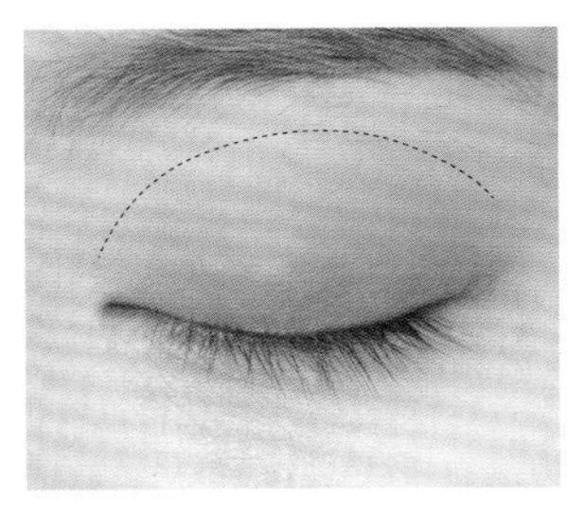

1. 使用不含珍珠亮粉的浅褐色眼影轻轻地涂在上眼皮上打底，注意不要涂太厚。虚线所示的部位全部涂上打底眼影，遮盖上眼皮的油光。

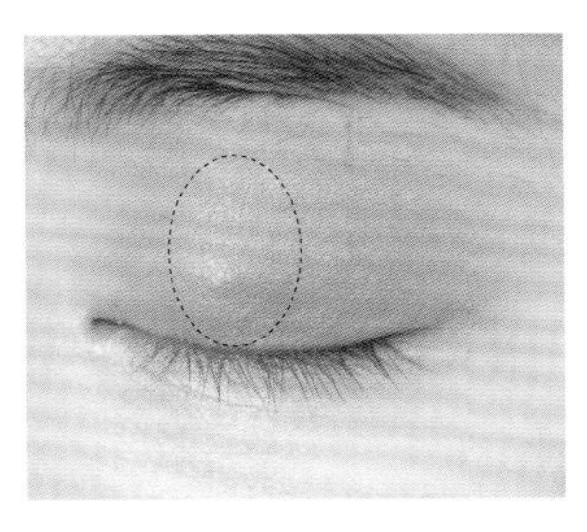

2. 虚线部位瞳孔上方的中央位置涂上白色珍珠亮彩眼影。加强中央的效果，然后自然地晕染开。

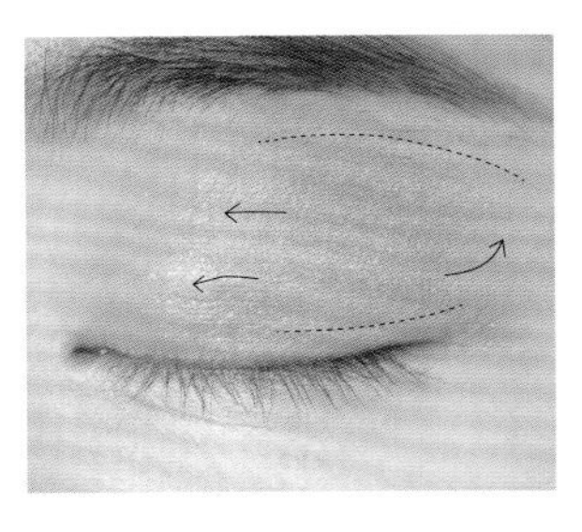

3. 使用银色珍珠亮彩眼影涂在上眼皮上方。将银色珍珠亮彩眼影与白色的珍珠亮彩眼影自然晕开，增强眼部的立体感和珍珠亮彩质感。白色和银色的色彩差异能够自然地增强眼部立体感，两种珍珠亮彩相互融合，显得更加清纯可爱。

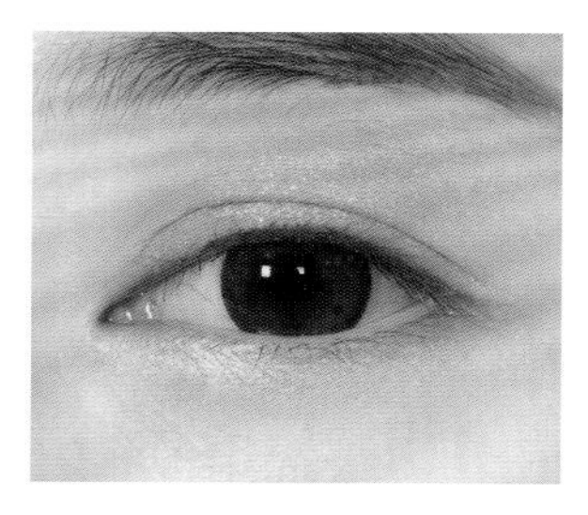

4. 涂完打底和珍珠亮彩眼影后睁开眼睛的效果如图。

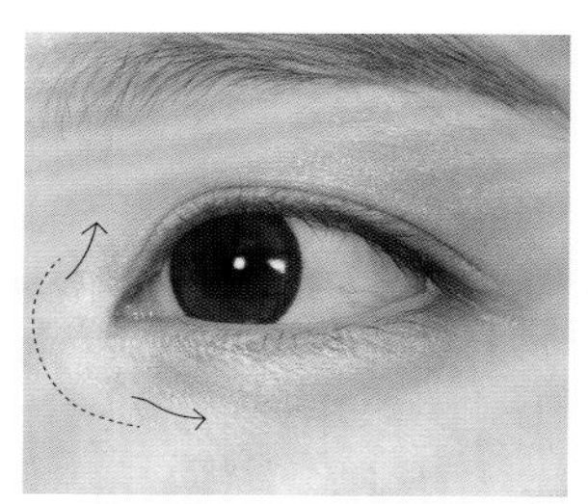

5. 虚线所示的眼窝部位用白色眼影笔打造高光效果。注意不要留下明显的界线，将白色眼影晕开。然后用白色眼影笔沿着箭头方向自然地晕染开。另外将下眼线和下眼睑打底的眼影一起画好。

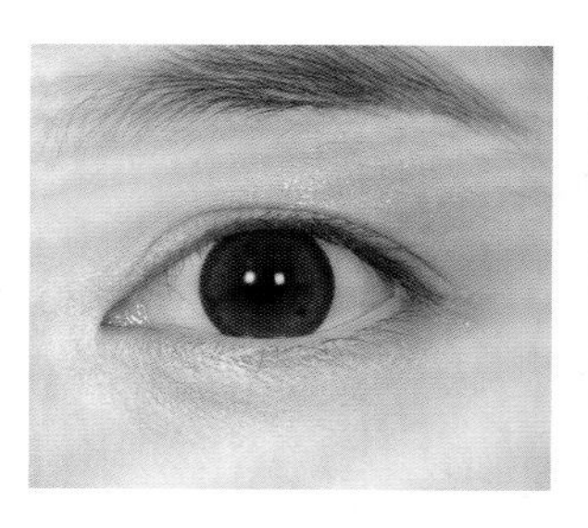

6. 白色眼影笔打造高光效果后的正面效果图。

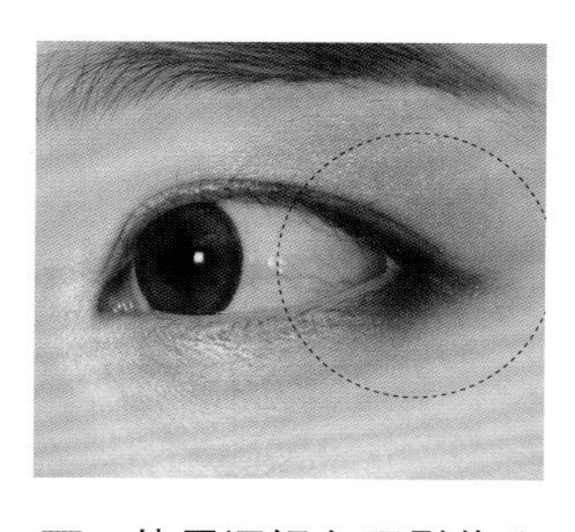

7. 使用深褐色眼影作为加强色，画在眼尾，在眼部制造出稍稍下垂的感觉。因为要省去眼线，单纯地使用加强色，所以色彩涂的范围不要太大，只要将加强色的眼影深深地涂在眼尾部位即可。

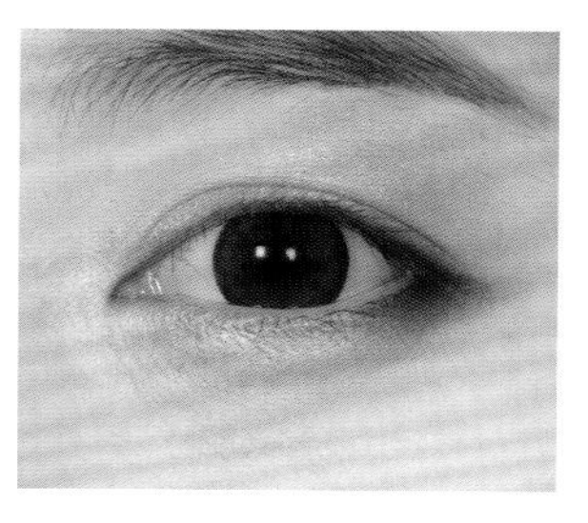

8. 加强色眼影涂好后的正面效果图。

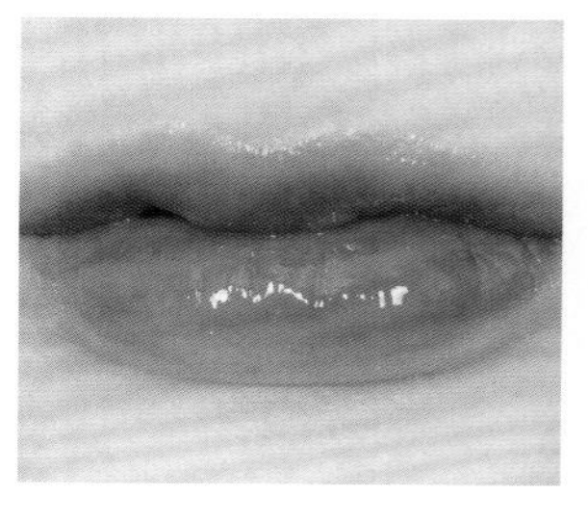

9. 唇部涂上粉色的唇彩。由于眼妆几乎没有色彩，需要用唇部的色彩增加妆容效果。为了减小妆容的负担，要使用亮粉色唇彩。光泽感和水润感相结合，看起来更加可爱。唇部中央可以再涂一层唇彩，增加唇部丰厚的感觉。

特别注意 睫毛的卷翘！

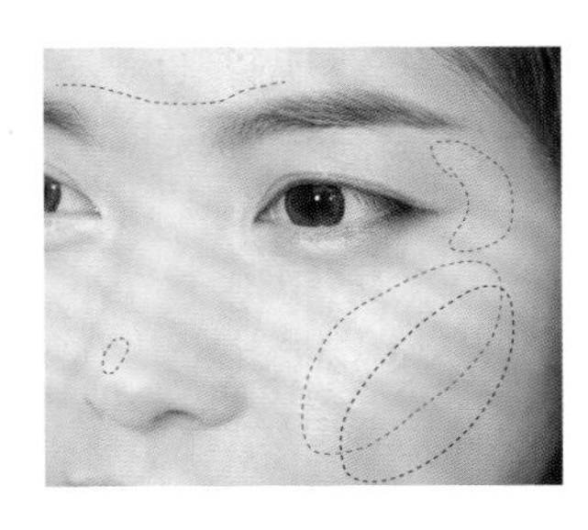

10. 在黑色虚线部位使用和唇部相似的色彩打上腮红。唇部和面颊用粉色晕染，妆容显得更加华丽光鲜。红色虚线的位置上打上高光，白色和粉色交融的部位浅浅地晕开即可。

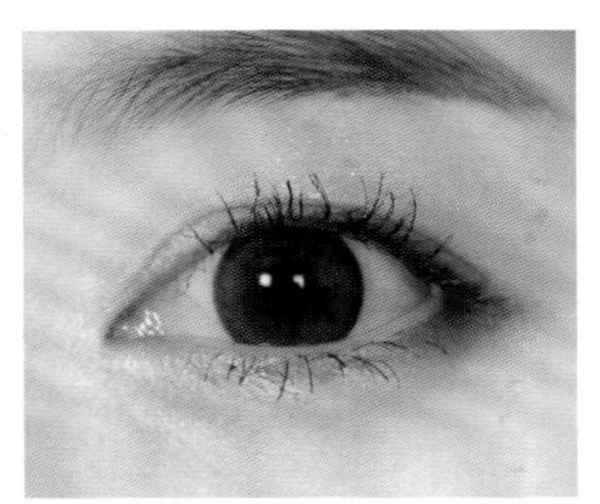

11. 使用睫毛夹将睫毛夹好，保证睫毛完全处于弯曲上翘的状态，如果想制造出更加丰盈浓密的睫毛效果，可以反复涂两遍睫毛膏，让睫毛看起来比平时更加夸张。这时即使是两三根睫毛粘在一起涂抹，也能够突显妆容效果。

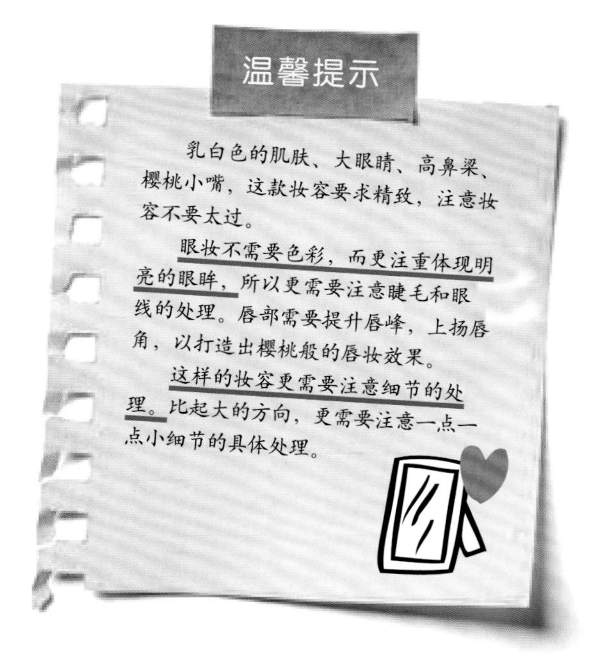

温馨提示

乳白色的肌肤、大眼睛、高鼻梁、樱桃小嘴，这款妆容要求精致，注意妆容不要太过。

眼妆不需要色彩，而更注重体现明亮的眼眸，所以更需要注意睫毛和眼线的处理。唇部需要提升唇峰，上扬唇角，以打造出樱桃般的唇妆效果。

这样的妆容更需要注意细节的处理。比起大的方向，更需要注意一点一点小细节的具体处理。

日系女孩妆

充分发挥日系女孩妆的优点，减少使用上的负担感，打造出完美的娃娃妆。使用红色作为重点，能够制造出既可爱又性感的形象，这样整体妆容也会更具魅力。注意整体妆容的平衡，制造散漫的感觉很重要。

同时注意

睫毛和唇妆！

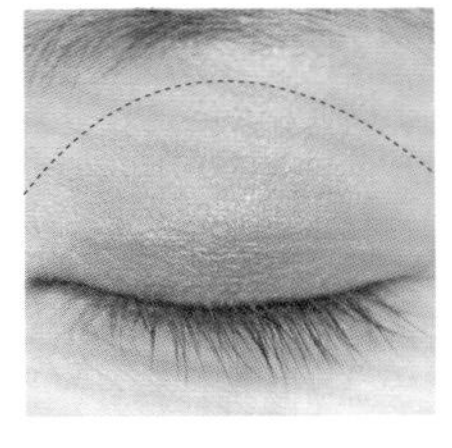

1. 使用米黄色的眼影在虚线的位置上打底。打底的眼影需要涂在整个上眼皮上。色彩不要太强烈，建议使用略带亮彩的米黄色眼影。

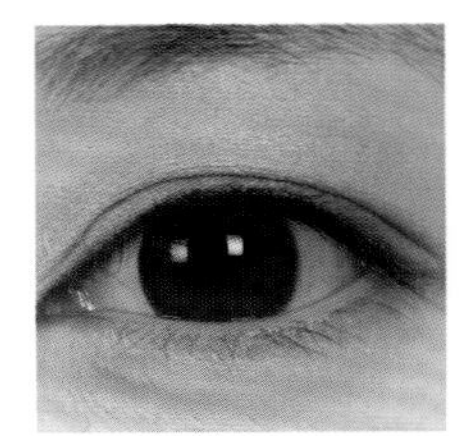

2. 米黄色眼影打底后睁开眼睛的效果图。

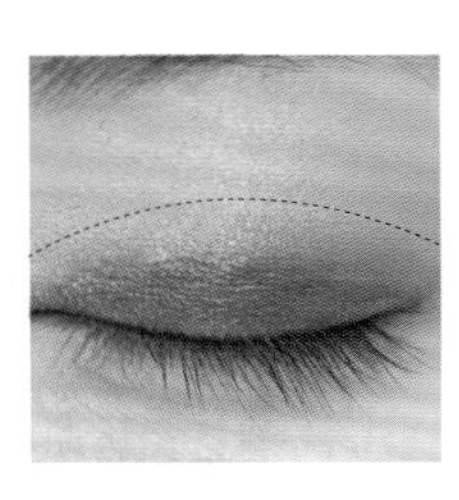

3. 使用褐色眼影打在虚线所示的位置内作为加强色。加强色的眼影一直涂到双眼皮线的位置就可以了。打上眼影后，注意与打底眼影的自然融合。

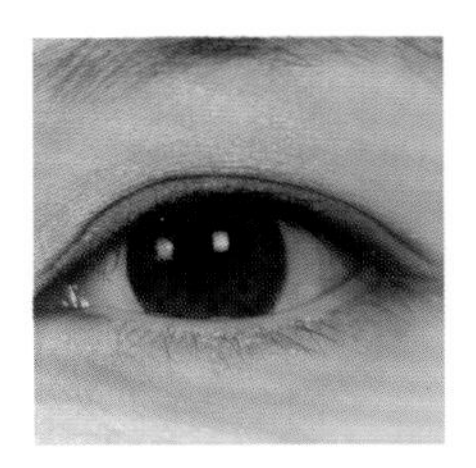

4. 使用褐色眼影加强后睁开眼睛的效果图。

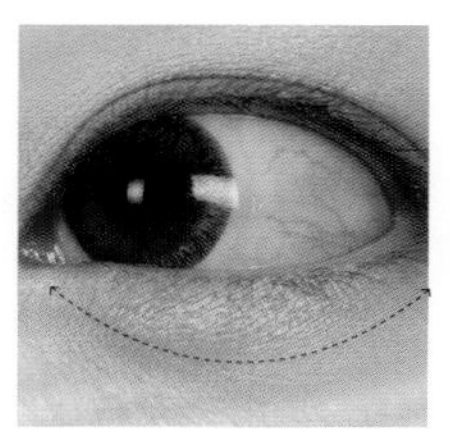

5. 使用略带珍珠亮粉的象牙白眼影涂在下眼睑打底。打底的眼影不需要涂满整个下眼睑，只需要打在虚线内，起到加强色彩的效果就可以了。主要突显眼部中央，突出卧蚕，这样的妆容更显得可爱。

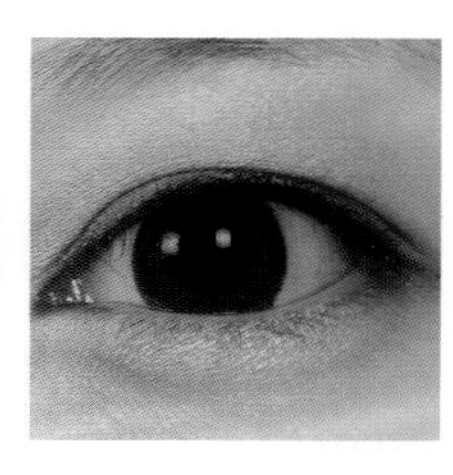

6. 下眼睑打上象牙白眼影后正面的效果图。

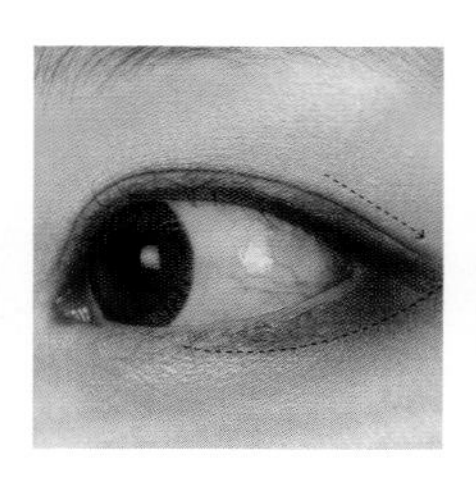

7. 使用深褐色眼影打在眼尾。在选择深褐色眼影时不要选择有亮彩感的产品，而应该选择色感较强的产品，从瞳孔结束的位置开始直到眼尾，沿着虚线打上眼影。感觉是将眼睛延长了，起到加强的效果。

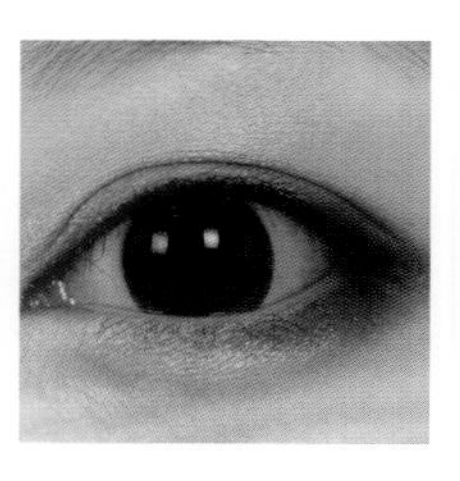

8. 下眼睑打上深褐色眼影后的正面效果图。

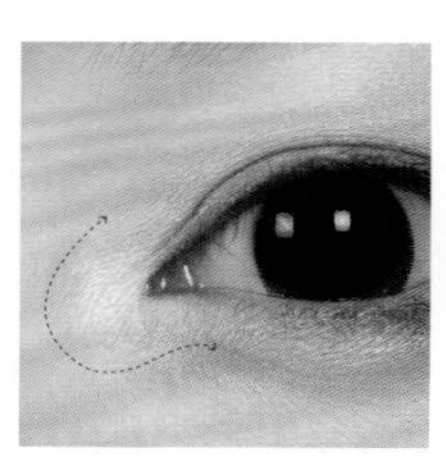

9. 使用白色眼影打在眼窝的位置做高光效果，像是开眼角一样，将整个眼窝放大。白色眼影的使用范围可以相对扩大，色彩感明晰，然后向四周自然地晕染开，这样就不会显得别扭。

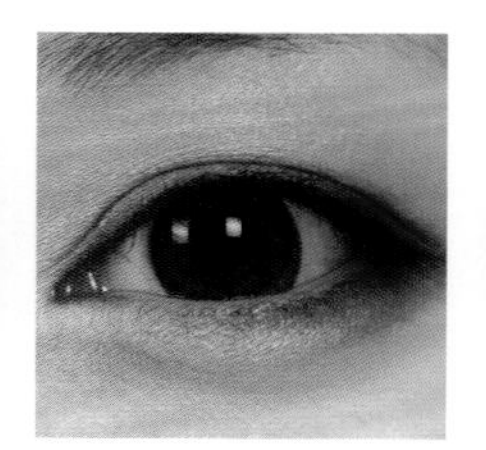

10. 使用白色眼影在眼窝做高光效果后的正面效果图。

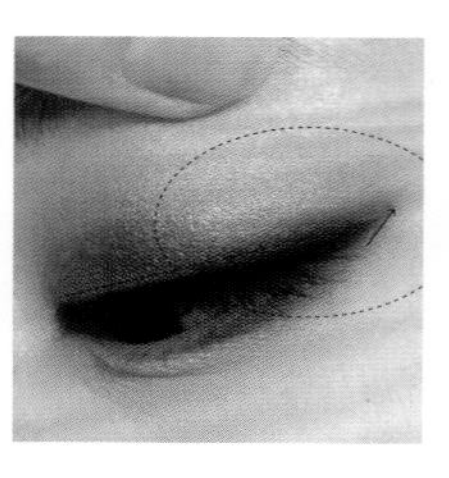

11. 使用黑色眼线沿着睫毛根部，根据眼睛的形状，画出整个眼线，眼尾部分的眼线需要加粗。可以根据自己的喜好向后延伸，但不要画得太长，以免显得不自然。眼尾的眼线画好后，利用眼线刷将虚线部分的眼线晕染开。

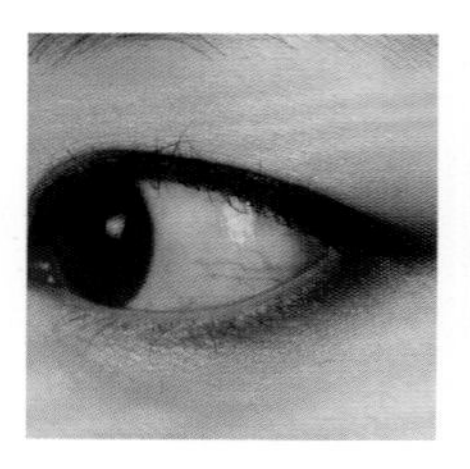

12. 黑色眼线画好之后的侧面效果图。

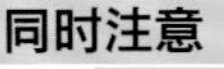

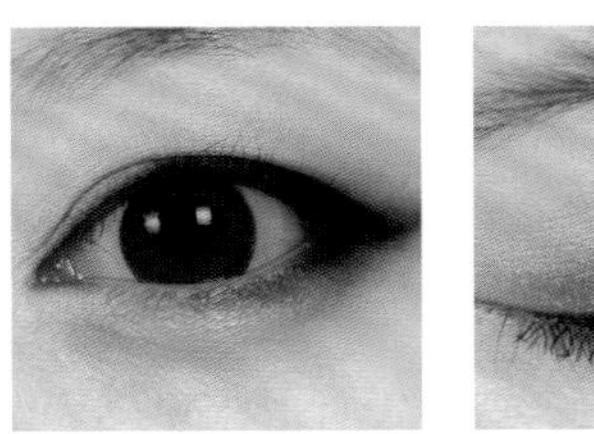

13. 眼线画好后的正面效果图。

14. 日系女孩妆的重点就是睫毛的表现，所以一定要使用假睫毛。假睫毛适合选用眼尾睫毛长的产品，让眼睛显得更长更大，同时也能达到既可爱又性感的效果。

15. 贴上假睫毛后睁开眼睛的效果图。

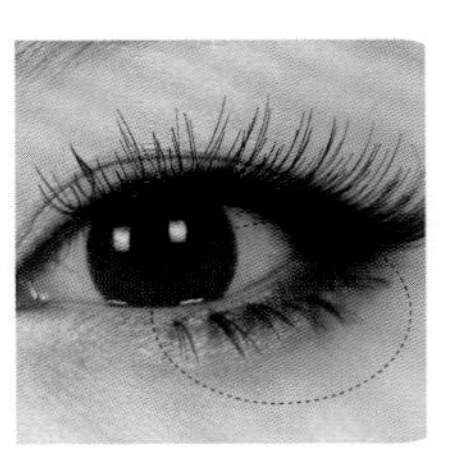

16. 为了加强眼妆效果，在下眼睑中部开始直到眼尾贴上假睫毛。在贴下睫毛时注意尽量从眼睑黏膜开始向后呈一字形贴好。如果完全贴在眼睑黏膜上，会产生与上睫毛不平衡的感觉，反而会让眼睛看上去更小。另外下睫毛贴的数量一定要适当，这样才能更美丽。

17. 使用褐色眉粉画眉。画眉时也可以选择比平时稍亮的颜色。由于眼妆比较厚重，所以画眉时尽量轻一点更好看。浅浅地打上眉粉，注意眉峰稍稍上扬，这样眉毛就画好了。

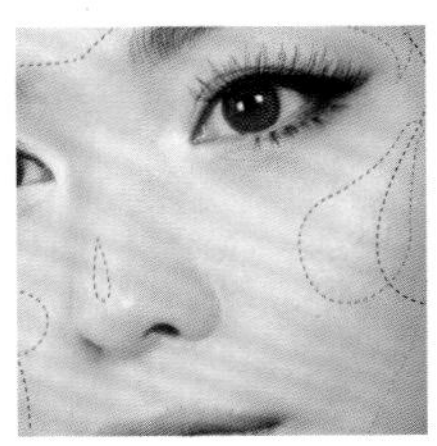

18. 在黑色虚线的位置打上粉色和珊瑚色混合、色泽较深的腮红。红色虚线内打上少量的高光粉，然后注意晕染的范围不能太大。绿色虚线的位置打上阴影，阴影的颜色较深，晕染范围可以比平时稍大一点。

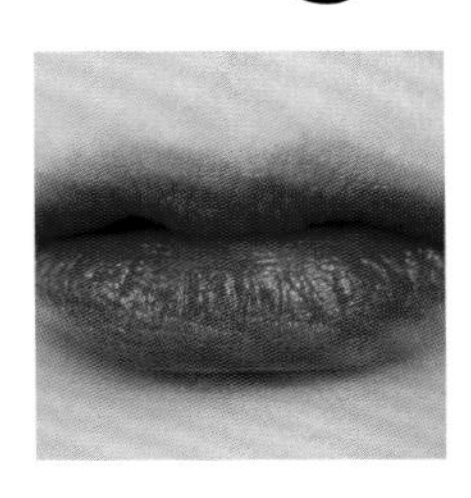

19. 选择红色的口红涂在整个唇部。红色口红可以选择带有亮彩光泽的产品，而且注意不要一下涂得太深，应该一层一层轻轻地涂，可以表现出更好的色彩效果。

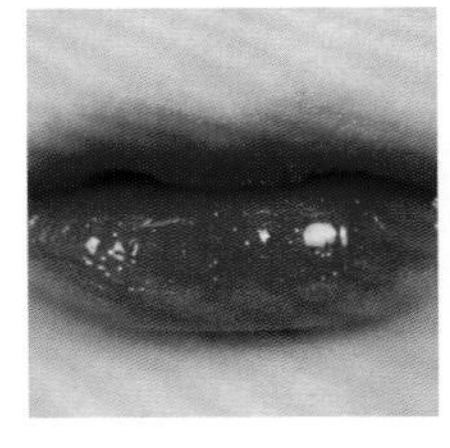

20. 涂一层红色唇彩，让唇部看上去更加丰厚。尽量将唇彩涂在唇部中央，吸引视线的同时，也让唇部更具立体感。这样樱桃般的可爱红唇就完成了。

优雅猫眼妆

这种优雅的妆容结合了果敢的眼线妆和可爱的腮红妆。
利用可爱的粉色和高雅的酒红色，打造出一副高傲的样子。
魅力值满分的可爱猫眼妆让人不得不爱。

注意眼尾眼线的画法
和腮红的使用!

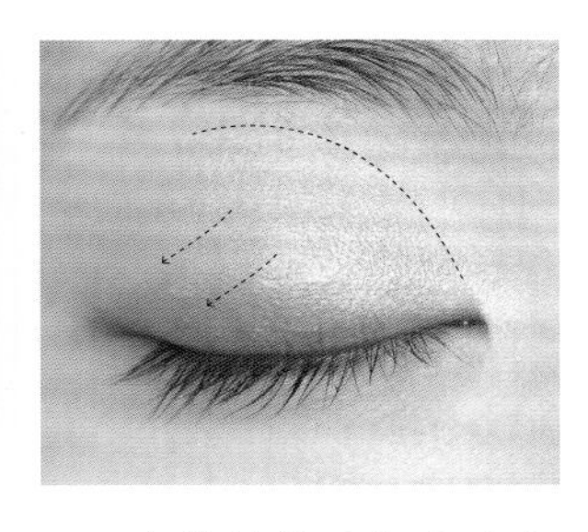

1. 虚线的位置打上金色眼影打底。从眼窝开始沿着箭头方向向下自然地晕开。

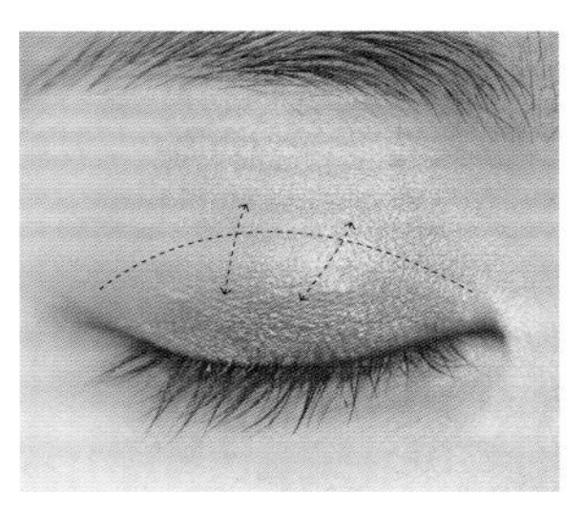

2. 在虚线的位置上打上粉色眼影加强效果。注意加强色眼影不要越过双眼皮线，然后按照箭头所示，将眼影自然晕染，让加强色与打底眼影自然融合。

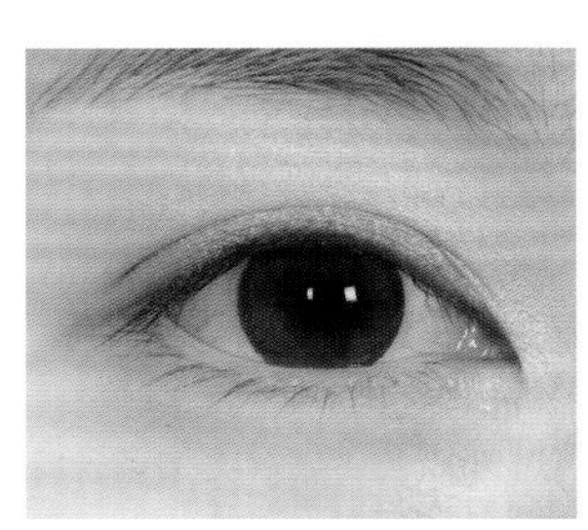

3. 使用粉色眼影加强后睁开眼睛的效果图。

注意眼尾眼线的画法和腮红的使用！

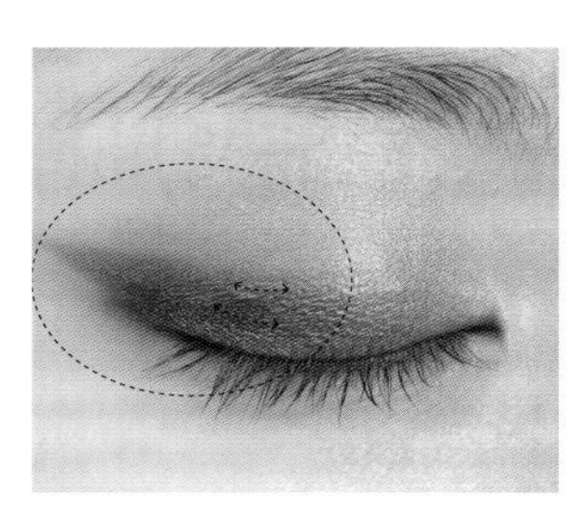

4. 使用酒红色眼影打造虚线内眼线效果。眼尾的眼线要达到睁开眼睛后能看出猫眼妆的效果，注意眼线稍稍画粗一点，向后拉伸时要干净利落。为了能够让酒红色和粉色相融合，要沿着箭头方向自然地晕染开。

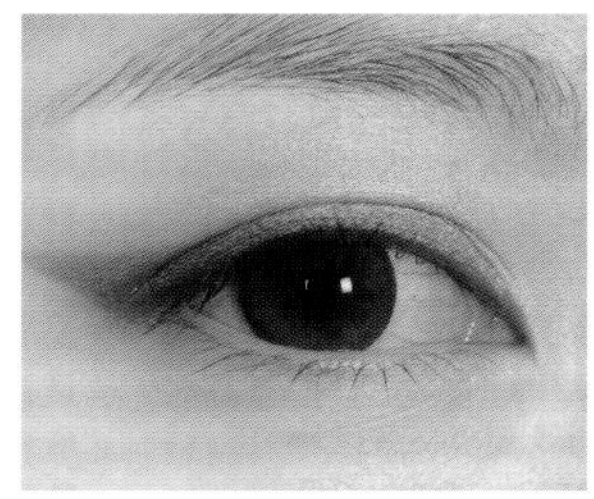

5. 眼尾眼线画好后睁开眼睛的效果图。

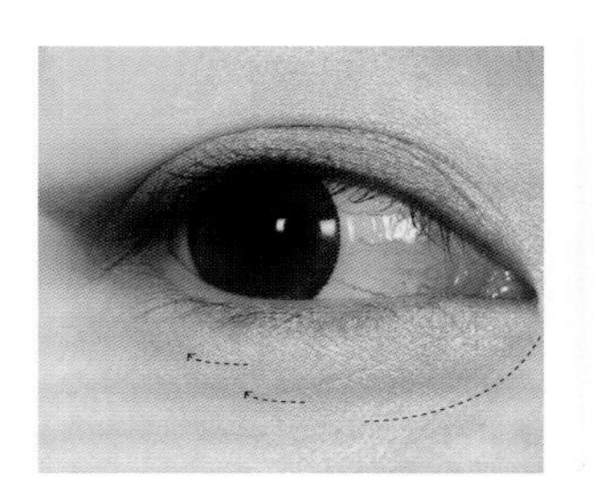

6. 使用金色眼影在下眼睑虚线的位置打底。从眼窝开始沿着卧蚕一直画到眼部中央的位置，然后再沿着箭头方向向后自然地晕开。

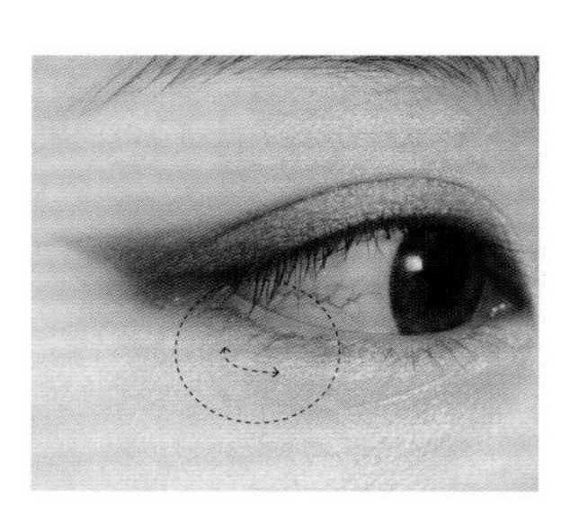

7. 为了使眼尾眼线看起来更加自然，可以在下眼睑眼尾部位打上酒红色眼影。按照箭头所示，将眼影自然地晕染开，使整体妆容自然和谐，隐约加强眼睛的深邃感。

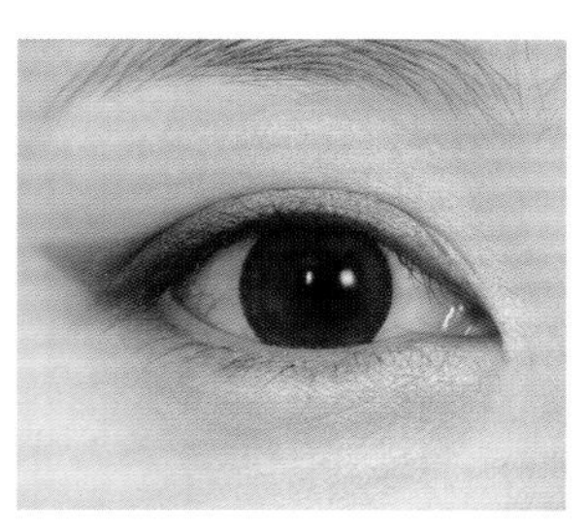

8. 下眼睑打上酒红色眼影后的正面效果图。

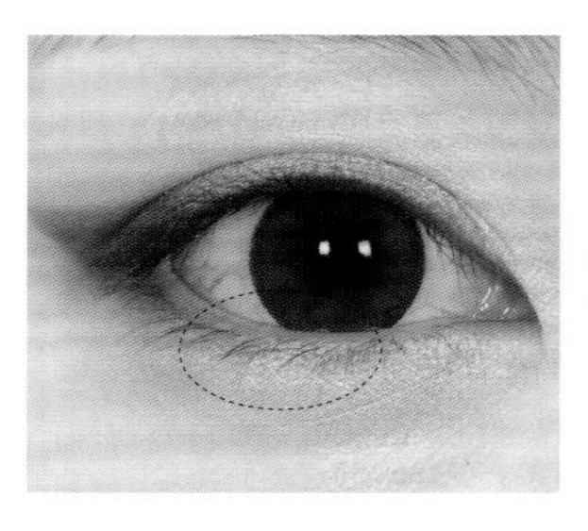

9. 使用粉色眼线液在下眼睑边缘上画出眼线。下眼睑眼线只需要画在瞳孔下方的位置，这样会给妆容更添一层浪漫的感觉。

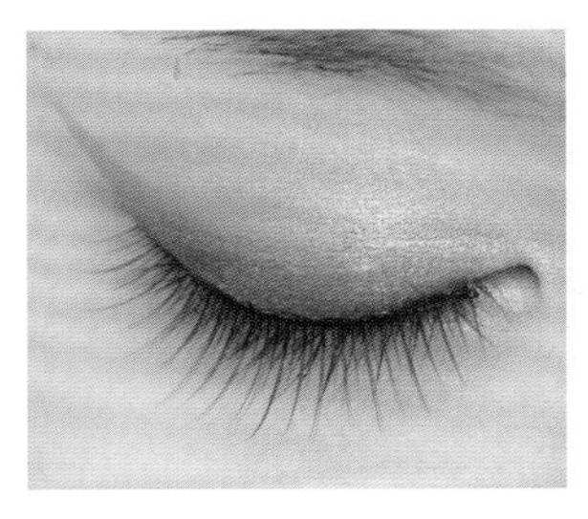

10. 使用睫毛夹夹好睫毛后，刷上睫毛膏或是贴上假睫毛。如果想使眼妆显得更加高傲有心机，可以选择干练利落、睫毛一根一根散开的完整式假睫毛贴于整个眼部。也可以使用纤长型睫毛膏。

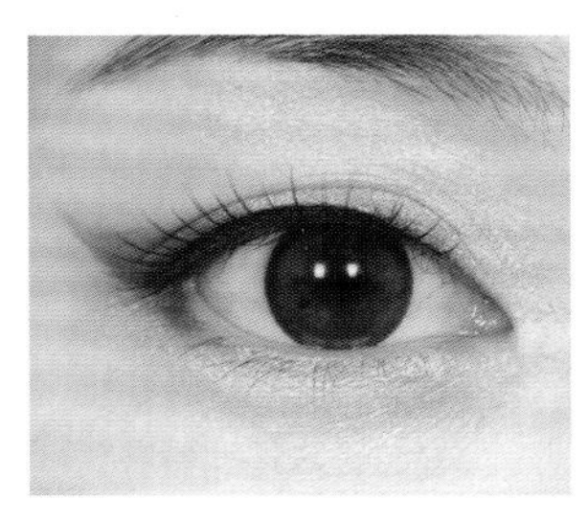

11. 贴好假睫毛后睁开眼睛的效果图。

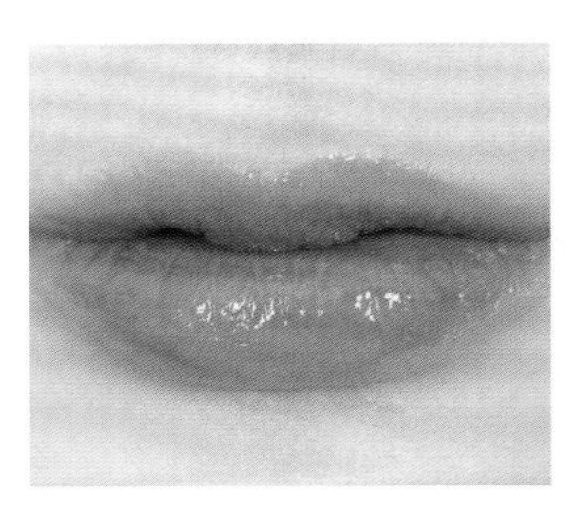

12. 将色彩感强烈的粉色唇彩涂在整个唇部，唇妆就完成了。涂上唇彩的唇部，会更显得水润光泽有弹性。涂唇彩时注意唇部中央位置的用量可以稍稍多一点，这样能够突显唇部的丰厚感。

13. 虚线内打上不带珠光亮彩的粉色腮红，能够打造出清纯的感觉。注意粉色不要太深，横向浅浅地打上一层即可。

上妆时可以稍稍透出肌肤原有的油光。略带油光的肌肤会让妆容更显得高贵性感，使整体妆容更加出众。

另外，注意粉色调的多重使用。粉色并不仅仅表现一种色彩，调整色彩的深浅、浓度以及质地，能够打造出多重妆效。这样即使是只选择粉色，妆容也不会显得平庸无华。调节眼线长度，可以轻松地突显眼妆效果。另外眼线的色彩加深，会让妆效更加强烈。

清新自然妆

干练明亮的眼妆和粉色的唇膏，再加上可爱的橘色腮红，干净清爽而又可爱的妆容就完成了。

橘色可以增加甜美可爱的妆容效果。

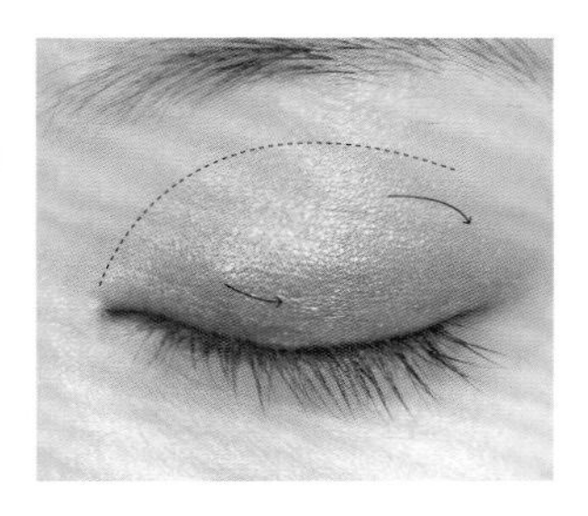

1. 使用米黄色眼影在虚线位置上打底。从眼窝开始沿着箭头方向自然地晕染。

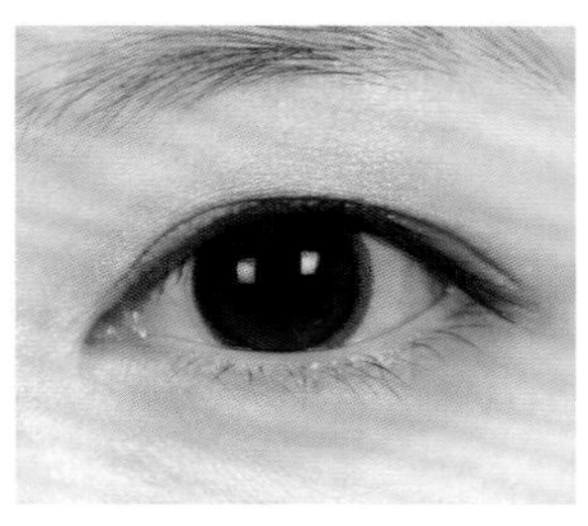

2. 上眼皮使用米黄色眼影打底后睁开眼睛的效果图。

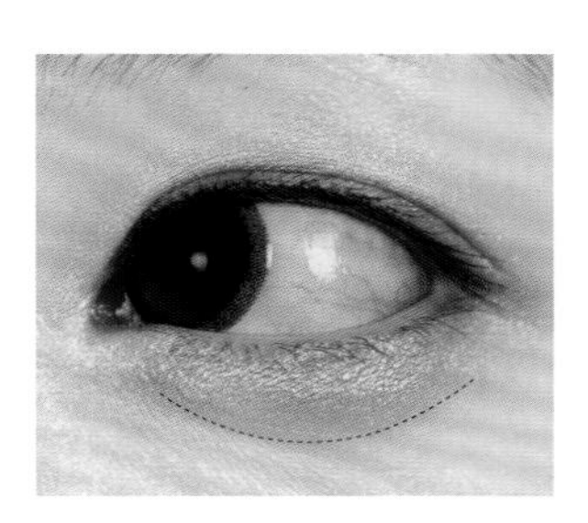

3. 使用米黄色眼影在下眼睑虚线的位置上打底。在使用眼影时要重点突出瞳孔下方明亮的色彩感。

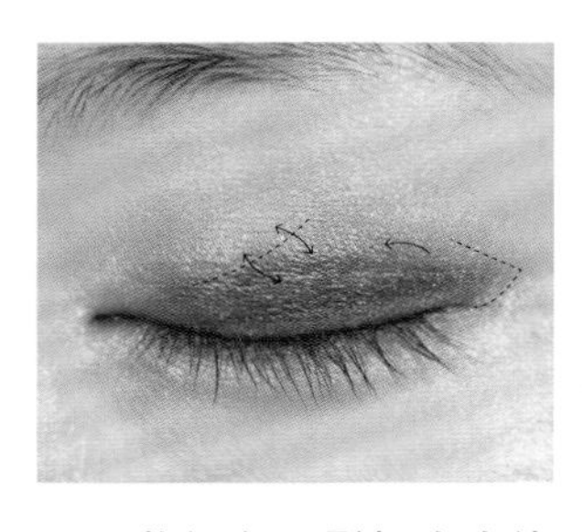

4. 将褐色眼影打在虚线上加强效果。眼影从眼尾开始一直打到眼部中央。加强色眼影打好后，用眼影刷沿着箭头方向自然晕开。

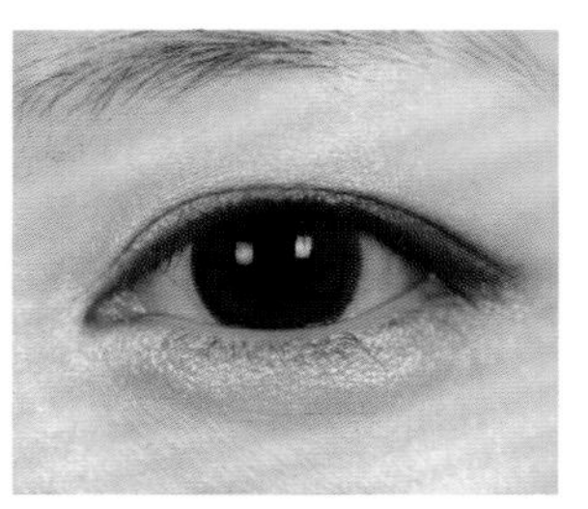

5. 使用褐色眼影加强后睁开眼睛的效果图。

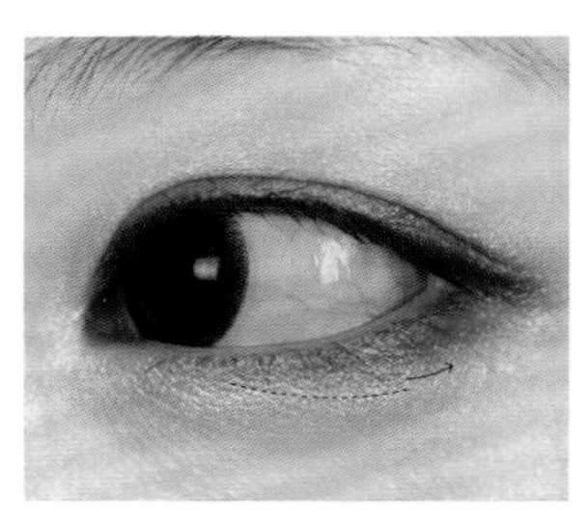

6. 使用褐色眼影打在下眼睑加强效果。虚线的位置上打好加强色眼影后，利用眼影刷沿着箭头方向晕开，让色彩与上眼皮的加强色自然协调。

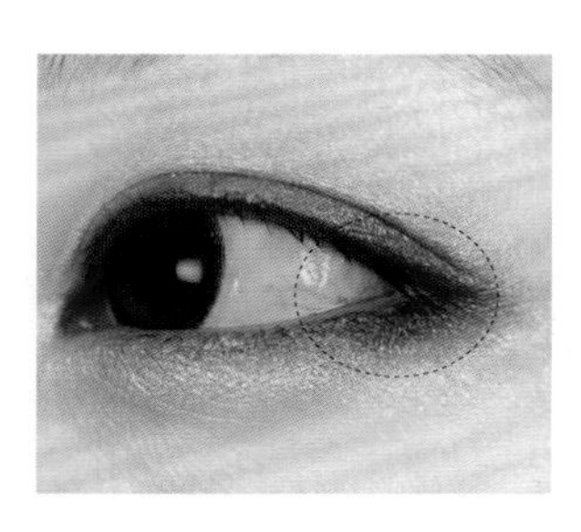

7. 使用深褐色眼影打在下眼睑虚线的位置上，画出眼线效果。下眼线不需要向后拉伸，也不需要画出特定的样子，只需要打在加强色眼影上，制造出深邃的眼妆效果就可以了。所以要尽可能地将眼影打在下睫毛的根部。

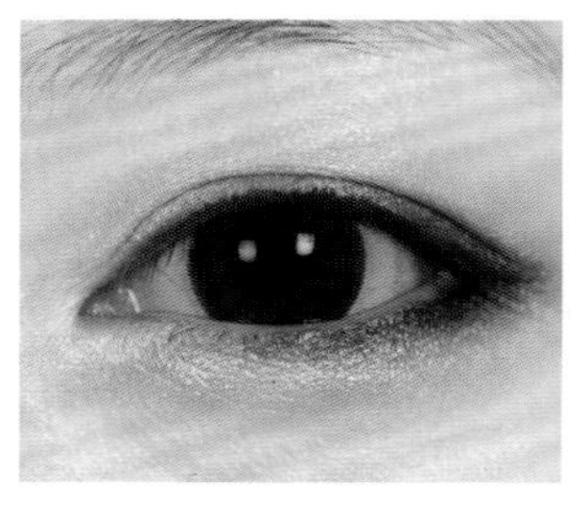

8. 使用黑色的眼线笔沿着睫毛的根部画出眼线。从距离眼窝3～5mm的位置开始画，瞳孔上方的眼线可以稍稍画粗一点。眼窝稍稍空出，这样眼妆会显得更可爱。

9. 使用睫毛夹夹好睫毛，然后刷上睫毛膏。将睫毛膏刷在整个睫毛上，然后为了重点突出眼尾，在眼尾的睫毛上再刷一层睫毛膏。贴假睫毛时选择眼尾睫毛较长的产品，贴好假睫毛后为了让睫毛显得自然，可以再刷一层睫毛膏。

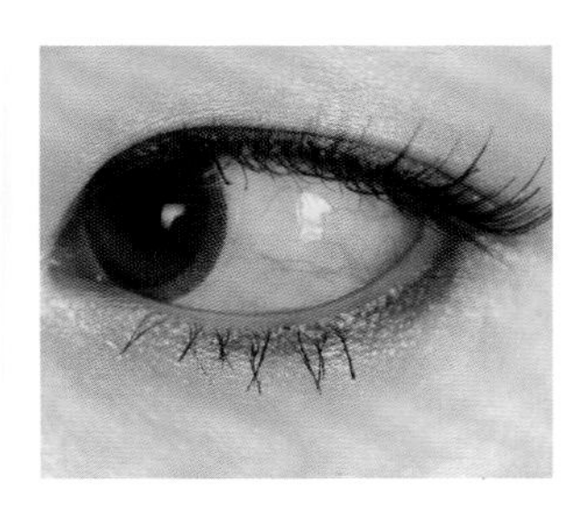

10. 使用白色眼影在眼窝做高光效果后的正面效果图。

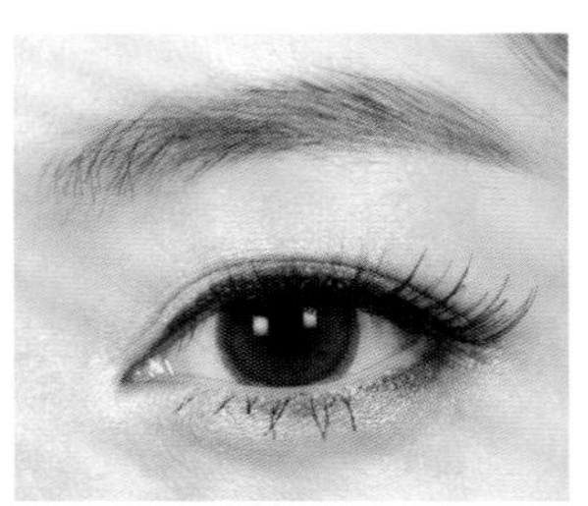

11. 使用黑色眼线沿着睫毛根部，根据眼睛的形状，画出整个眼线，眼尾部分的眼线需要加粗。可以根据自己的喜好向后延伸，但不要画得太长，以免显得不自然。眼尾的眼线画好后，利用眼线刷将虚线部分的眼线晕染开。

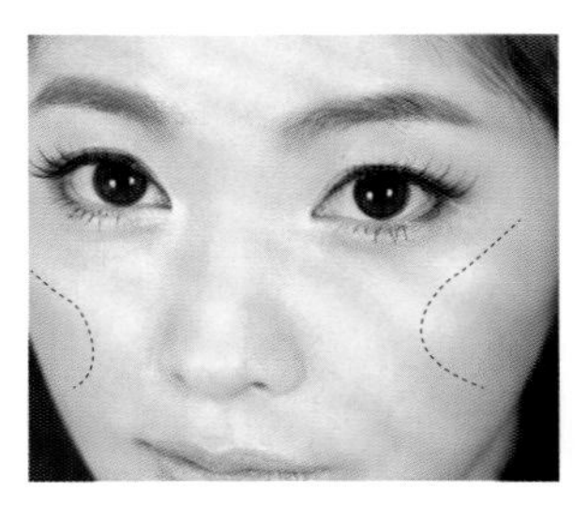

12. 黑色眼线画好之后的侧面效果图。

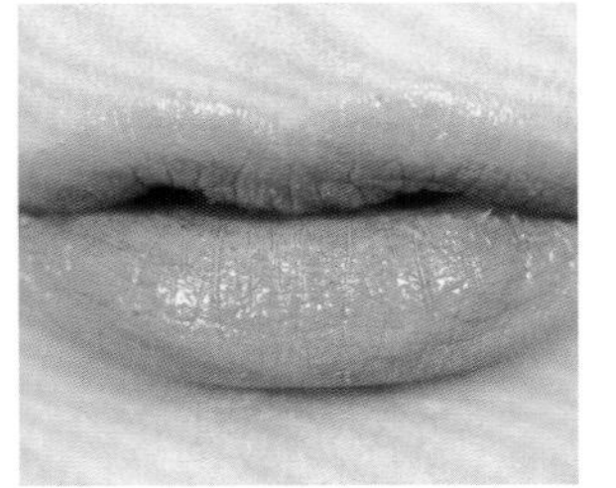

13. 整个唇部可以涂上具有亮彩质感的桃粉色口红。

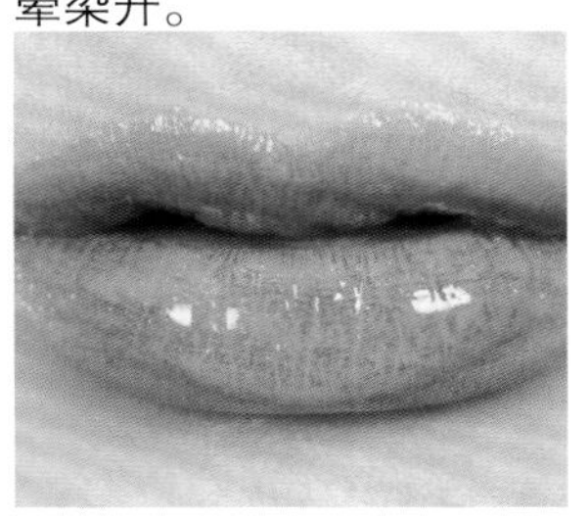

14. 在唇部中央涂上桃红色唇彩加强效果。可以整体浅浅地刷一层唇彩，在唇部中央再刷一次，这样唇部更显得丰厚而可爱。

性感女神妆

利用褐色腮红制造阴影，打造出性感的妆容。

偶尔可以试一下这种丝毫没有轻浮感、利用褐色和裸色调口红打造出的女人味十足的妆容。

腮红要在上妆前期使用！

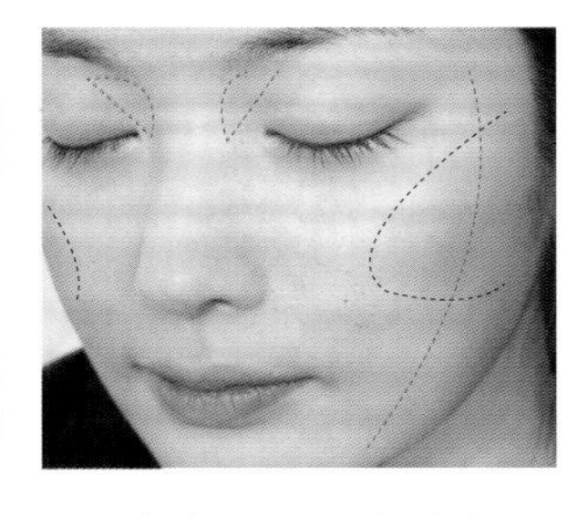

1. 底妆完成后，先打上腮红和阴影。在图示的黑色虚线内部，从面部外侧向内打上褐色腮红，增加面部立体感。红色虚线上自然地打上阴影，可以比平时的色彩稍微深一点。阴影沿着面部轮廓的线条滑下，注意和腮红的自然衔接。

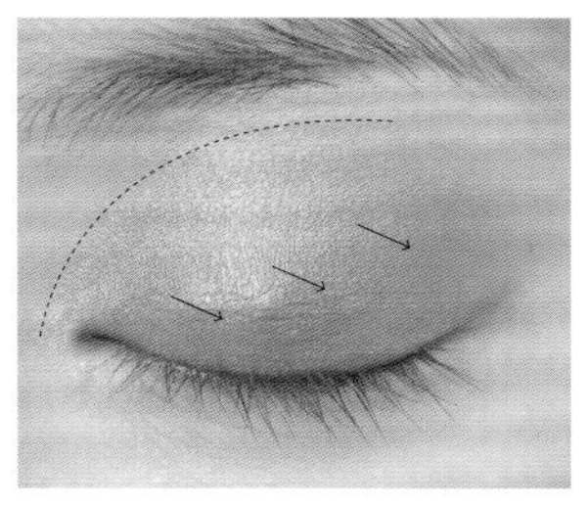

2. 将象牙白的眼影打在虚线的位置上打底。要从眼窝开始，沿着箭头方向晕染到整个上眼皮。

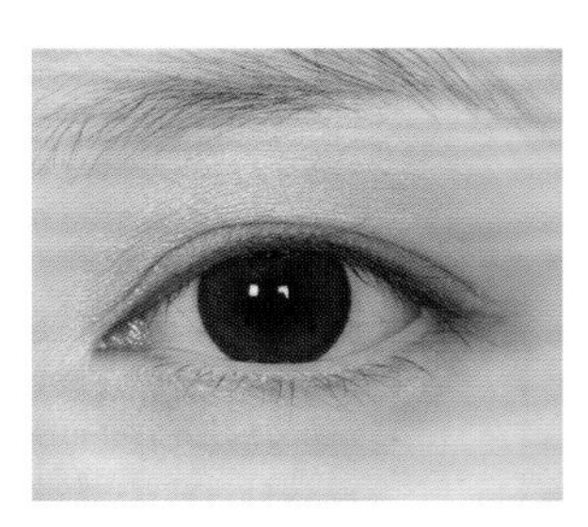

3. 上眼皮用象牙白眼影打底后睁开眼睛的效果图。

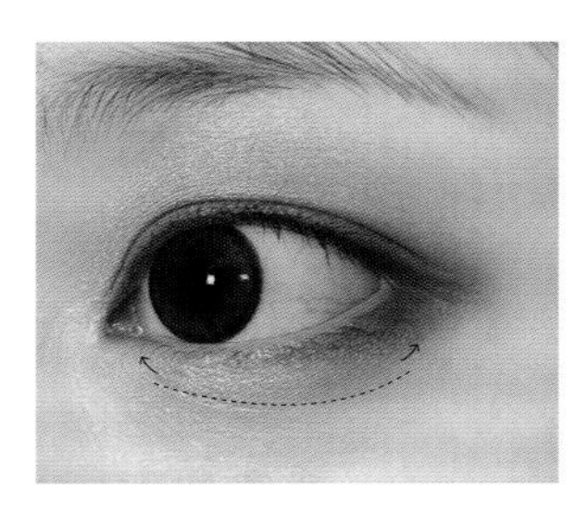

4. 将象牙白的眼影打在下眼睑的虚线位置打底。注意重点突出瞳孔下方、眼部中央的位置，然后向两边自然晕开。

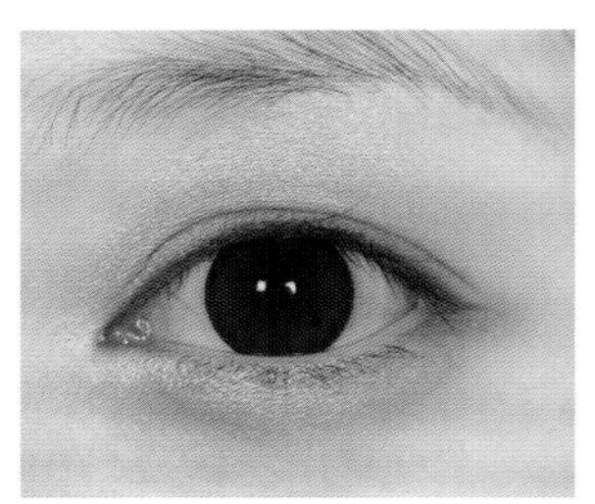

5. 使用象牙白眼影在下眼睑打底后的正面效果图。

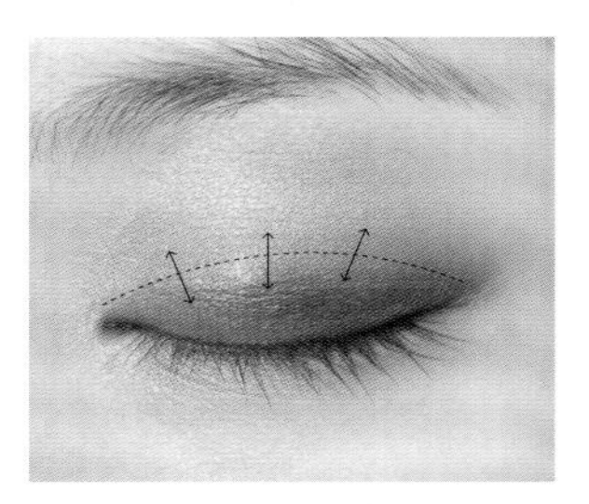

6. 在虚线位置打上褐色眼影加强效果，注意不要越过双眼皮线。加强色眼影打好后，再沿着箭头方向自然地晕染开。

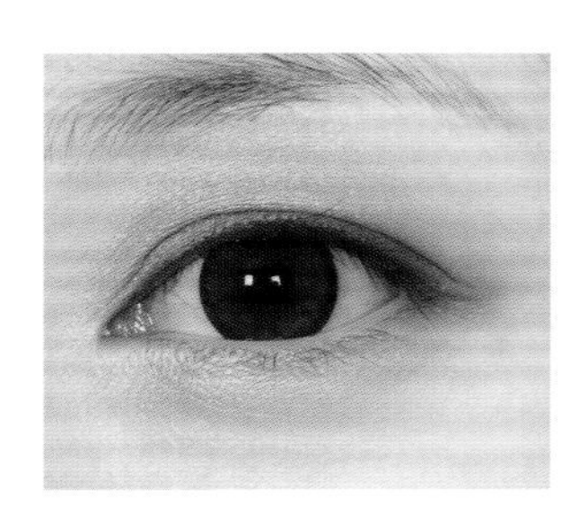

7. 上眼睑使用加强色后睁开眼睛的效果图。

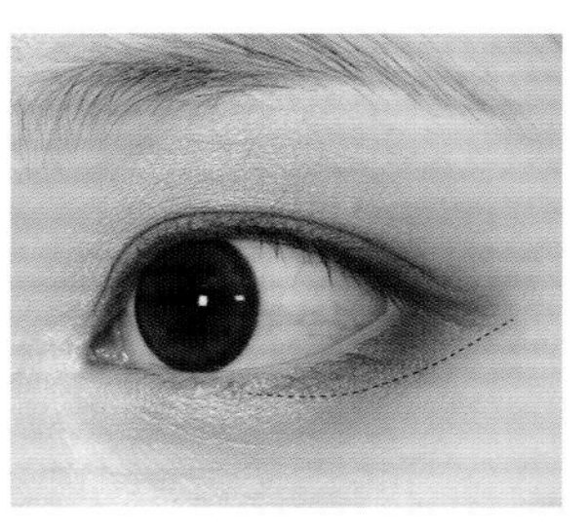

8. 使用褐色眼影在下眼睑虚线的位置上加强效果。从瞳孔结束的位置开始画一个三角形，让加强色自然地晕开。

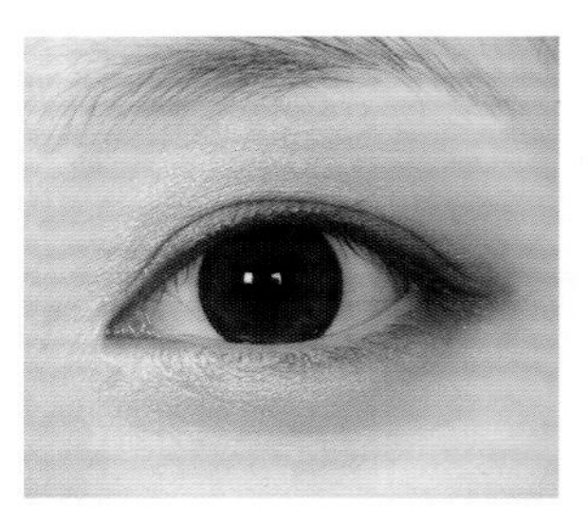

9. 下眼睑使用褐色眼影加强色后的正面效果图。

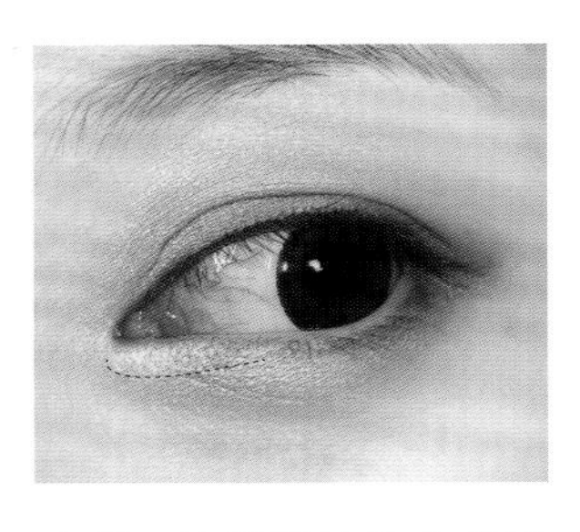

10. 使用香槟色在虚线位置画出下眼线。从眼角开始画，不要露骨地表现出开眼角的效果，而是要达到自然地放大眼睛的效果。

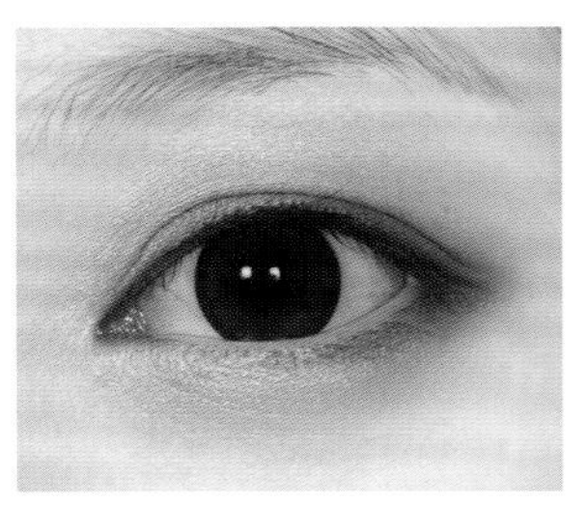

11. 使用香槟色画出下眼线后的正面效果图。

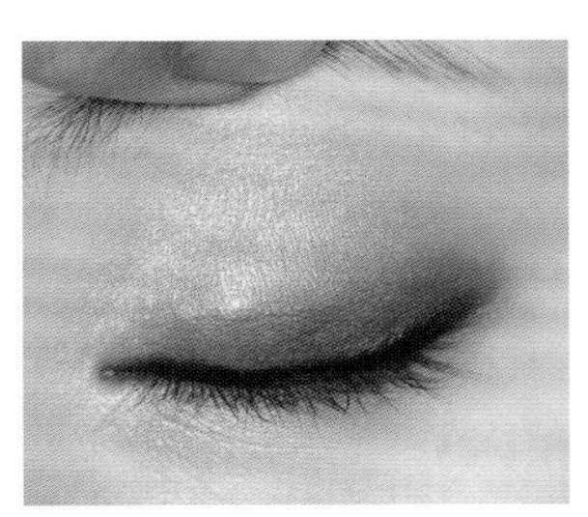

12. 用手将上眼皮向上提，然后将黑色的眼线填在睫毛的缝隙中，画出眼线，注意不要画得太粗。眼线根据自己眼睛的轮廓一直向后画就可以了，眼窝部位可以不画。

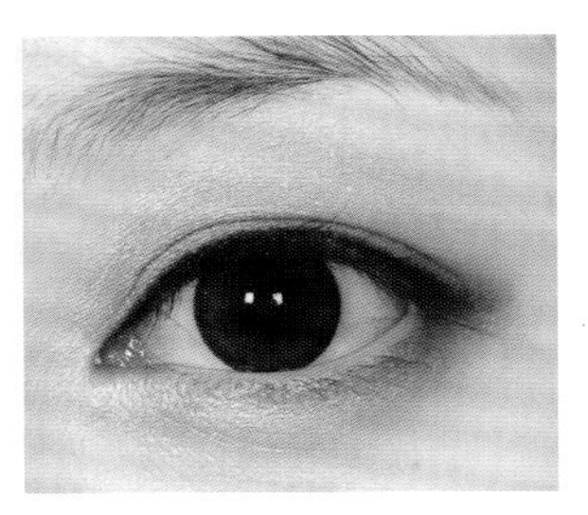

13. 眼线画好后，睁开眼睛的效果图。

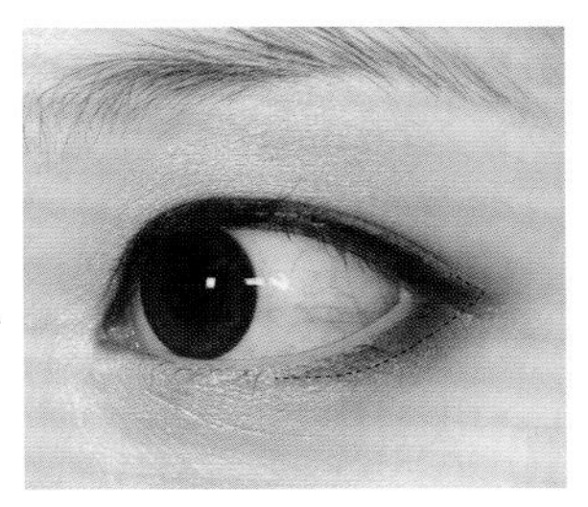

14. 在下眼睑虚线位置使用深褐色眼影画出眼线效果。要让下眼线能够和上眼线自然协调，如果选择黑色眼线，妆容会显得又厚重又强烈，所以选择稍微柔和一点的褐色眼影。

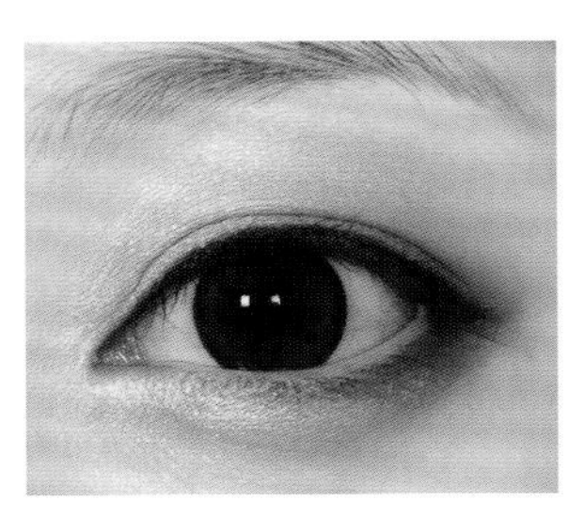

15. 下眼线使用深褐色眼影画好后正面的效果图。

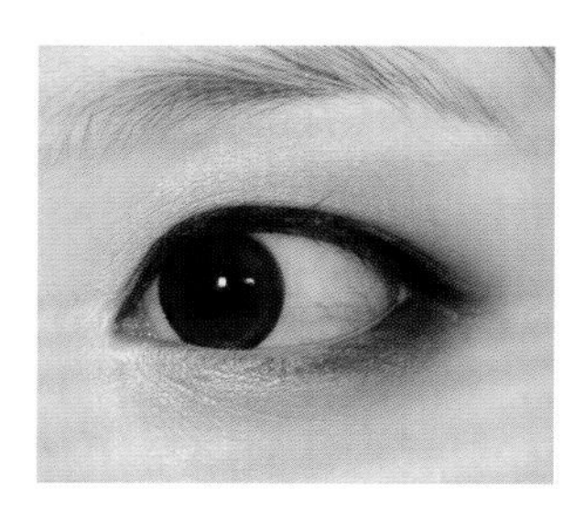

16. 使用与深褐色眼影相同色彩的眼线画在眼睑边缘上。使用与下眼线眼影相同的颜色，可以让妆容更加自然。另外用深褐色眼影再涂一层，可以让妆容更持久。

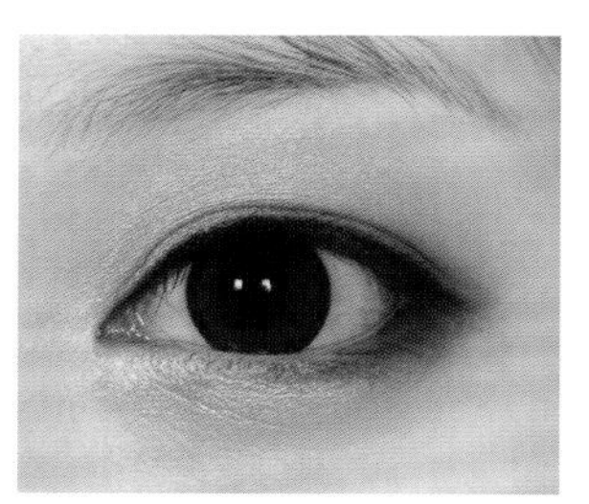

17. 下眼睑使用深褐色眼线画在眼睑边缘后，睁开眼睛的效果图。

18. 使用睫毛夹夹好睫毛后，刷上睫毛膏。涂睫毛膏时要选择浓密型睫毛膏，打造浓密丰盈的感觉。贴假睫毛时也要选择丰盈浓密型的产品。如果想要更加性感的妆容，可以选择眼尾睫毛较长的产品。

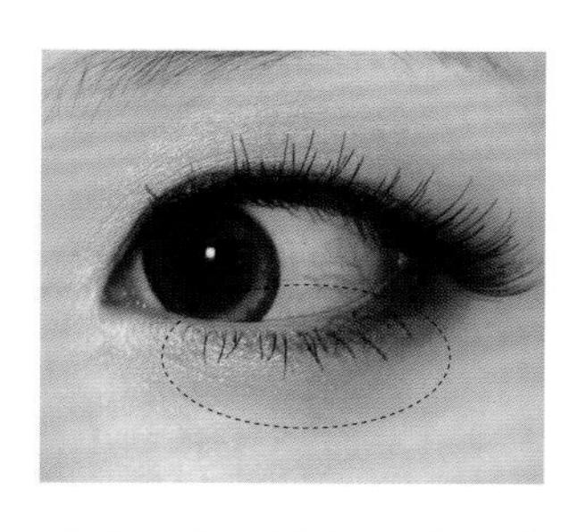

19. 将虚线所示的下睫毛刷上睫毛膏，也可以将下睫毛整体都刷上睫毛膏。为了重点突出眼部的中央，可以在中央部位再刷一层睫毛膏。

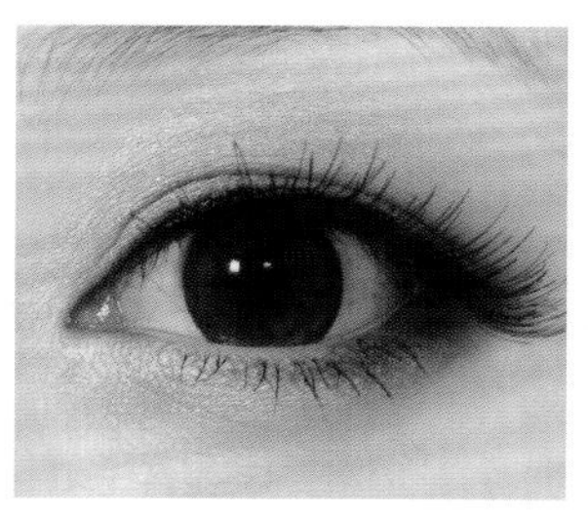

20. 下睫毛刷好睫毛膏后的正面效果图。

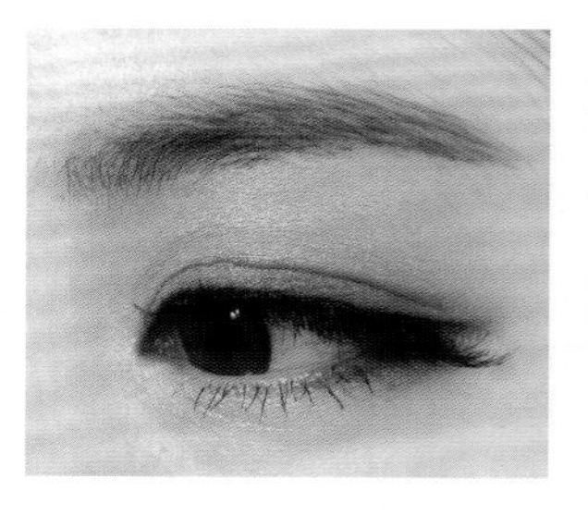

21. 使用褐色眉粉画眉。画眉时不要表现出棱角，要向后自然地滑过，不要画出眉峰的感觉。眼窝上方的眉毛可以稍稍厚一点，然后沿着眉毛的曲线自然地向后拉伸，这样会表现出更具魅力和性感的效果。

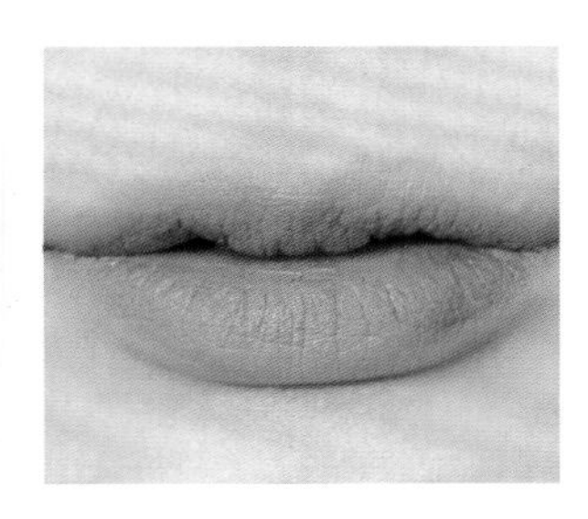

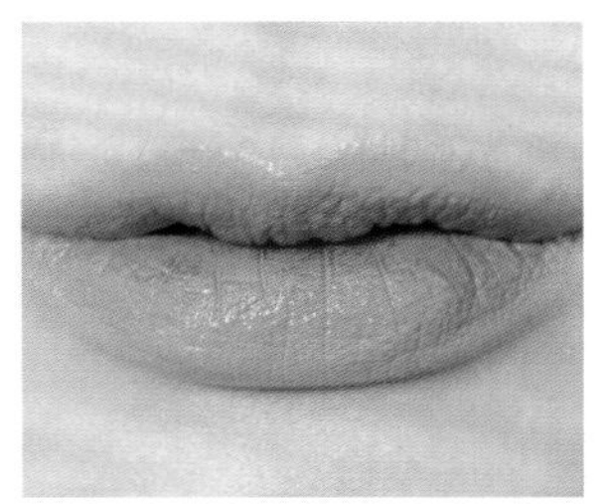

22. 将整个唇部涂上一层裸色调桃红色的口红。可以选择几乎和自己肤色相同的裸色调口红。

23. 选择和口红颜色相同的唇彩再涂一层，唇妆就完成了。

温馨提示

由于在打底妆时要先打上阴影和腮红，因此底妆不能画得太厚。

打阴影的时候注意与腮红的自然协调，可以利用阴影刷充分地将色彩晕染开。阴影的色彩不要太深，可以隐约看出面部轮廓的线条就可以了。

唇妆要表现出雾面效果。裸色调的色彩、雾面的质感，能够让妆容更加性感，另外不要让妆容看起来太轻薄，可以适当增加厚重感，以增加妆容高雅的感觉。

时尚干练妆

这种褐色的妆容能够演绎出秋天的氛围。

褐色和黑色结合制造出时尚感，再加上红色，性感的同时更添了优雅的气质。这样的妆容特别适合短发女生，可以打造出干练的女强人的感觉。

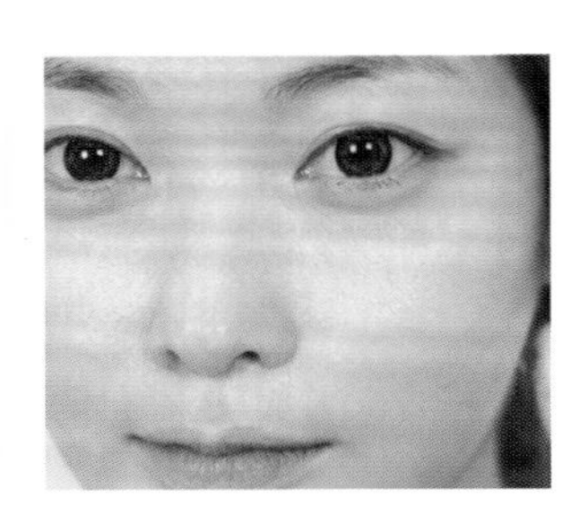

1. 肌肤的整体色调保持面部中央最亮，越往外侧色彩渐暗的效果。但色彩不要太暗，稍有一点苍白的感觉即可。为了表现这种新潮的感觉，注意要将肌肤的瑕疵处理好，可以混合使用遮瑕膏和粉底，这样能够更加自然地起到遮瑕的效果。

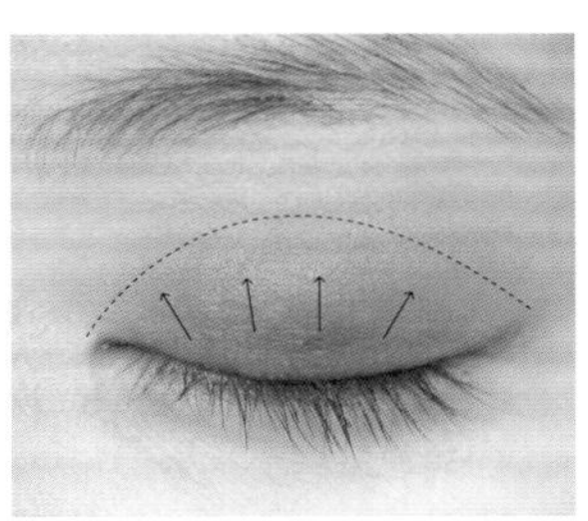

2. 将褐色眼影浅浅地在上眼皮上打底。从双眼皮线的位置开始，沿着箭头方向将眼影自然晕开。

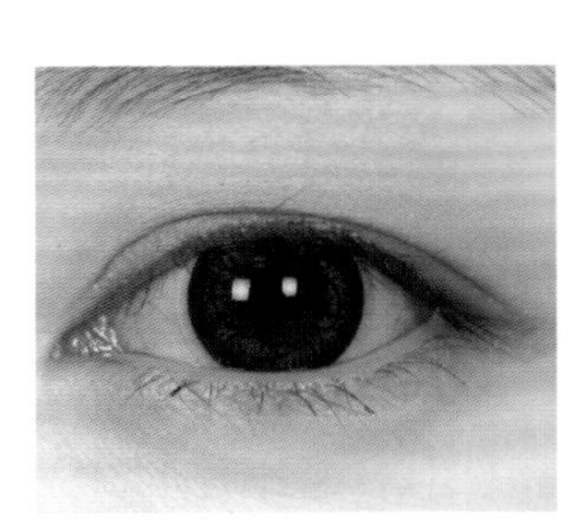

3. 上眼皮用褐色眼影打底后睁开眼睛的效果图。

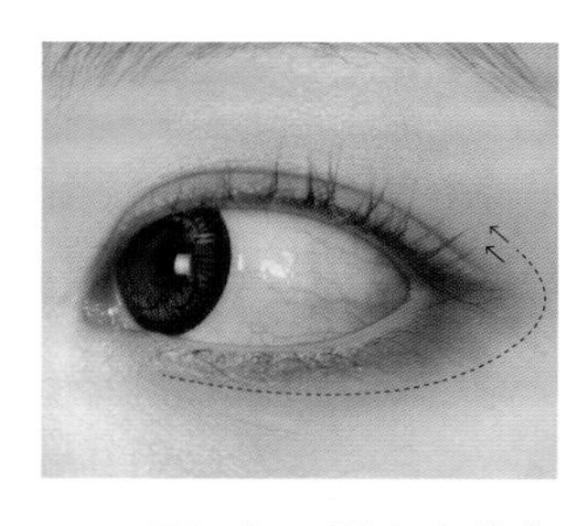

4. 用褐色眼影在虚线位置打底。为了让色彩与上眼皮自然衔接，沿着箭头方向将眼影晕开。隐约的色彩感不仅让眼妆更加自然，还会让眼睛看起来更深邃。注意下眼睑的眼影不要太靠下。

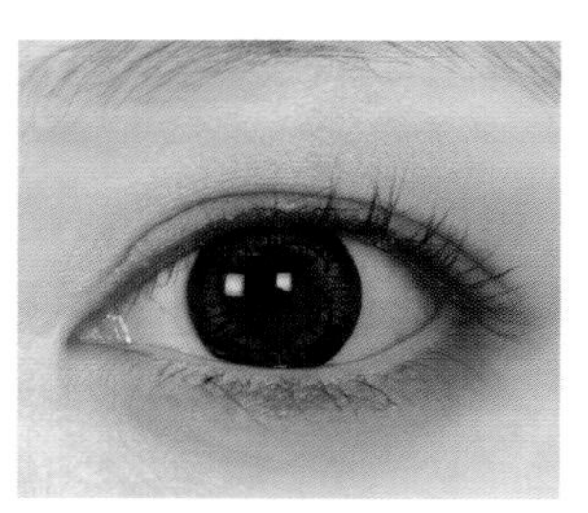

5. 下眼睑用褐色眼影打底后的正面效果图。

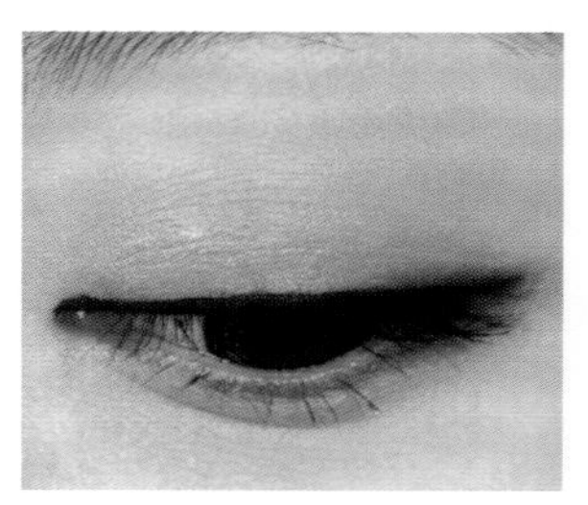

6. 用黑色眼线画出精致的眼线效果。注意眼线不要画太粗，睁开眼睛后，眼线不会太明显。眼窝的眼线不要画出开眼角的感觉，根据眼窝的轮廓利落地画上眼线即可。

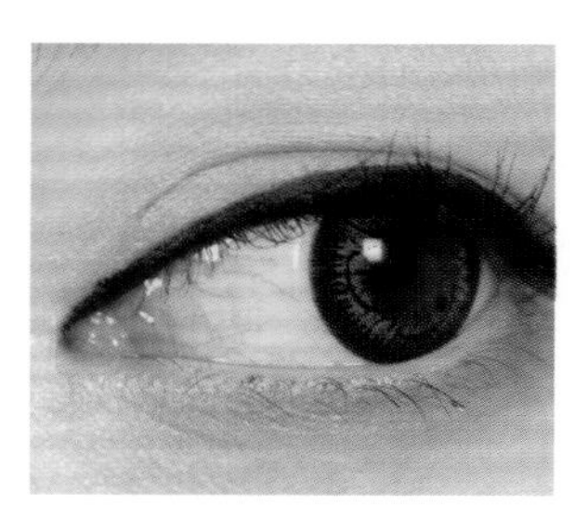

7. 眼线画好后侧面效果图。

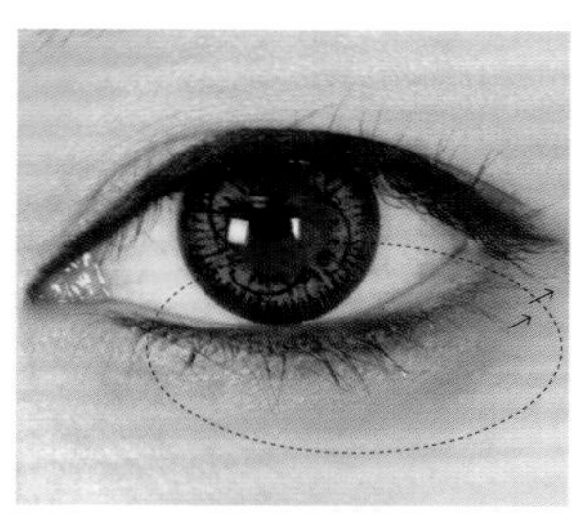

8. 下眼线画在瞳孔下方的中央位置，稍稍向两边延伸，可更好地修饰眼部轮廓。

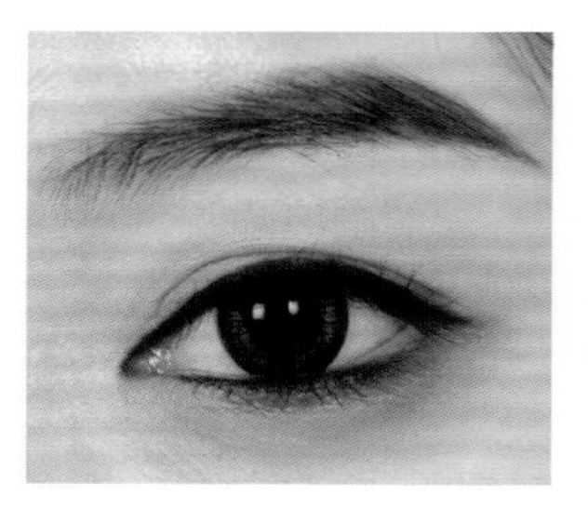

9. 黑色太深，所以可以选择灰黑色眉粉画眉。画眉时可以突显眉峰，稍微画出三角形的感觉，这样更能表现女强人的形象。

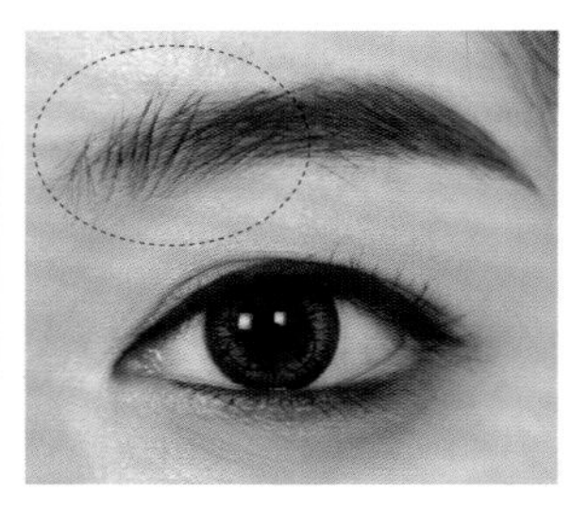

10. 使用睫毛膏梳理修整眉毛前端。睫毛膏强烈的质感会让整个妆容看起来更有男孩气质，给人的印象也会更加明晰。

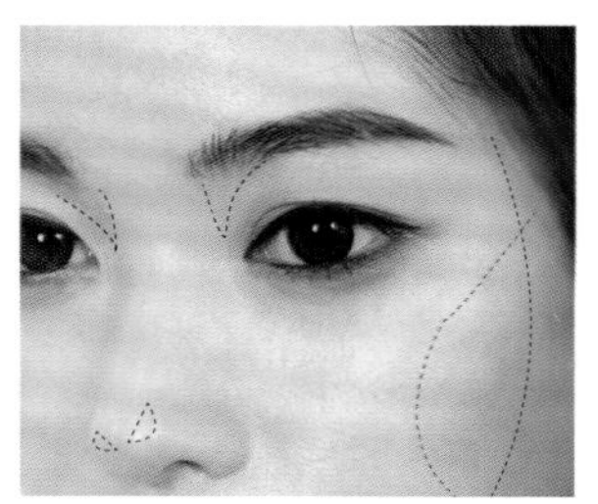

11. 在面部外侧打上阴影，腮红也一起打上，与阴影交叉。腮红可以选择跟阴影相同的产品。鼻影粉、鼻翼修容粉等也可以选择同一款产品，让脸显得更小，更有立体感。

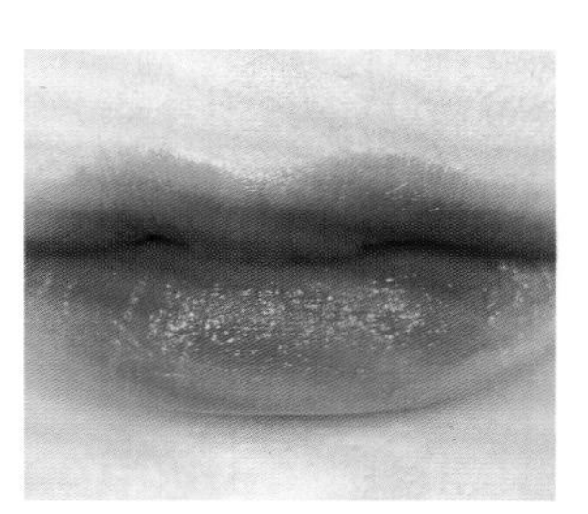

12. 使用带有亮彩的红色口红在整个唇部涂上一层，然后在唇部中央再涂一层，亮彩的质感加上色彩的堆积，会让唇部的上色更加自然，色彩感也会更强。

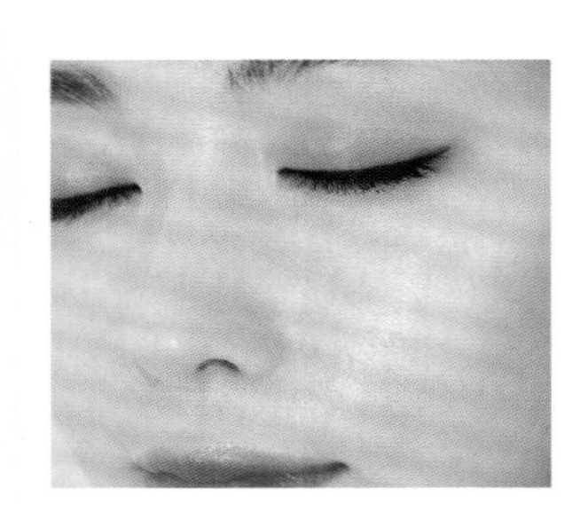

13. 整体使用褐色和黑色，制造出深厚的阴影妆效，最后喷上一层精华喷雾，让肌肤更增添一层华丽感。隐约泛着光泽的肌肤色调与柔和时尚的褐色结合，妆容会更具魅力。

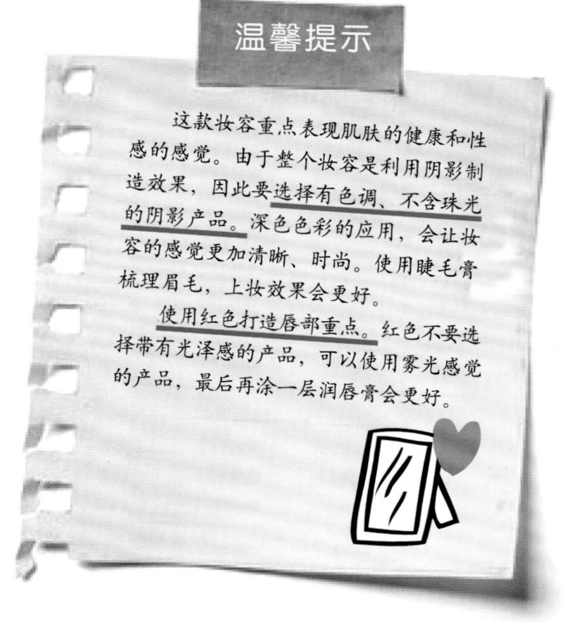

童颜少女妆

牛奶般的肌肤上加上浪漫的粉色腮红，

童颜妆的象征性的一字形眉和稍稍上扬的嘴角，让妆容更具魅力。

使用米黄色的色调，不仅减龄，更能表现出清纯的感觉，妆容也显得更加清爽纯净。

涂抹腮红时

宜薄不宜厚！

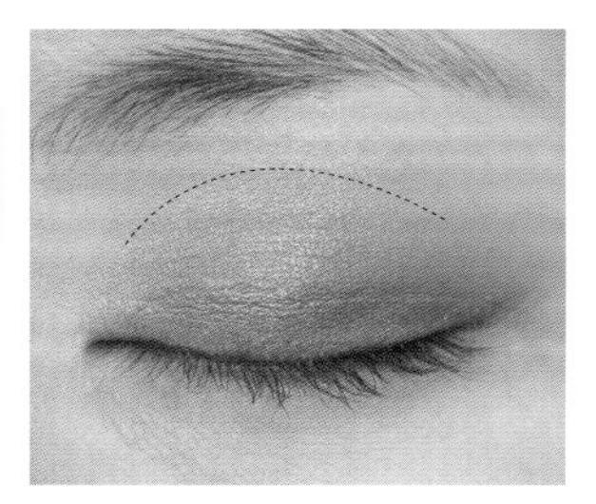

1. 使用米黄色眼影在虚线的位置打底，让色彩感隐隐地浮在整个上眼皮上。

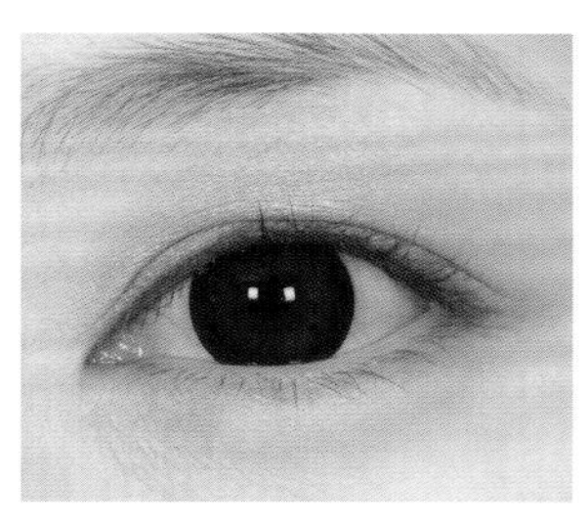

2. 上眼皮用米黄色眼影打底后睁开眼睛的效果如图。

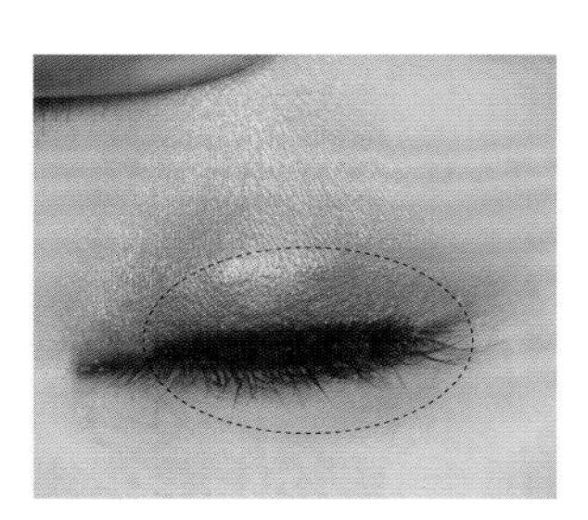

3. 虚线内部画上褐色眼线。眼线只需要画在眼部中央，可以稍稍画粗一点。

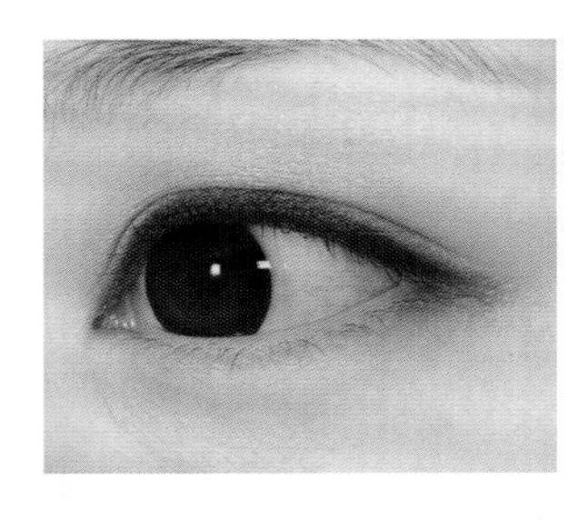

4. 眼线画完后的侧面效果如图。

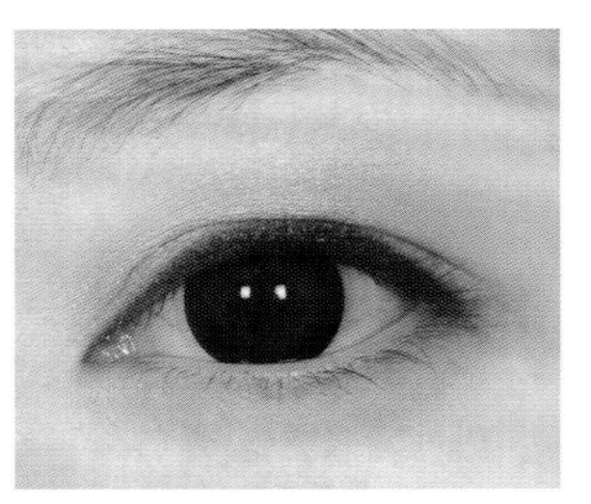

5. 眼线画完后的正面效果如图。

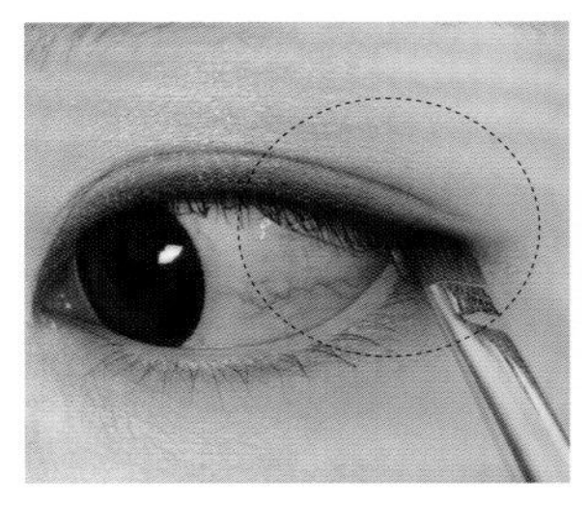

6. 使用眼线刷整理画好的眼线。将眼线向后隐隐地晕开，在虚线所示的眼尾部位制造出阴影的效果，为了更好地表现出色彩感，可以用沾有眼线的眼线刷反复刷几次。

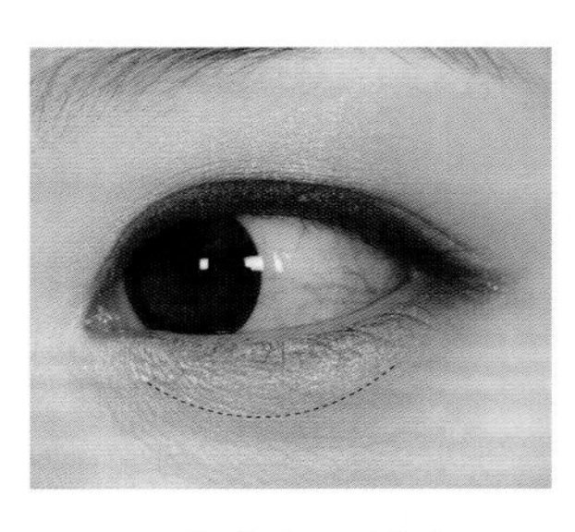

7. 用米黄色眼影在下眼睑虚线位置上打底。重点打在眼部中央的卧蚕上，注意将眼影自然地晕染开。

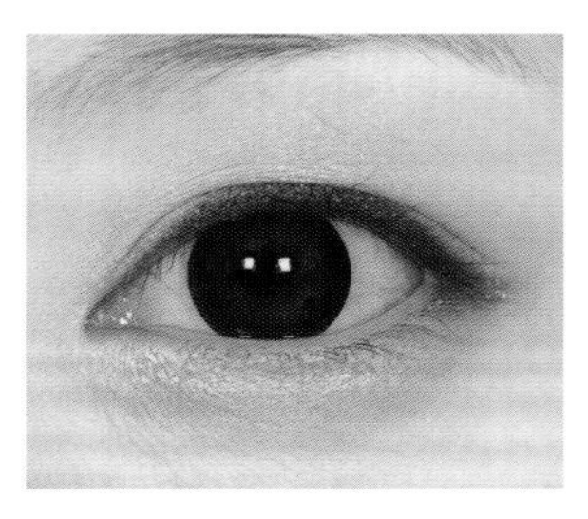

8. 下眼睑用米黄色眼影打底后的正面效果图。

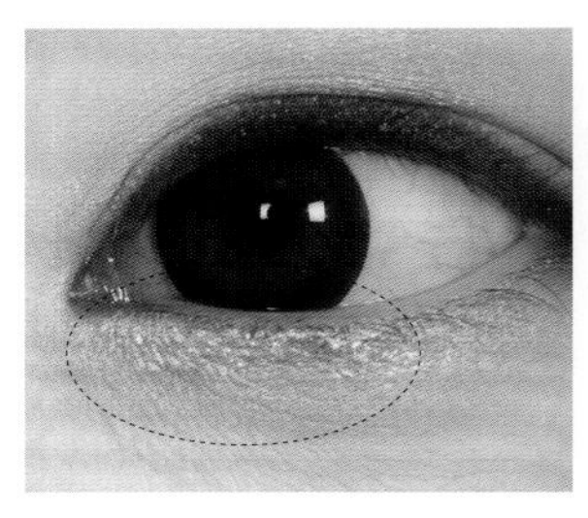

9. 眼窝处打上亮粉（液态）做高光效果。将高光浅浅地打在睫毛根部，注意与打底色眼影自然协调，这样自然明亮而又华丽的光泽感就表现出来了。

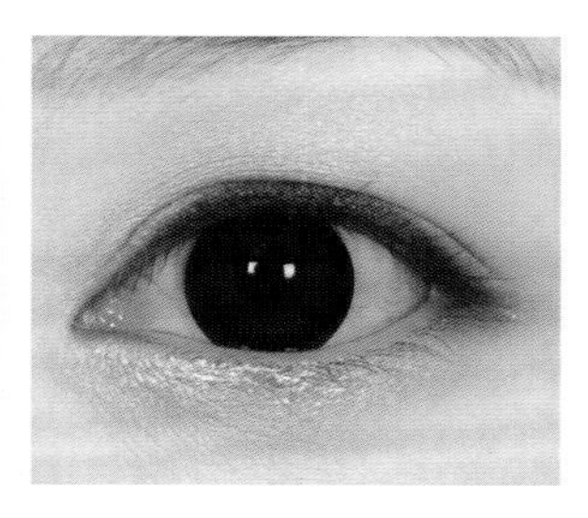

10. 下眼睑眼窝处打上亮粉后的正面效果如图。

11. 使用睫毛夹将睫毛夹好，然后贴上假睫毛。将完整式假睫毛剪成几段，重点突出眼部中央，将假睫毛贴在眼部中央的位置。

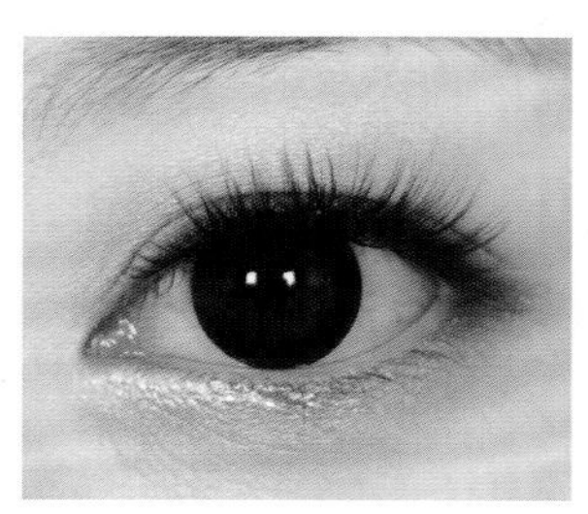

12. 贴好假睫毛后睁开眼睛的效果如图。

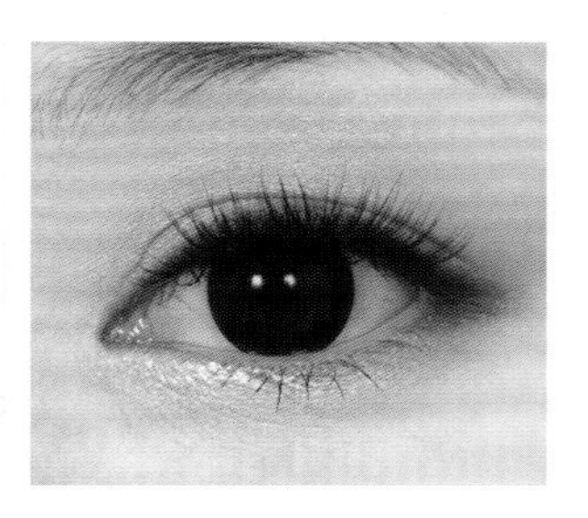

13. 将瞳孔下方的下睫毛刷上睫毛膏。睫毛膏尽量刷得干净利落，注意刷的位置不要太宽。

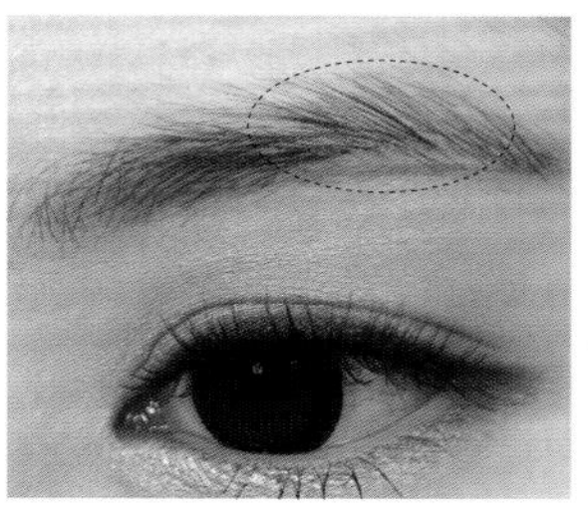

14. 画出一字形眉，这样会有减龄的效果。尽量将眉毛下方空白的地方填满。先在虚线位置画一条线，然后自然地将色彩填满。

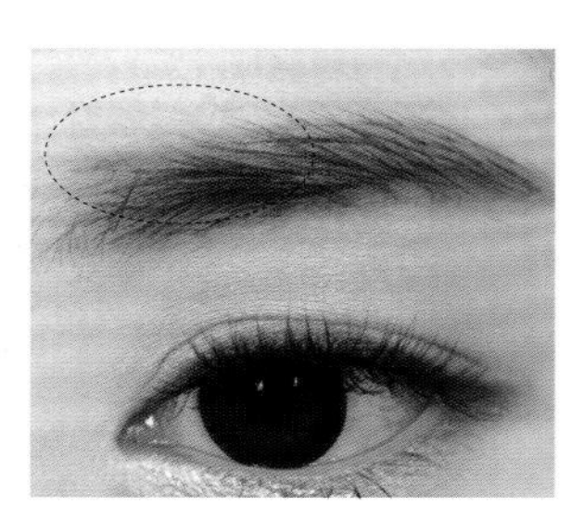

15. 眉毛上方也按相同的方法，先画一条线，然后自然地将色彩填满。注意整体看上去要让眉毛呈一字形。

变身美丽的夜店女王

金色摇滚彩妆

在夜店这样的场合中，唯有性感彩妆才能大获全胜。夜店因灯光的关系，闪耀的光泽感比色彩来得重要。现在，我要为大家示范如何使用珠光眼影粉，来表现出耀眼的金色摇滚气息，这是能活用在夜店的彩妆，既不夸张，又能呈现出高级性感风情。

主题**色彩**	妆容**重点**	应用**建议**
闪耀的金色和古铜色眼影。	调和金色和古铜色眼影来打造出时尚又性感的眼妆。	**场合：**去夜店或者聚会时；想展现高贵的成熟美时；在灯光昏暗的场合时。 **风格：**尽量避免过度缤纷的衣服。最适合的就是露肩的小洋装或豹纹款的衣服。

化妆**工具**	选择**要点**
· 眉彩 Kiss Me 染眉膏#no.02 橘棕色 Espoir–Eye shadow#Dusk	
· 眼影 RMK–尘光眼影盒#04珊瑚咖啡 RMK–经典眼影#02 Shiny Gold Benefit–一见钟情眼影粉 #Leggy M.A.C–魔幻星尘#Gold	· 眼影 选择亮咖啡色霜状眼影。 挑选珠光粒子较大的金色眼影。 带有细小珠光的浅红褐色的眼影为佳。 选择闪耀的金色眼影粉。
· 眼线 CLIO#Dark Choco Artdecor#01	
· 假睫毛 Eyemi–33号	
· 修容 NARS–3D立体光灿修容饼 Espoir–Eye Shadow #Dusk	
· 打亮 M.A.C–柔矿迷光炫彩饼#	· 提亮 选择带有象牙色珠光的提亮产品。
· 腮红 M.A.C–Extra Dimension Skinfinish	· 腮红 有珠光感的咖啡色腮红即可。
· 唇彩 M.A.C–时尚唇膏 #To Pamper	· 唇彩 选择含珠光的古铜色唇膏。

1. 眉彩①
用无珠光的自然咖啡色眉粉，填充眉毛空隙之处来描绘出眉形。

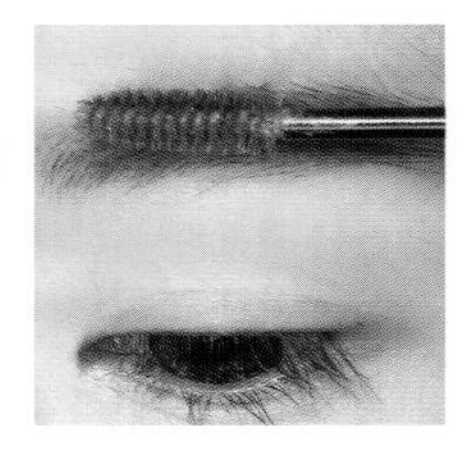

2. 眉彩②
用亮色染眉膏调亮眉毛的颜色。

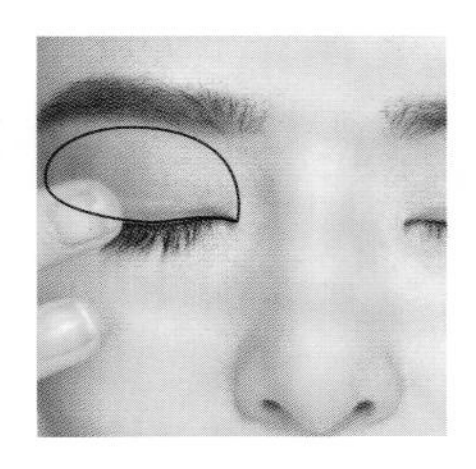

3. 眼影霜
用指腹将蜜桃啡色眼影霜涂在眼窝中心，剩余的眼影在眼窝进行晕染。

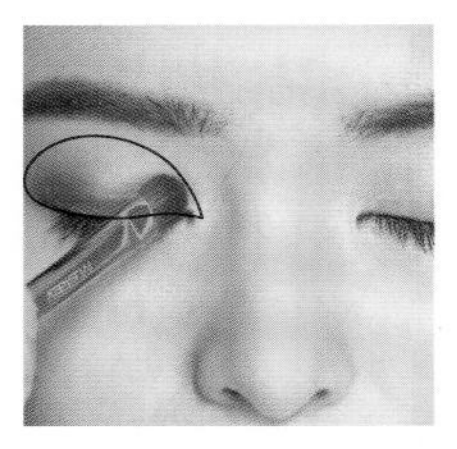

4. 眼影打底
用刷具蘸取带珠光的咖啡色眼影，以眼窝为中心大范围地画出渐层。

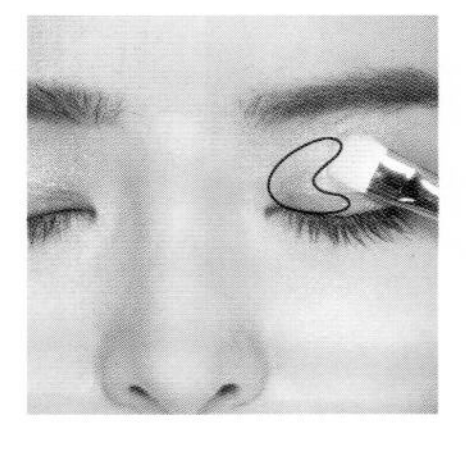

5. 眼窝眼影
用粉刷蘸取亮金色眼影涂抹在眼窝前面，制造出明亮的视觉感。

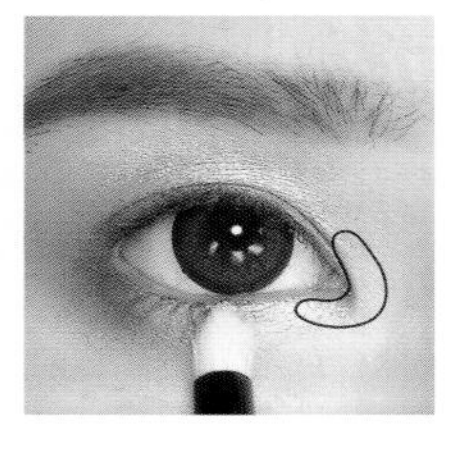

6. 眼头提亮
从眼头开始到眼线下方前1/2的位置，用亮金色眼影提亮。

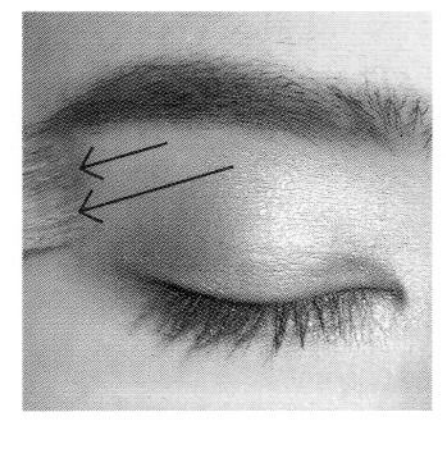

7. 提亮眼影
用粉色眼影轻轻扫过眉毛下方，使之与眼影自然融合。

8. 眼线①
用深咖啡色眼线笔，将眼线画得粗一点，眼尾向后拉长3～5毫米。

9. 下眼线
用相同颜色的眼线笔，从眼尾开始向前画到2/3的位置，自然地与上眼线衔接。

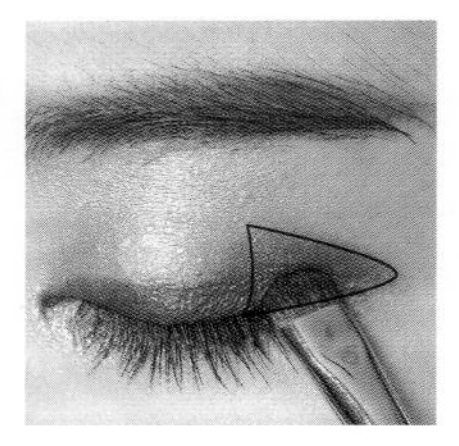

10. 重点眼影
用刷具在刚才画的眼线上再涂上古铜色眼影，强调出鲜明的眼神。眼尾部分仔细地填满，强调出重点。

11. 眼线②
用黑色眼线液将眼睑部位仔细填充，使眼线更加鲜明。

12. 假睫毛
涂完睫毛膏以后粘贴假睫毛，在眼头与眼尾各留出2～4毫米的距离再贴上，尽量靠近睫毛根部粘贴。

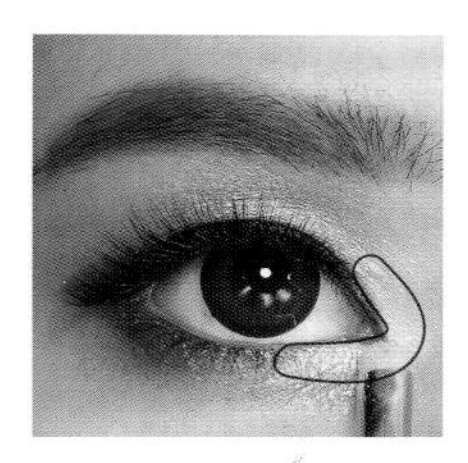

13. 重点打亮

为强调金色光泽，在眼头位置要涂抹金色荧光亮粉，主要刷在眼头约1/3的位置，强调闪耀感。

14. 修容

为了突出时尚利落的形象，用不含红光的咖啡色修容，沿着脸部轮廓轻轻刷上。

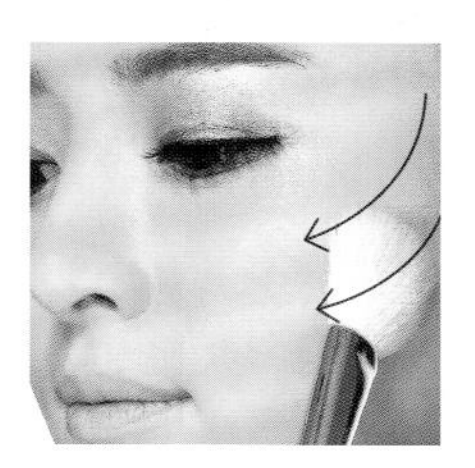

15. 腮红

用蜜桃色腮红从颧骨部位向嘴唇方向，如图所示轻轻刷一下。

16. 鼻影

为强调脸部的立体感，用无珠光的咖啡色眼影沿鼻梁旁打上阴影。

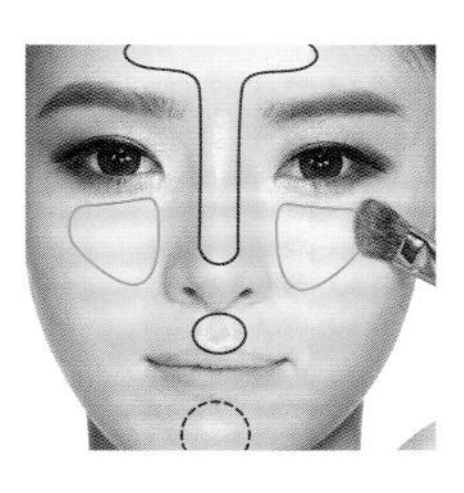

17. 提亮

用含珠光的米色提亮产品在T字区、人中、下巴部位提亮。

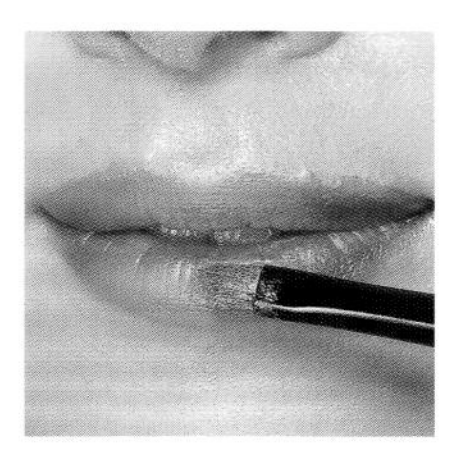

18. 唇彩

将含金色光泽的咖啡色唇膏均匀涂抹在嘴唇上。

金色摇滚彩妆完成！

小窍门

性感的身体妆

利用刷具涂抹珠光乳液

用粉底刷蘸取有珠光的古铜色身体乳均匀刷在锁骨处。用指腹涂抹可能无法推匀珠光粒子，反而会降低闪耀感。

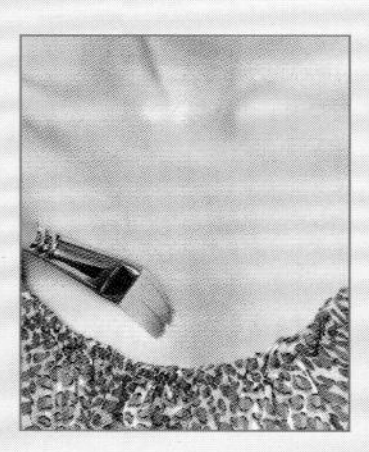

画上乳沟

想要看上去有C罩杯的感觉就要活用珠光乳液。顺着锁骨延伸至胸骨位置重复多刷几次，就能打造出性感的美胸。

像唯美爱情般让人心动

圣诞派对妆

“今天不是圣诞节嘛……”圣诞节，就像唯美的爱情电影中的对白一样让人心动，因此，圣诞节是充满希望、勇气、奇迹与爱的日子。雪一般的白皙肌肤搭配鲜红的双唇，仿佛是圣诞派对的主角，活用代表色——红色的圣诞彩妆，让我们祈祷圣诞节发生奇迹。

主题色彩	妆容重点	应用建议
咖啡色和酒红色眼影，红色嘴唇。	眼窝中央用咖啡色和酒红色混刷出渐层来，展现高贵质感。	**场合：**参加圣诞节聚会、年末聚会时；在鹅毛大雪降落的日子想让彩妆成为重点时。 **风格：**红色为重点色的洋装或者以红白色系为主的衣服。

化妆工具	选择要点
· 打底 M.A.C–晶亮润肤乳液	· 粉底 选择比平常更白更润泽的BB霜。
· 粉底 Dior–粉底液#010 植村秀–UV泡沫隔离霜#粉色	· 蜜粉 选择白色与粉色带细腻珠光的蜜粉比较好。
· 遮瑕 Paris Berlin–Le Crayon #CR217	
· 蜜粉 Guerlain–幻彩流星蜜粉球	
· 光泽感 Espoir–Aqua miracle oil gel	· 光泽感 用轻薄的油状打底产品即可。
· 眉彩 Kiss Me–#01卡其棕	· 眉彩 选择油分不多的咖啡色的眉笔。
· 眼影 资生堂 真型放电眼影 #BR26 M.A.C–时尚焦点小眼影#Star Violet	· 眼影 选择不含红光的咖啡色眼影盘。 选择粉色有珠光的红褐色眼影。
· 重点眼影 M.A.C–魔幻星尘#	· 重点眼影 选择有多彩珠光的粉红色蜜粉。
· 眼线 M.A.C–流畅眼线胶#黑	
· 眼头提亮 植村秀–#G Gold	· 眼头提亮 选择含浅浅的金色珠光的眼影。
· 睫毛膏Esteelauder	
· 假睫毛 Eyemi–33号单个	
· 提亮 植村秀–创意无限腮红 P010	· 提亮 选择含白色珠光的象牙色提亮产品。
· 腮红 M.A.C–#Immortal Flower	· 腮红 选择没有珠光的蜜桃色腮红。
· 唇彩 VDL–#201 Ewan 妙巴黎–Effect 3D唇蜜#33 Innisfree–Creamy Tint Lipstick#5	· 唇彩 选择裸色调的唇膏。 选择华丽的红色雾面唇膏。

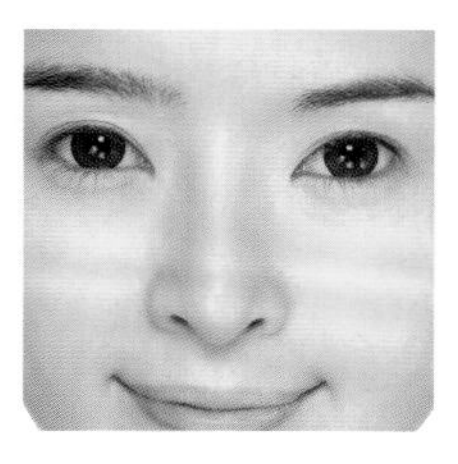

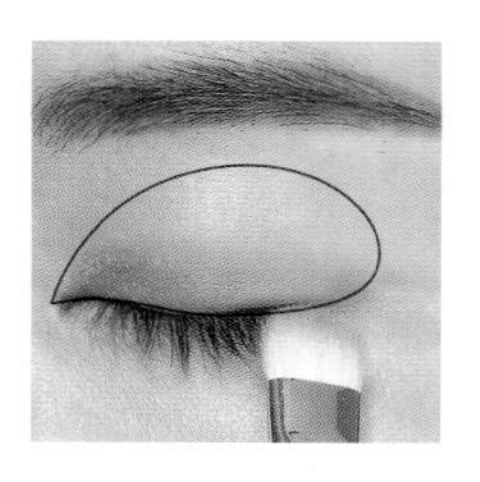

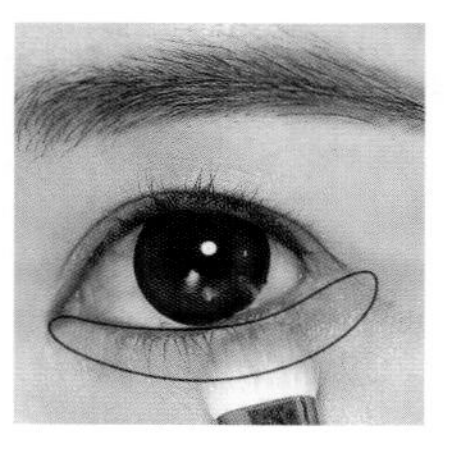

1. 皮肤
要画出比平时显得更水润更白的皮肤底色。

2. 眉彩
用眉笔填充眉毛空隙的地方，创造自然眉形。

3. 眼影
用咖啡色眼影轻轻刷在眼窝部分，注意不要产生界限。

4. 下眼影
用相同的眼影刷在眼睛下方，描绘下眼影，宽度为5~7毫米。

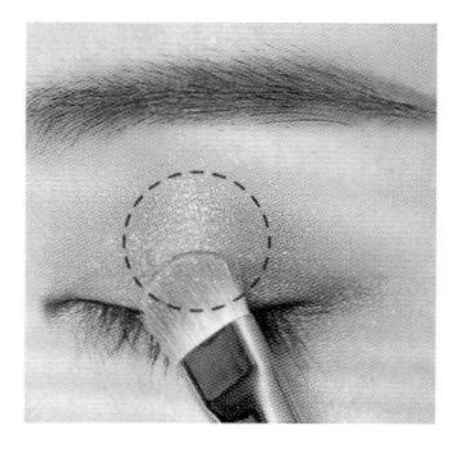

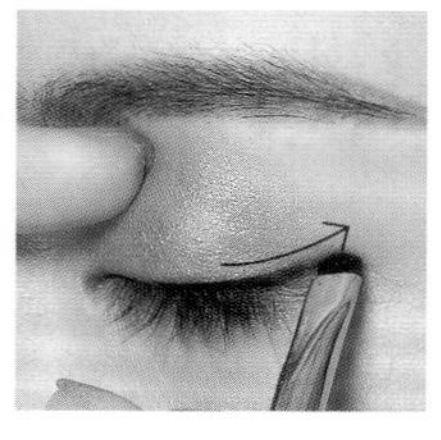

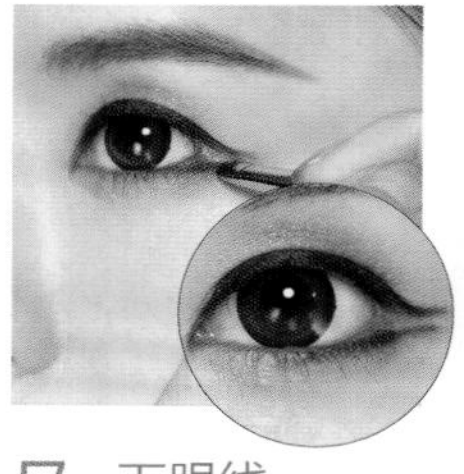

5. 中央重点眼影
用酒红色眼影涂抹在眼窝中央，大小和瞳孔差不多，利用余粉进行自然的渐层晕染。

6. 眼线
用眼线胶按2~3毫米厚度画眼线，眼尾稍微向上扬。

7. 下眼线
用眼线胶画下眼线，重点是不和上眼线连接起来，而是自然地向后拉长。

8. 重点眼影
在刚刚画眼线的上方刷上深咖啡色眼影，强调深邃感，与之前的眼影自然融合在一起。

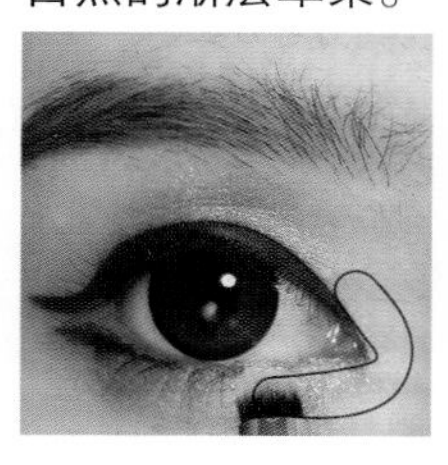

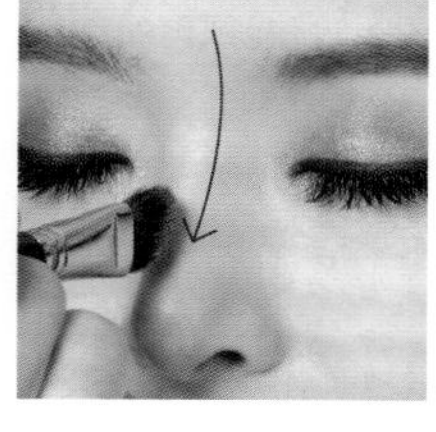

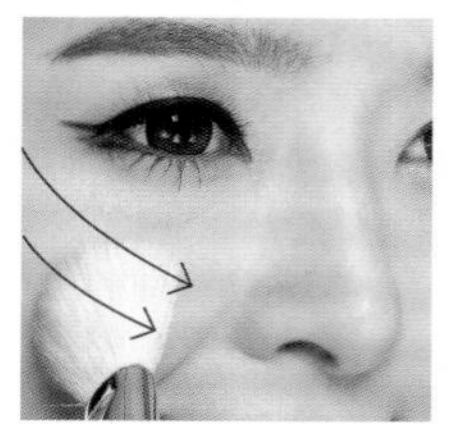

9. 眼头提亮眼影
在眼头用亮金色珠光眼影涂抹，以提升整体眼妆的亮度。

10. 假睫毛
将假睫毛修剪好并仔细粘贴在睫毛根部。

11. 提亮
用带隐约珠光的提亮产品提亮T字区、人中、下巴部分。

12. 腮红
用蜜桃色腮红从颧骨往嘴唇方向，轻轻刷一下。

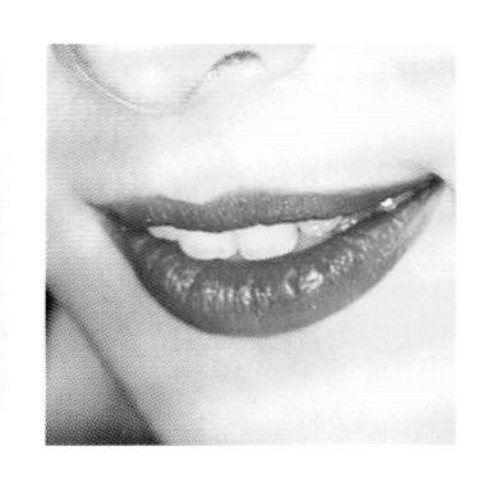

13. 唇彩①
用最鲜亮的大红色唇膏作为妆容重点。

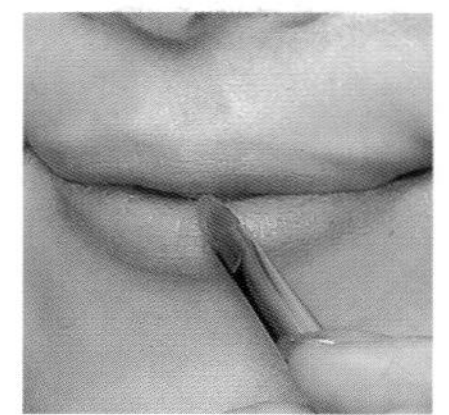

14. 唇彩②
如果不适合用红色唇膏时，可选择用较低调的裸色唇膏。

圣诞派对妆完成！

小窍门

圣诞派对的彩妆重点

强调出眼周的闪耀感

派对彩妆的重点在于“华丽”。在眼尾及眼睛下方提亮，能呈现灯光打在脸部的华丽视觉感，只要将此部位提亮，脸看起来会更有光泽。

以光感肌肤来一决胜负

派对彩妆的第二个重点是有光泽感的肌肤。如果完妆后才发觉脸变得干燥的话，不用担心，先将海绵蘸湿，蘸取膏状产品或乳液在需要增添光彩的部位轻轻拍上。全脸都拍会感觉油光满面，建议只在苹果肌、额头、鼻梁及唇周轻轻拍上就好。

让他陷入甜蜜爱恋的秘方

浓情巧克力妆

从几年前开始，韩国开始流行在情人节时女生自己动手做巧克力送给男朋友，但男生们的评价却是“心意和味道是两回事”。如今，贤妻良母已成为过去式，把自己打扮漂亮的女生反而更吃香。虽然自己做巧克力也很棒，但如果你没法以美味的巧克力来一决胜负的话，不妨让自己来个大变身，把自己作为礼物吧！现在，就让我们一起来学会这个甜蜜的妆容，相信一定会比巧克力更让他无法自拔。

主题色彩	妆容重点	应用建议
不带珠光的巧克力色眼影。	若觉得用不带珠光的眼影很难画出渐层，千万不要用太重的颜色，用浅色多次晕染即可。	**场合：**令人心跳加速的情人节约会时；情人节告白时。 **风格：**选择蓬蓬、温暖的黑色或咖啡色毛衣。

化妆工具	选择要点
· 眉彩 Ebony－眉笔 植村秀－创意无限眼影#G 261	· 眉彩 选择带有少量红色巧克力珠光的眉彩或眼影。
· 眼影打底 Lunasol－眼采底霜 N#01	
· 眼影 Bobbi Brown－微煦眼影#Heather #Slate	· 眼影 选择没有珠光、不带红光的巧克力咖啡色。
· 重点眼影 植村秀－创意无限眼影#M895 植村秀－创意无限眼影 #G Bronze	· 重点眼影 选择没有珠光、不带红光的深咖啡色眼影。
· 眼线 NARS－#Black CLIO－Gelpresso Eyeliner #Dark	
· 重点眼线 Bobbi Browen	· 重点眼线 选择没有珠光、接近黑色的深咖啡色眼影。
· 睫毛膏 Elishacoy－38° Big Eye	
· 假睫毛 Eyemi－33号	
· 修容NARS－亮彩膏#Laguna	
· 腮红 MustaeV－#Floral Giow Lunasol－晶润亮采修容	· 腮红 选择含少量珠光的温暖古铜色调修容产品。
· 唇膏① VDL#201 Ewan Elishacoy－#Swimming Goggle	· 唇膏 选择裸色或者没有珠光的雾面棕色唇膏。
· 唇膏② Artdeco－#14 Artdeco－Palette#Brown	

1. 眉彩①
选用咖啡色眉笔填充眉毛空隙的地方，描绘出眉形。

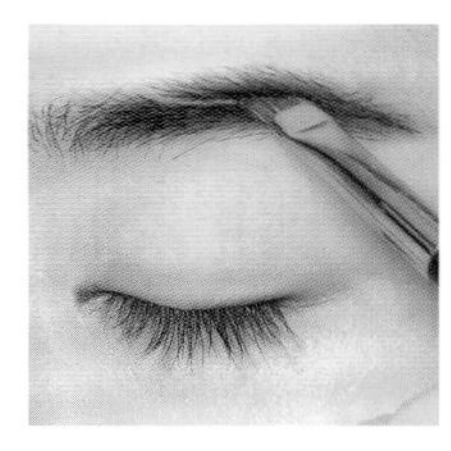

2. 眉彩②
用巧克力色眉粉再刷1次眉毛，并整理眉形。

3. 眼影打底
以中等大小的遮瑕笔刷蘸取自然肤色眼影，均匀地刷在眼窝。

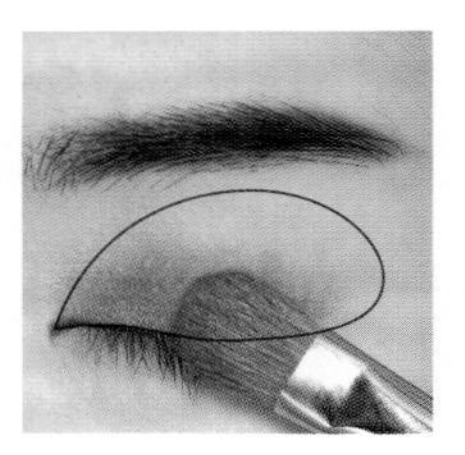

4. 眼窝眼影
将不带珠光的咖啡色眼影大范围地刷在眼窝上，注意不要大力涂抹。

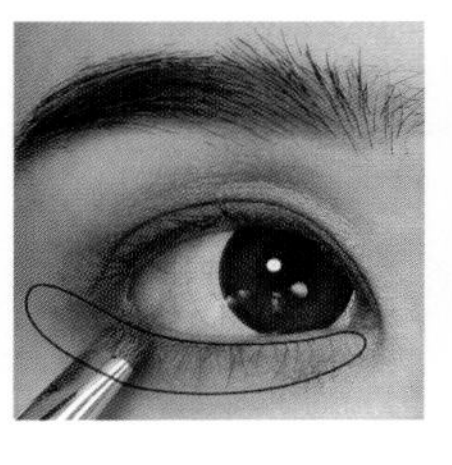

5. 下眼影
用相同颜色的眼影涂在卧蚕位置，来增加眼影的深邃感。

6. 重点眼影
将深咖啡色眼影刷得比双眼皮范围大一些，为强调出层次感和，请重复多刷几次。

7. 眼线
用黑色防水眼线胶笔画出2毫米厚度的眼线，眼尾不要拉长，自然描绘即可。

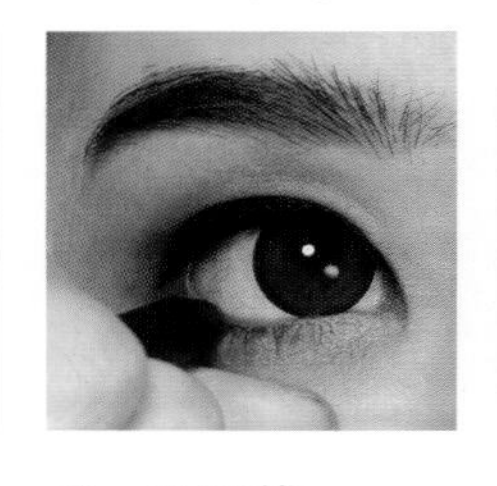

8. 下眼线
下眼线选用比咖啡色眼线胶笔，仔细填充眼睑部位。

9. 眼线重点眼影
用深咖啡色眼影将眼线与眼影自然地连接起来，在眼线上再刷1次。

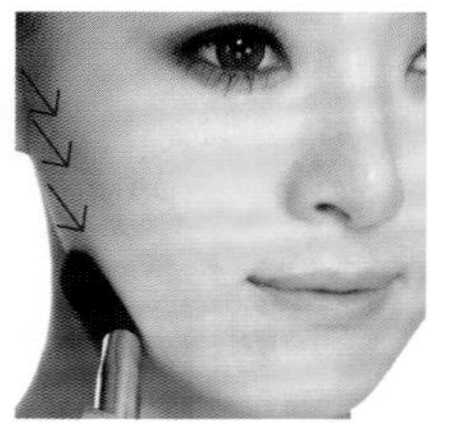

10. 修容
用睫毛膏加强睫毛的卷翘与浓密感，稍微修容来强调出脸部轮廓，注意不要刷到脸的内侧。

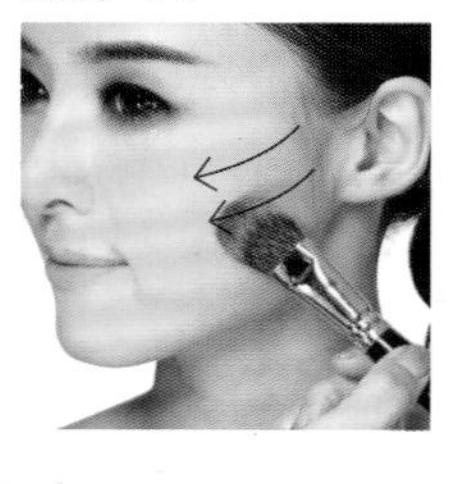

11. 腮红
用可爱的蜜桃色腮红从颧骨外侧往嘴唇方向轻轻扫过，使脸部看起来更有活力。

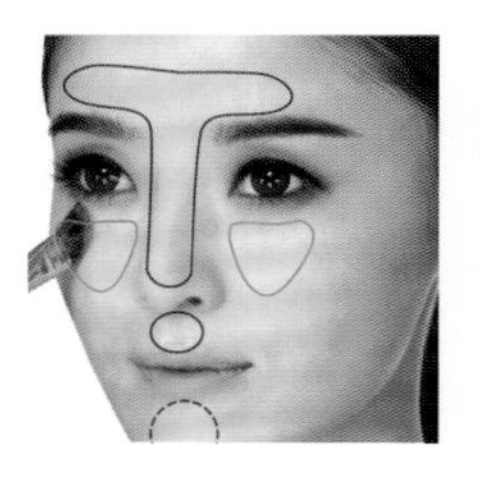

12. 提亮
把掉到眼角附近的咖啡色眼影干净利落地拂去，在T字区、人中、下巴用无珠光的象牙白产品提亮。

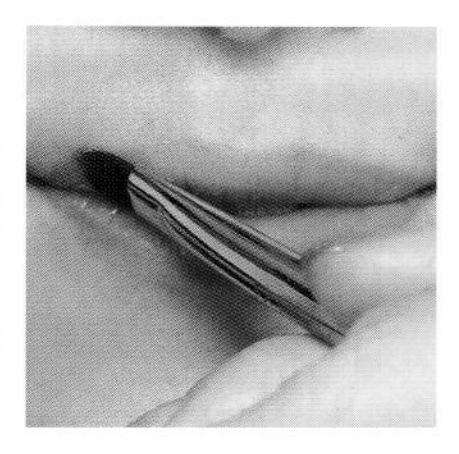

13. 唇彩①
用裸色调的唇膏修饰原本唇色，上下唇的色调要一致。

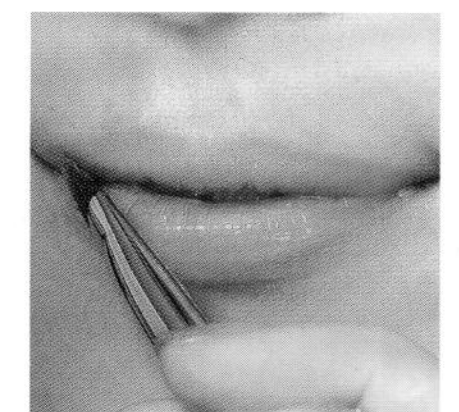

14. 唇彩②
因为眼妆是粉雾质感，嘴唇部位应以唇蜜来增添水润感。

浓情巧克力妆完成！

小窍门

粉雾状眼影的晕色技巧

有珠光的深色粉雾眼影很难进行晕色，这时一定要抛掉一次就达到显色效果的想法，建议少量蘸取并多次涂抹。如果有不均匀的地方，只要以柔软的刷子重复多刷几次就好。

提升专业及信赖感

知性女主播彩妆

按照对方想要的方式来说服他，这是沟通的第一目标，为了要达成目标，关键在于获得对方的信赖，而简单又端庄的彩妆可以提升信赖感。女主播们常以咖啡色的眼影搭配半月形的眼眸，给人端庄的印象。光靠彩妆就能提升信赖感，成功完成各式提案，真是一举数得！

主题色彩	妆容重点	应用建议
自然的浅咖啡色眼影。	将眼型画成半月形，睫毛要适度丰盈，卷翘度不要太明显。	**场合**：想给对方留下有信赖感和知性的印象时；演讲或表演等正式场合。 **风格**：干净利落的正装、蓝色系的衬衫都有助于提高信赖感，选择有设计感的款式，强调干练的感觉。

化妆工具	选择要点
· 眉彩 M.A.C–时尚焦点小眼影 #Sofa Ebony–眉笔 Etude House–青春谎言染眉膏#1	
· 打底眼影 植村秀–创意无限眼影#G251	· 打底眼影 选择含少量珠光的浅橘色或者浅水蜜桃色。
· 重点眼线 M.A.C–流畅眼线凝霜#深咖啡	
· 重点眼影 植村秀–创意无限眼影 #G Bronze	· 重点眼影 选择含少量珠光的浅咖啡色或者古铜色眼影。
· 眼线 Artdeco#01 CLIO–珂莉奥炫彩防水眼线胶笔#Black	· 眼线 选择防水的黑色眼线液。
· 睫毛膏 恋爱魔镜–魅惑光感睫毛膏#黑	
· 假睫毛 Eyemei–33号单个	
· 鼻影 M.A.C–时尚焦点小眼影#Sofa	· 鼻影 选择没有珠光的浅咖啡色眼影。
· 打亮 M.A.C–柔矿迷光炫彩饼#Light	· 提亮 选择几乎没有珠光的象牙白色提亮。
· 修容 M.A.C–柔矿迷光炫彩饼眼影#Deep	· 修容 选择中间色调的咖啡色修容。
· 腮红	· 腮红 选择含隐约珠光的蜜桃色腮红或几乎没有珠光的粉红色腮红。
· 唇膏 Etude House–水样唇蜜#OR 201	· 唇膏 选择接近唇色的蜜桃色唇膏。
· 唇线 Make Up Forever–唇线笔#N49	

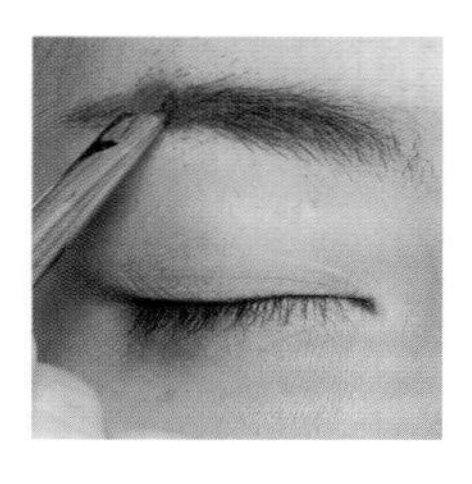

1. 眉彩①

眉形修整成一字眉有助于提高信赖感，再用咖啡色眉粉顺着眉毛方向描绘。

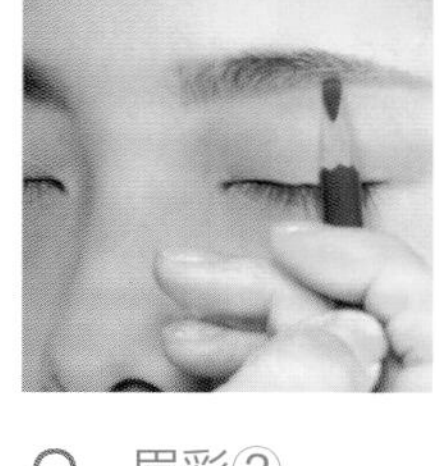

2. 眉彩②

用眉笔填充眉毛空隙的部分并调整眉形，要顺着一根根的眉毛来画。

3. 眉彩③

用自然的咖啡色染眉膏整理眉毛颜色，打造柔和的形象是关键。

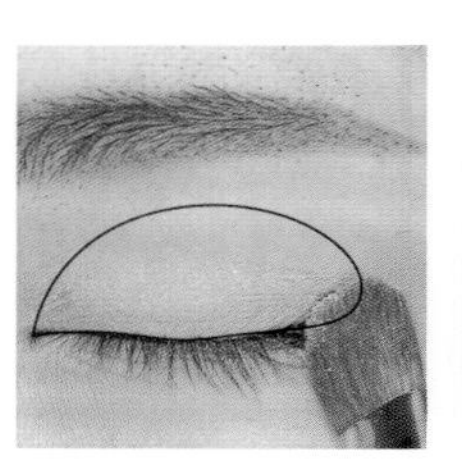

4. 眼影打底

用颜色较浅的橘色或蜜桃色眼影，轻轻刷在眼窝来调亮肤色。

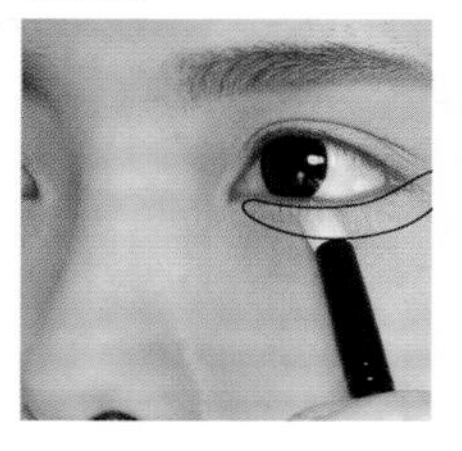

5. 下眼影①

用相同颜色的眼影自然刷在眼睛下方，使上下眼角自然衔接起来。

6. 眼线①

用眼线胶画出较粗的眼线。

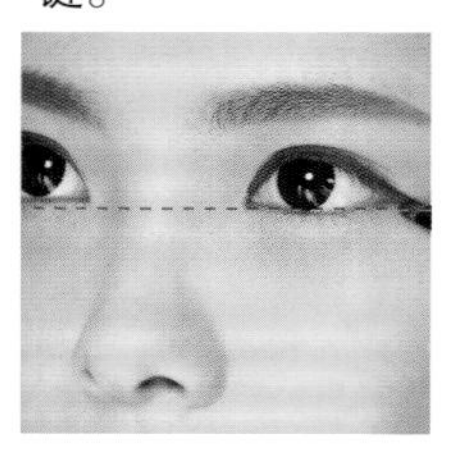

7. 眼线②

眼线尾端与眼头的位置平行，画出半月形的眼形。

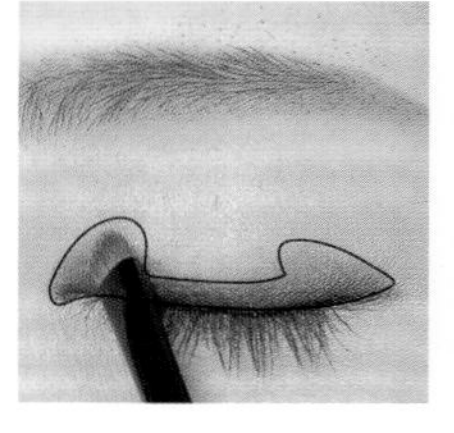

8. 眼线眼影

用深咖啡色眼影刷在眼线上方加强深邃感，利用剩下的余粉在眼窝前后自然刷出渐层。

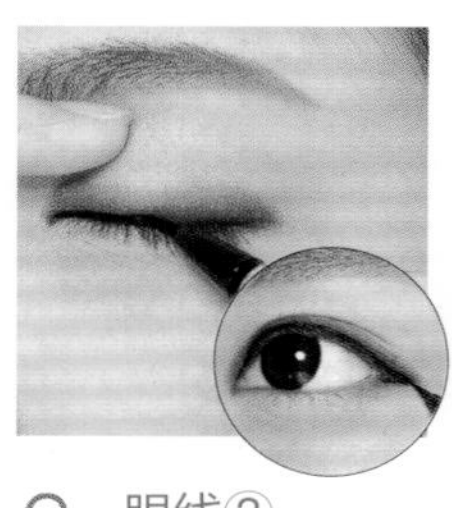

9. 眼线③

用眼线液将睫毛根部补满，描绘出眼线，眼尾要画得稍粗一点。

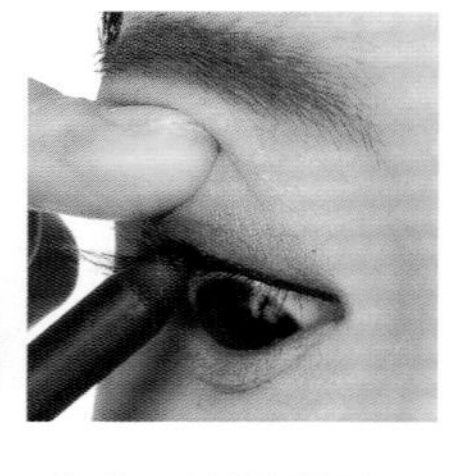

10. 补满眼睑

为了强调出深邃的眼神，使用防水眼线笔将眼睑补满。

11. 下眼影②

用浅咖啡色眼影加强下眼尾，使之自然与上眼尾连接起来，后面刷5~7毫米就行。

12. 假睫毛

先用睫毛夹夹翘睫毛，再刷上睫毛膏打造卷翘感，之后在睫毛间贴上单片假睫毛。

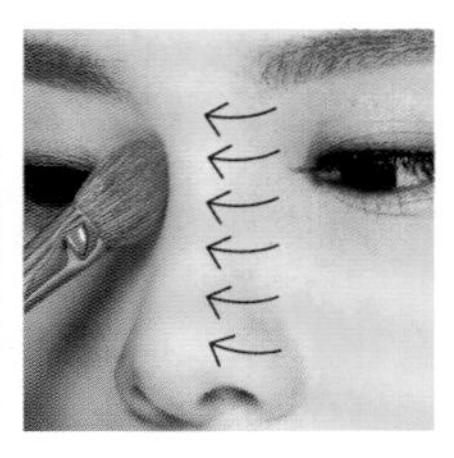

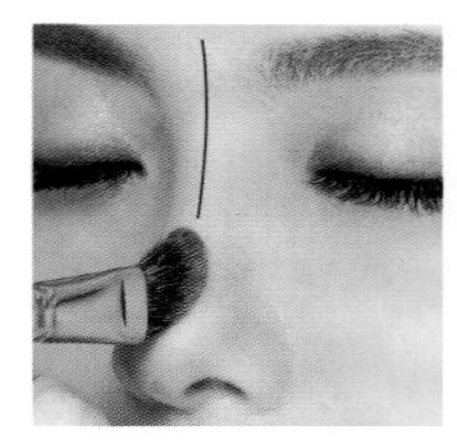

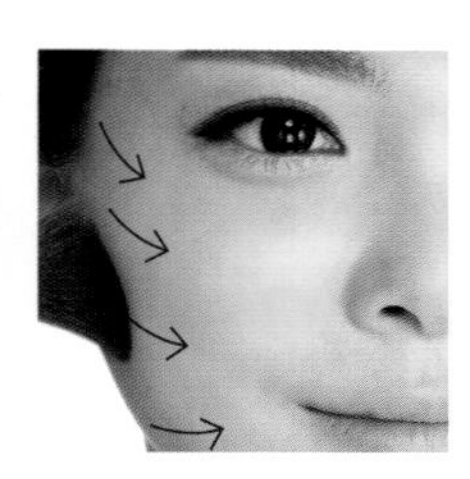

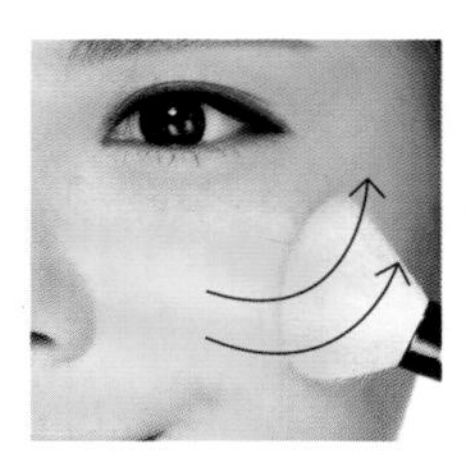

13. 鼻影
当灯光来自正前方时，最好在视觉上拉高鼻梁高度。使用不含珠光的浅咖啡色眼影，顺着鼻子侧边轻轻刷下来，制造阴影。

14. 提亮
用含较少珠光的象牙白提亮产品提亮，刷具由上往下一字地刷下来。

15. 修容
在灯光从前面照射过来时，脸部会看起来很宽，这时要用咖啡色的修容来修饰脸部线条。

16. 腮红
用几乎没有珠光的蜜桃色腮红，从脸颊中央往颧骨方向刷，打造自然的好气色。

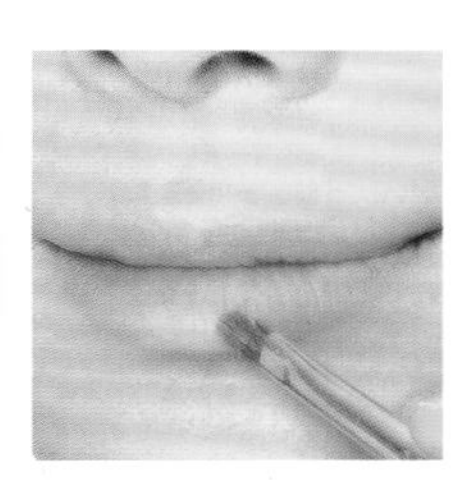

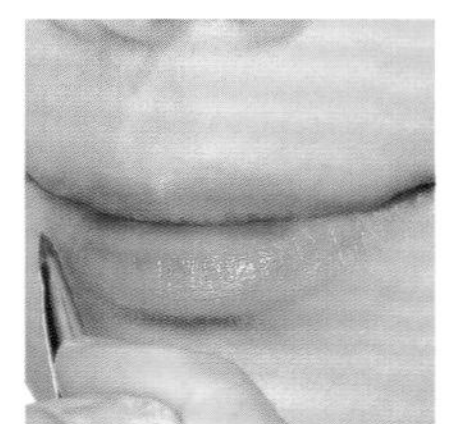

17. 唇线
用接近唇色的颜色来修饰唇线，然后用接近唇色的裸色唇膏再刷一次作为打底。

18. 唇露
为使嘴唇不干燥且更显光泽，将润泽的唇露涂在嘴唇中间。

知性女主播彩妆完成！

温馨提示

I 眉笔是一种能轻易描绘出眉形的彩妆品。长得很像美术用的笔，要削过才能使用，能顺着一根根眉毛方向描绘出自然眉形。

小窍门

打造出端庄的眼神！

想要打造半月形的眼形，关键是眼头和眼尾要在一个水平线上。如果想增添安定感，眼尾的眼线要稍微加粗，此外在眼尾下方稍微加上阴影，能使眼神更深邃。根据眼睛大小不同，下眼线5~10毫米长度为佳。

迎着春风到郊外野餐吧！

橘色卡其妆

暖色调很有气氛也有质感，但也容易让人觉得无趣，如果想表现出迎着春风去郊游的愉快心情，不妨挑战一下不同的彩妆吧。其中，最能表现春天色彩之一的就是鲜活的橘色，在橘色中加入代表自然的卡其色，能同时呈现出健康和青春的感觉。能完美呈现出季节感和自然形象的橘色卡其妆，是非常适合春天到郊外游玩时的妆容。

主题色彩	妆容重点	应用建议
橘色和卡其色眼影，浅橘色唇膏。	调和这些感觉活力四射的颜色来打造健康活泼的形象，皮肤的光泽感也是重点之一。	**场合：**去郊游时；想看起来青春活泼时。 **风格：**色彩鲜艳的点点图腾衣服，粉色调的花朵图腾服装最能展现可爱的形象，白色衬衫搭配发带和饰品也不错。

化妆工具	选择要点
· 眉彩 Lavshuca-亮颜明眸染眉膏 · 打底眼影 Espoir-Eye Shawer#Sunset · 重点眼影 Bobbi Brown-Long Wear Cream Shadow Stick#05Forest RMK-黑光虹彩眼盘#虹彩深绿 · 眼线 Makeon-Super Long Lasting Waterproofgel Pencil Liner#卡其 · 睫毛膏 恋爱魔镜-焦糖魔法眉睫两用膏#BR555 · 腮红 植村秀-创意无限腮红#P540 · 提亮 植村秀-创意无限腮红#P010 · 唇部遮瑕 Artdeco-Natural Lip Corrector#03 · 唇彩 M.A.C-水透嫩唇膏#Sheer Mandarin	· 打底眼影 选择有珠光的橘色或者浅橘色眼影。 · 重点眼影 选择卡其色的眼影笔或者眼影霜。 选择有珠光的卡其绿色眼影。 · 眼线 选择柔顺好画的防水卡其色眼线胶笔。 · 提亮 选择几乎没有珠光的象牙白色提亮产品。 · 唇彩 选择没有珠光的橘色唇膏。

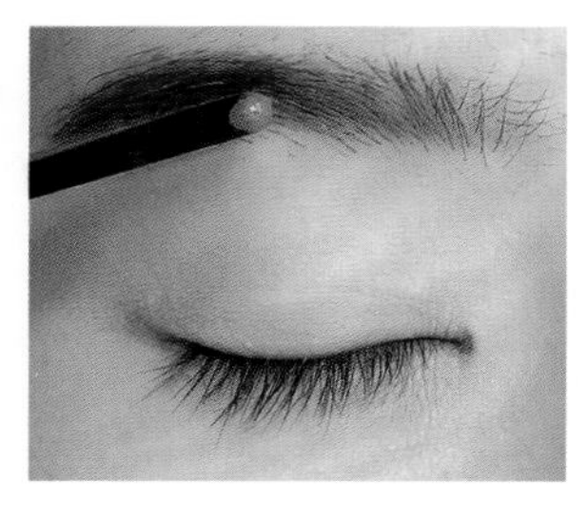

1. 眉彩

用咖啡色的染眉膏对眉毛方进行梳理，打造自然眉形。

2. 眼影

将含珠光的橘色眼影涂抹在眼窝上。

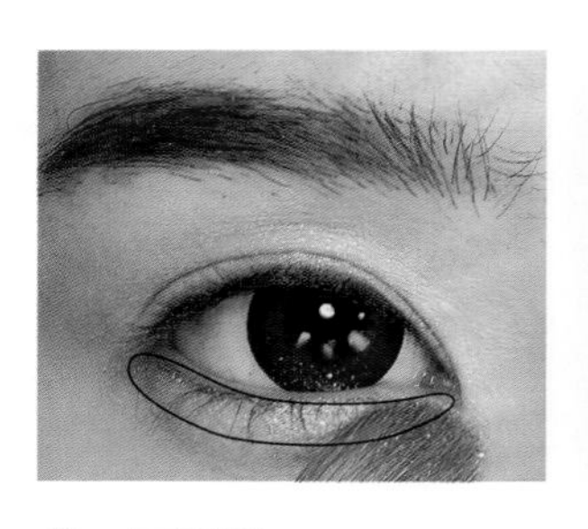

3. 下眼影

用刷眼窝的眼影刷刷在眼睛下方的卧蚕处，与眼影自然地衔接起来。

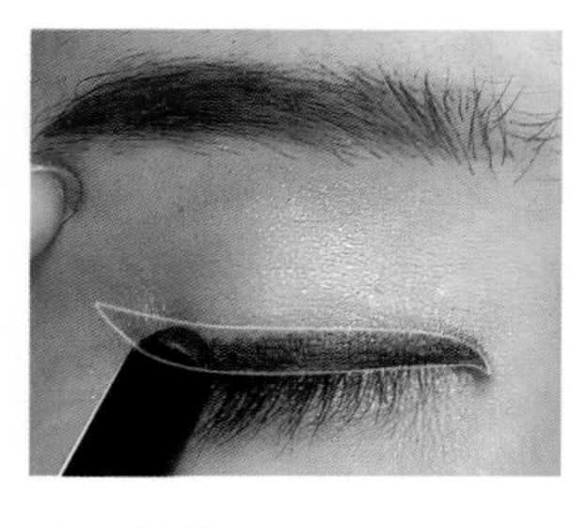

4. 眼线

用可以代替眼线的卡其色眼影笔画满眼褶，画出较粗的眼线。

5. 重点眼影

用同样的卡其色眼影在刚刚描绘的眼线上方再重复刷一次，呈现鲜明的眼神。

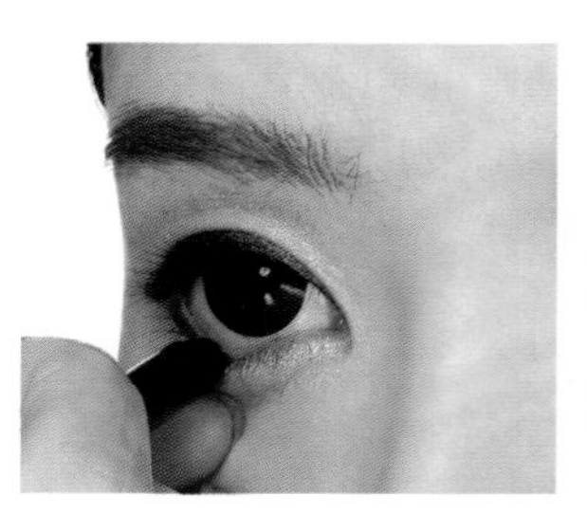

6. 下眼线

用卡其色眼影笔仔细填满下眼睑。

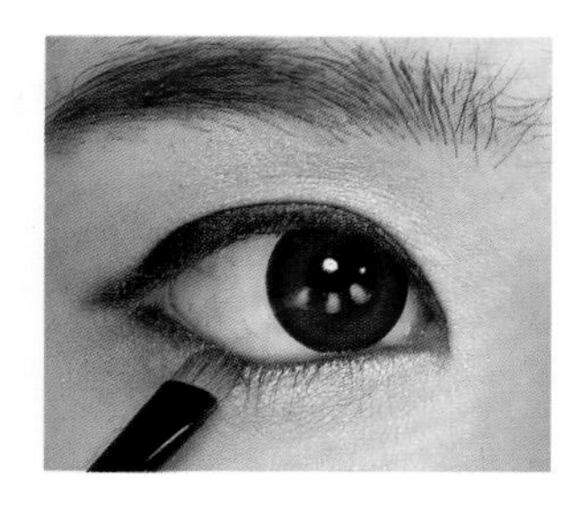

7. 重点下眼影

在下眼影再次刷上卡其色眼影，呈现鲜明且明亮的眼神。

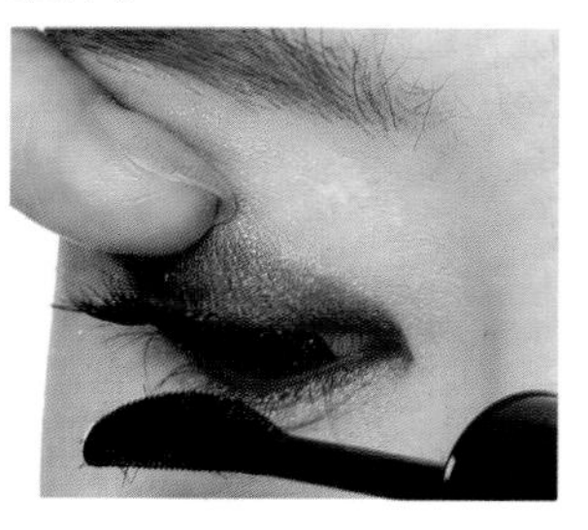

8. 睫毛膏①

用睫毛夹分三阶段夹翘睫毛，再上下刷睫毛膏，使睫毛看起来卷翘纤长。

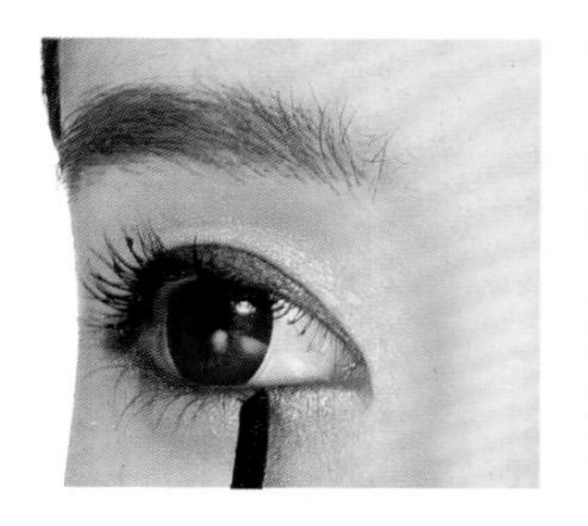

9. 睫毛膏②

将睫毛膏打直，一根根地刷下睫毛，打造根根分明的妆感。

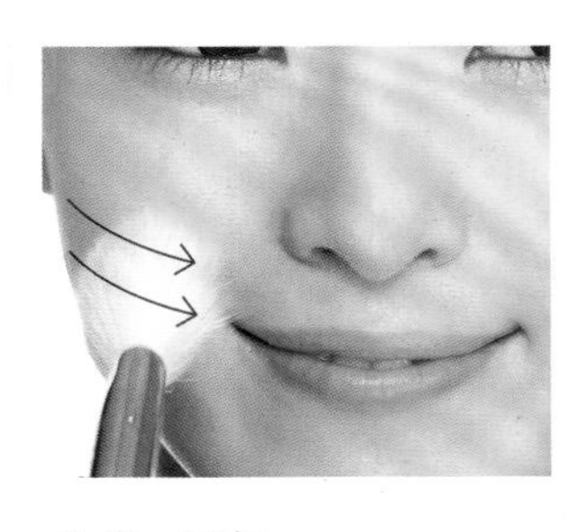

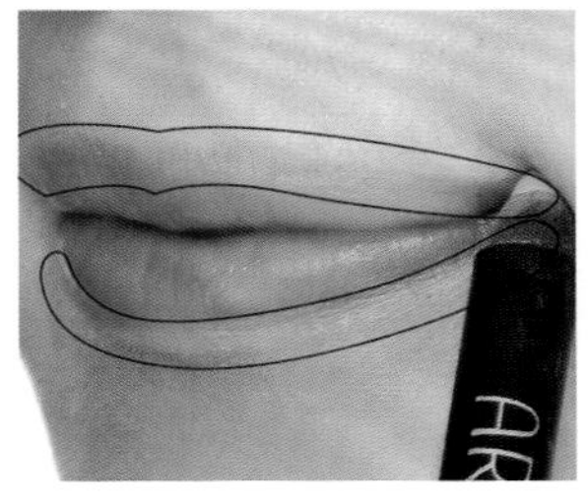

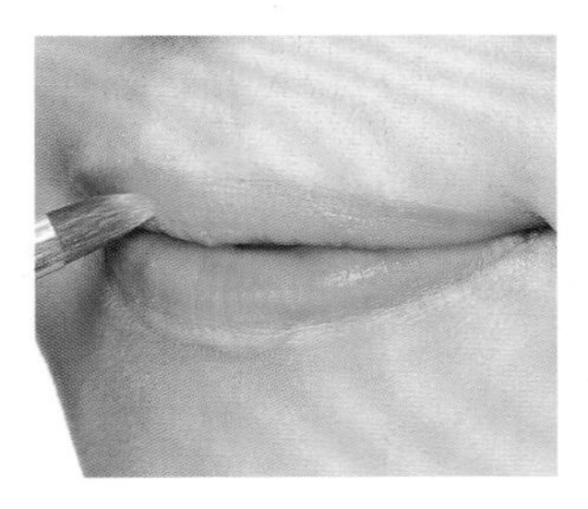

10. 腮红
用浅橘色调的腮红从人中旁的脸颊位置，开始轻轻刷到与耳垂下方联结处，表现可爱动人的感觉。

11. 唇部遮瑕
用唇部遮瑕笔修饰唇线。

12. 唇彩
用几乎无珠光的橘色调唇膏涂抹。

橘色卡其妆完成！

小窍门

用腮红打造出健康少女的形象

想呈现出健康少女的形象，腮红位置和刷的方向非常重要。腮红位置最好比平常低一点，方向也不同。

如果想打造利落干练的时髦感，应使用斜角的腮红刷法，但想表现活泼灿烂感时，则以平行刷法为佳。从鼻尖、瞳孔延长线的交汇点开始，一直延伸到耳垂连结处，以画圆方式来刷，能呈现出少女的感觉。

洋溢四月清新季

春季缤纷彩妆

四季变化的“风向标”就是女性朋友们的服装和妆容，特别是在充满清爽香气的春季，于春暖花开之前，已能从女性朋友们的脸上找到了春天的踪迹了。挣脱掉沉闷厚重、单一的冬天色彩，让我们来挑战一下缤纷多彩的春妆吧！由柠檬黄和孔雀蓝所创造出的新鲜感彩妆，象征娇羞的粉色腮红，加上水润的光亮嘴唇，清新的春天已经洋溢在脸上了。

主题色彩	妆容重点	应用建议
柠檬黄和孔雀蓝眼影，透明唇蜜。	以柠檬黄和孔雀蓝等明亮色系展现有女人味的气氛。	**场合：**温暖的春天和男友一起赏樱花时；想凸显女人味的一面时。 **风格：**选择白色洋装、缤纷色系上衣或洋装为佳。

化妆工具	选择要点
· 眉彩 Kiss Me-Heavy Rotation 染眉膏#02 橘棕色	
· 眼影 Benefit-一见钟情眼影粉#Leggy 植村秀-创意无限眼影#1R911 娇兰-四色眼影 #Green 植村秀-创意无限眼影#1R675 DIOR-幻彩五色眼影 #130	· 眼影 选择有隐约珠光、与肤色相近的浅粉色眼影。 黄绿色或者苹果绿比较好。 选择显色度佳的蓝色眼影。
· 眼线 M.A.C-流畅眼线凝霜#黑	
· 假睫毛 XNS-10mm假睫毛	
· 腮红 Elishacoy-Mineral Touch Velvet Blusher #01Barbie Pink	· 腮红 选择没有红光的浅粉色腮红。
· 唇彩 Benefit-甜心菲菲唇颊露 Stila-Lip Glaze #05 Raspberry	· 唇彩 选择接近唇色的唇露，没有珠光的透明唇蜜。
· 提亮 M.A.C-柔矿迷光炫彩饼 #Light	

1. 眼影打底

用浅黄色眼影涂抹在整个眼窝上，作为打底。

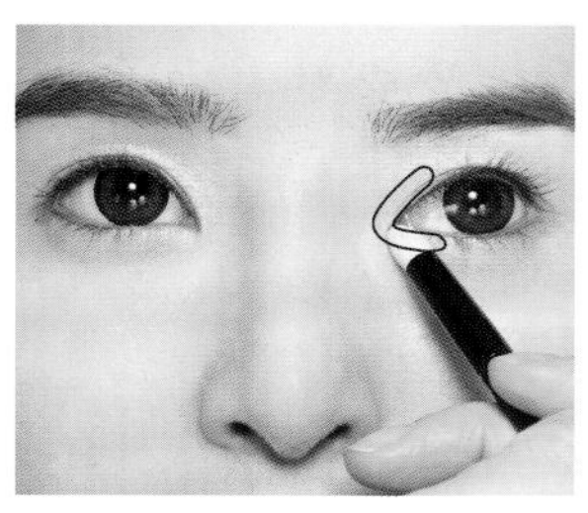

2. 眼头提亮

用步骤1中的颜色，在眼头的C字部位进行提亮。

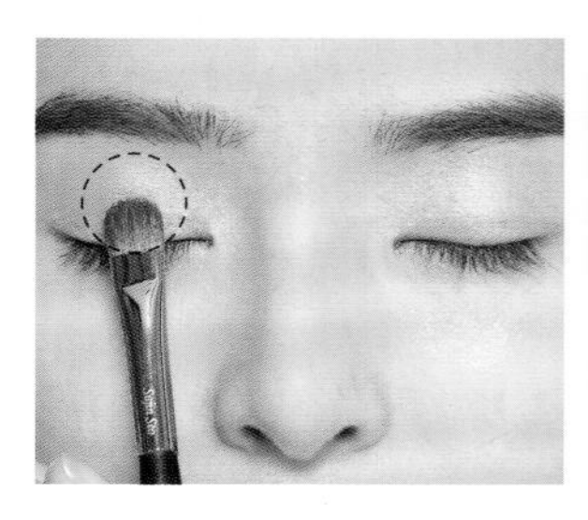

3. 中央眼影

用明亮的黄色眼影涂在眼窝中间作为重点色。

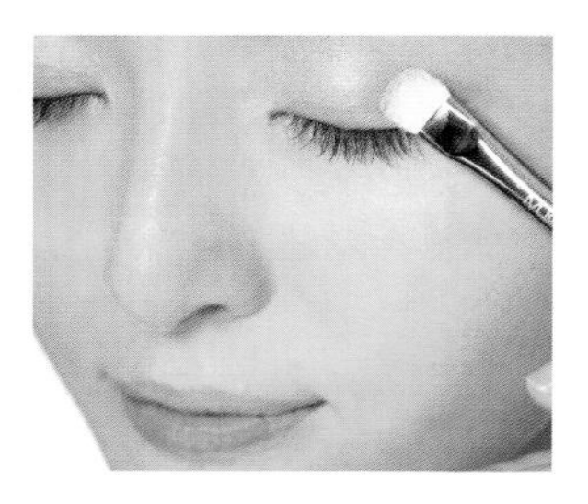

4. 外侧眼影

蓝色眼影涂在后面1/3的位置。先涂抹的黄色眼影和蓝色眼影分开是本妆容重点。

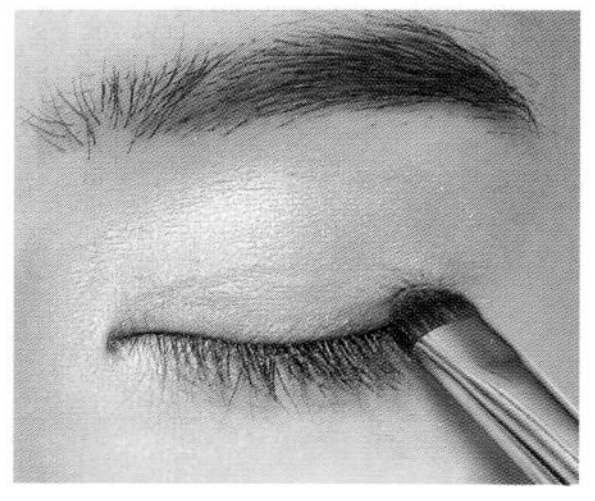

5. 重点眼影

用深蓝色眼影从瞳孔中央的位置往眼尾方向描绘，眼尾部分要尽可能画重一点。

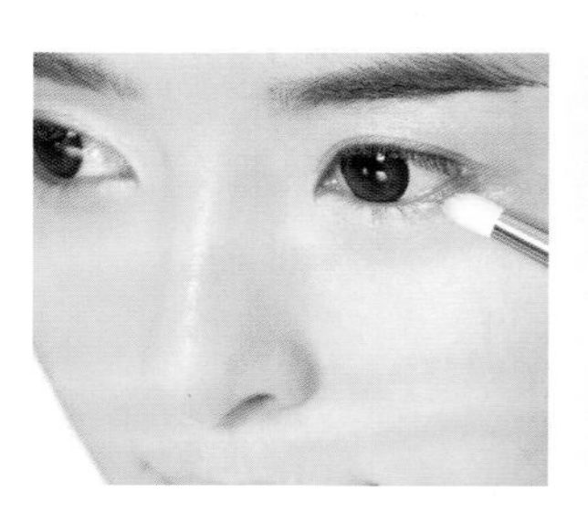

6. 下眼影

用自然色调的珠光眼影，在卧蚕位置制造出隐约的光泽感。

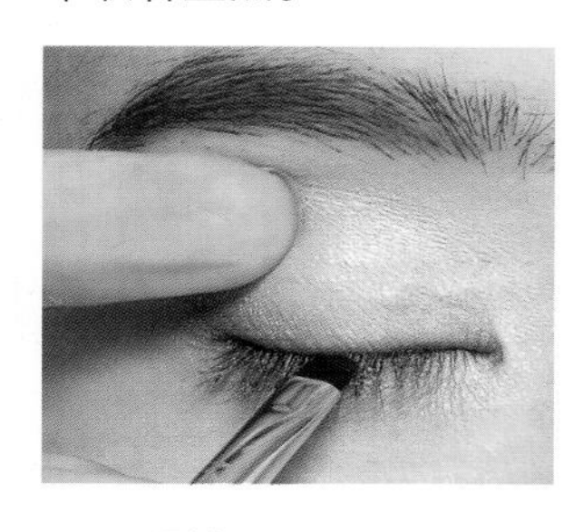

7. 眼线

以黑色眼线胶填满眼睑部位画出细细的眼线。

8. 睫毛膏

用睫毛夹多夹几次，再刷上含防水功能的黑色睫毛膏，使睫毛看起来丰盈、鲜明。

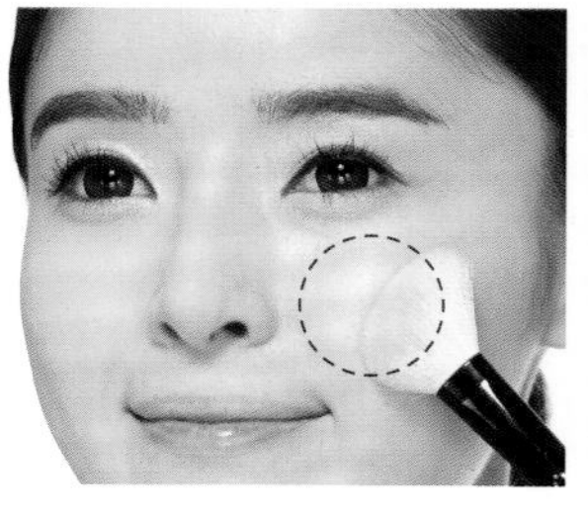

9. 腮红

在微笑时凸起的笑肌部位，刷上浅粉色的腮红。

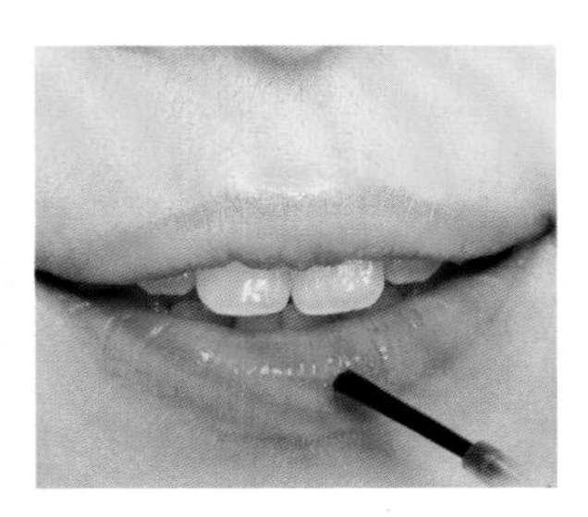

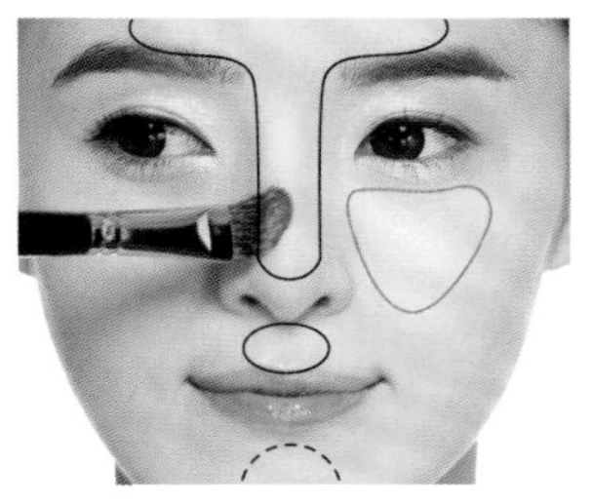

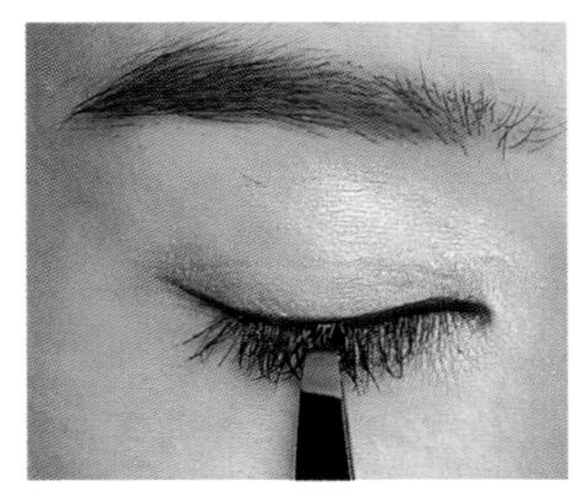

10. 唇露+唇蜜
用自然唇露涂在嘴唇中央，唇露之上再涂抹唇蜜，使嘴唇展现出俏皮有活力的感觉。

11. 提亮
使用珠光不多的象牙色提亮产品在T字区、鼻梁、人中、下巴位置提亮。

12. 假睫毛
将假睫毛仔细地粘贴在睫毛缝隙中。

小窍门

让蓝色眼影效果加倍的3个技巧

1. 下眼影搭配其他颜色

画蓝色系眼妆时，如果连下眼影也用蓝色眼影的话，会使眼睛看起来充满血丝、很疲倦的样子。下眼影用接近肤色的米色或浅粉红色为佳，这样就可以将无倦容、不厚重的缤纷彩妆表现得淋漓尽致。

2.腮红颜色要浅

选择蓝色作为重点眼妆，腮红应选用亮粉色或者桃杏色。如果选择太浓或太重的颜色看起来会有80年代的俗气感哦！

3.可与其他缤纷色彩调和

如果只用蓝色作为眼妆唯一色彩感觉到有负担的话，建议与能创造出神秘氛围的浅黄色、浅粉红色等一起搭配，或做烟熏妆效也不错，这样就能完成充满华丽氛围的妆容。

春季缤纷彩妆完成！

赋予超强清凉感

蓝色重点彩妆

在时尚界或美妆界每季都会有一个流行主色，但是对于炎热的夏天来说，这个“绝对颜色”一定是蓝色，许多名牌的夏季系列一定有蓝色单品的原因也在于此。蓝色重点彩妆是以象征清凉海水的蓝色眼线作为彩妆重点，呈现充满神秘感且具凉爽感的妆感。今年夏季，当你感受到炽热的阳光时，不妨以蓝色眼妆来赋予清凉感吧！

主题色彩	妆容重点	应用建议
清爽的蓝色眼线。	将具神秘感的蓝色眼线干净简洁地呈现出来最为重要。	**场合：**强烈阳光直射下的夏天海边；在梅雨季心情不好，想转换心情时。 **风格：**适合宽遮阳帽、充满女性风情的洋装或海滩服饰。

化妆工具	选择要点
· 眉彩 Kiss Me–Heavy Rotation 眼影&鼻影 #02 Light Brown	
· 眼影 妙巴黎–随你拉俏眼影碟#03 香槟橘 Espoir–Eyeshodaw#Ginger Bread	· 眼影 选择含自然珠光的象牙色眼影。
· 眼线 Make Up Forever–迈阿密超模防水眼线液#Blue Artdeco–High Precision Liquid Liner #03 Brown	· 眼线 选择颜色鲜明的、具有防水功能的蓝色眼线笔。 · 下眼影 选择不含红光的白金色调提亮用眼影。
· 睫毛膏 Giorgio Armani–决战时尚全能睫毛膏#黑 · 腮红 植村秀–炫彩双色腮红#热吻橘 · 唇彩 Espoir–Lipstick Nowear Touch #I Do I Do · 打亮 M.A.C–柔矿迷光炫彩饼 #Light	· 唇彩 选择含橘色调、没有珠光的杏桃色唇膏。

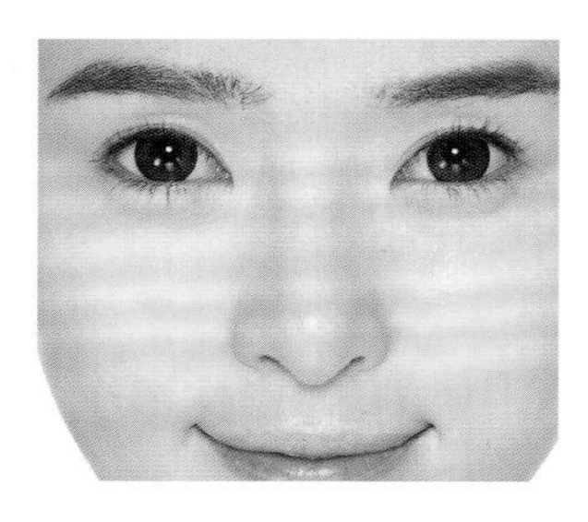

1. 打底

夏天化妆要格外留心防晒，从饰底到粉底必须选用SPF30以上的产品，仔细擦在脸上。

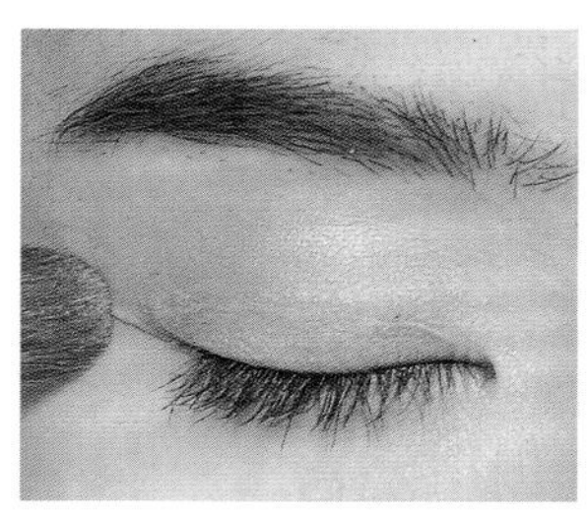

2. 眼影

以浅粉色调的眼影涂满整个眼窝部位。

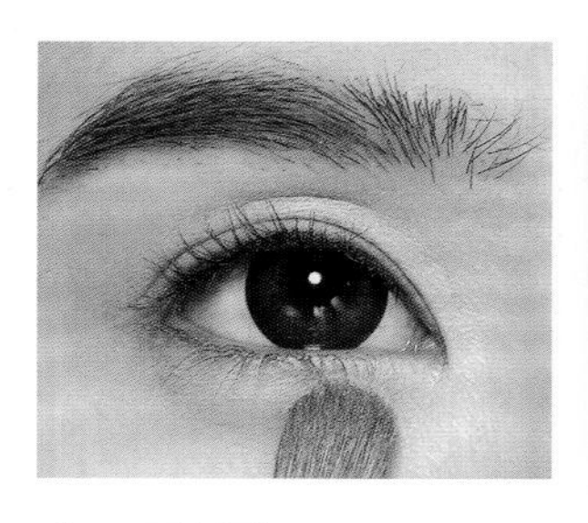

3. 下眼影

用相同颜色的眼影刷在眼睛下方的卧蚕部位。

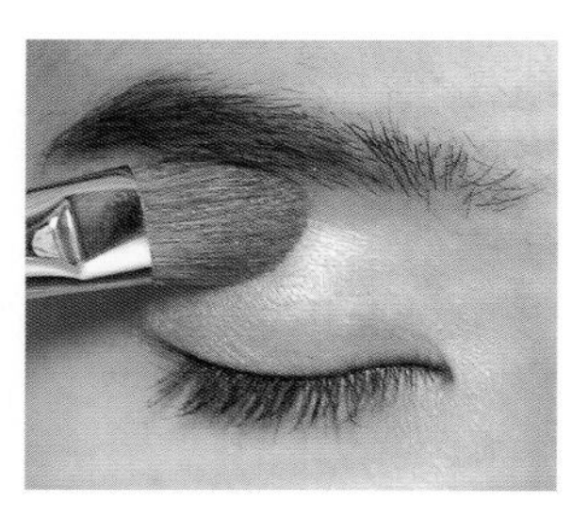

4. 中央提亮

用带珠光的象牙色眼影在眼皮上方部位进行提亮。

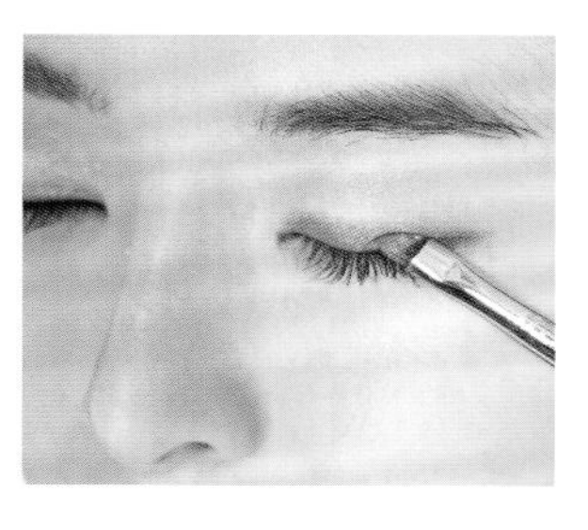

5. 色彩感眼线

用刷子蘸取防水型的蓝色眼影霜，粗粗地画出眼线。

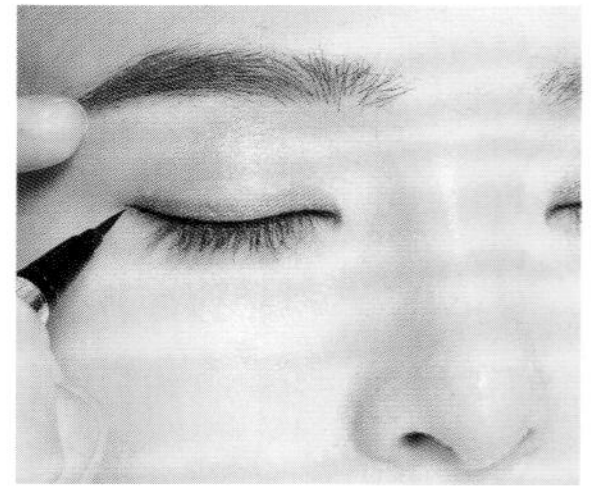

6. 眼线

用防水眼线液填满睫毛根部，让眼睛更加清晰明亮。

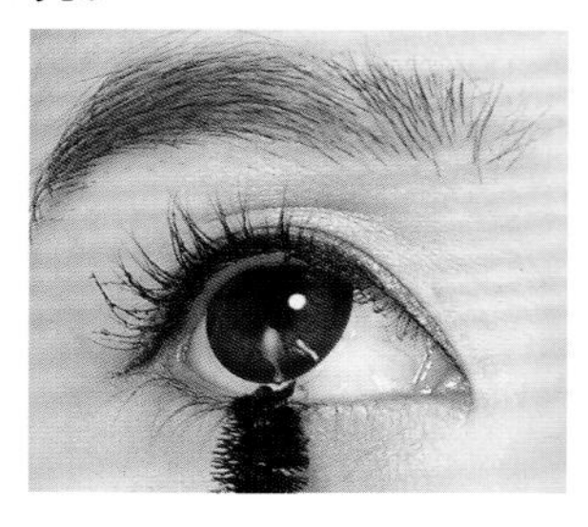

7. 睫毛膏

用睫毛夹分多次夹，上下睫毛都要用超强防水睫毛膏，让眼睛更深邃。

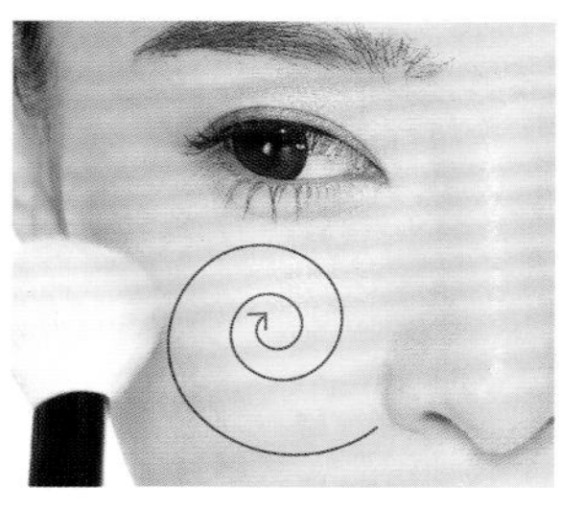

8. 腮红

用浅粉色腮红轻轻地以画圆的方式刷在脸颊上。

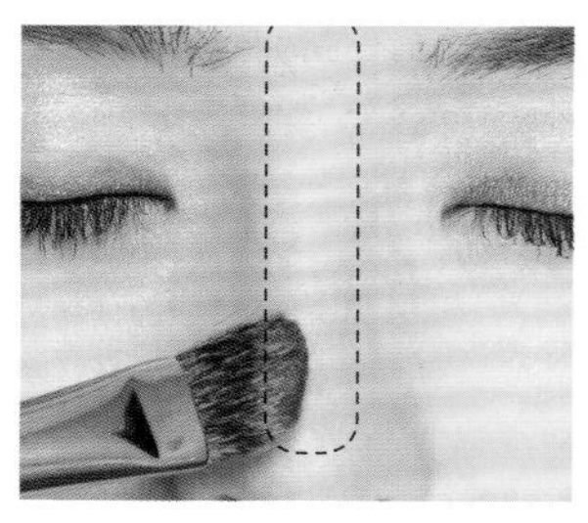

9. 提亮

用含微量珠光的象牙提亮产品在T区、人中、下巴部分进行提亮。

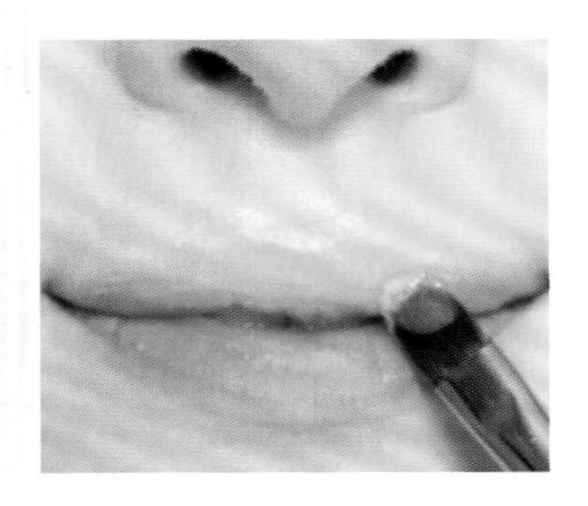

10. 唇膏

用唇刷蘸取浅粉色唇膏薄薄地涂抹在嘴唇上，用唇蜜在嘴唇中间再涂上一层，增添水润感。

蓝色重点彩妆完成！

小窍门

展现完美夏季妆容的4项法则

1. 底妆要尽可能轻盈

夏季底妆的重点就是要轻薄且通透，先简单用化妆水调理肤况，然后涂抹上清爽的精华液，再涂上质地轻盈的保湿霜就可以了。

2. 一定要使用SPF30以上的产品

建议所有底妆都换成具隔离紫外线功能的产品，最好连饰底乳、粉底都使用SPF30以上的产品。尽可能薄薄地涂，创造干净清爽的底妆。

3. 维持夏季干爽妆感的最佳功臣是蜜粉

汗水或皮脂分泌过多容易导致脱妆，蜜粉能控制晕染状况并帮助妆感更持久。所以夏季最不能错过的单品就是蜜粉。选择细腻的蜜粉，在脸部轮廓和T区部位仔细地涂抹。

4. 选择防水抗汗功效明显的产品

如果汗水和皮脂分泌旺盛，最好使用防水和抗汗产品。使用防水产品前，要先在眼窝和眼下仔细拍上蜜粉。就算是防水产品，也要在干爽不黏腻的状态下使用，才能让防水功能发挥到最大。

浓郁且隐约的诱惑

大地色系彩妆

微凉的秋风与轻松的爵士音乐，让人联想到秋天，秋天特别容易激发人的感性与诗意。有别于夏日强烈的彩妆，完成和煦的秋日彩妆，就能让你轻松变身为有情调的女人。这是一款由闪耀着光泽的卡其咖啡色、具有落叶光彩的黄褐色、充满女性气息的象牙色所交织成的大地色系彩妆。充满气氛的晚秋，让我们一起变身比夏日更优雅的秋日女性吧！

主题色彩	妆容重点	应用建议
咖啡色。	重点是卡其色和咖啡色的组合，并将眼线自然地往下拉。	**场合：**秋天，想坐在窗边喝一杯温暖的茶时；想表现优雅和成熟美时。 **风格：**避免饱和鲜艳的色彩与夸张银饰，请挑选大地色系的服装与金色饰品。

化妆工具	选择要点
· 眉彩 M.A.C–时尚焦点小眼影#Sofa M.A.C–持色眉笔#Deep Brunette 恋爱魔镜–焦糖魔法眉睫两用膏 #BR555	· 眉彩 选择眉笔的时候，含油脂成分不多的比较好；比起又滑又显色的眉笔，选择用起来像铅笔一般质感的产品比较好。
· 眼影 Artdeco–Eyeshadow Base Lunasol–四色眼影 自然褐色 Espoir–Eyeshodaw#Ginger Bread	· 眼影 选择无红光的咖啡色眼影。 选择有珠光的金色打底眼影。
· 眼线 CLIO #Dark Choco	
· 睫毛膏 Artdeco#Black	
· 假睫毛 Eyemi–S30秒假睫毛	
· 修容 M.A.C–柔矿迷光炫彩饼#Deep	
· 腮红 NARS–炫色腮红#Orgasm	· 腮红 选择有珠光的金色腮红或者带金色调的橘色腮红。
· 提亮 M.A.C–柔矿迷光炫彩饼#Soft And Gentle	
· 唇彩 Artdeco–Perfect Colour Lipstick #27 M.A.C–丝亮釉彩唇膏 #Hue	· 唇彩 选择没有珠光的裸色调唇膏。

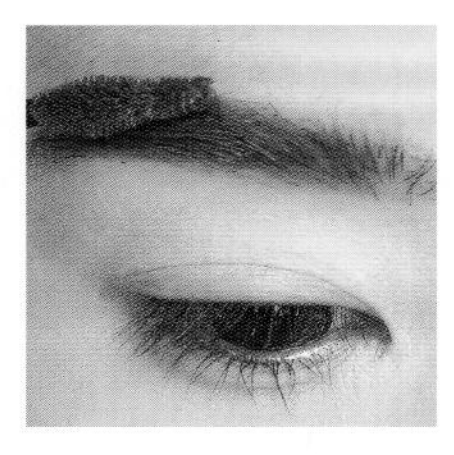

1. 眉彩
用咖啡色染眉膏顺着眉毛方向刷，创造出自然的线条。

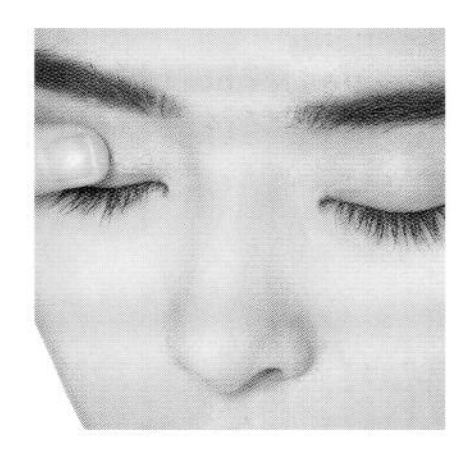

2. 眼影打底①
为提升眼影的服帖度，用中指指腹蘸取霜状的眼影涂满整个眼窝。

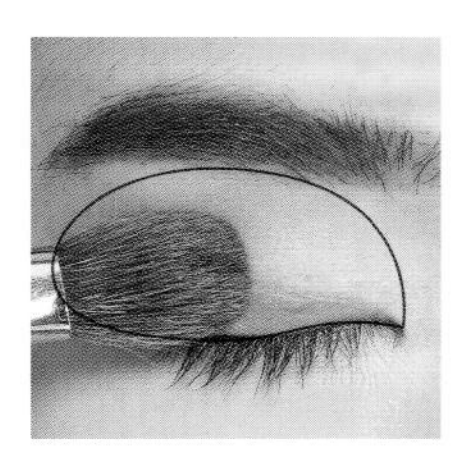

3. 眼影打底②
用自然的浅咖啡色眼影薄薄地刷在眼窝上。

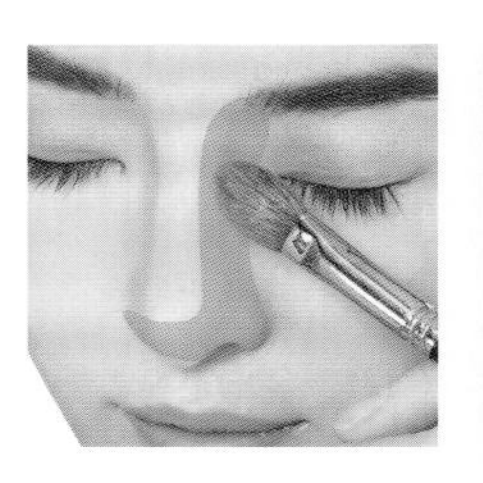

4. 鼻影
将不带红光和珠光的咖啡色眼影来制造阴影。由鼻梁顺着轻轻刷下来，非常自然。

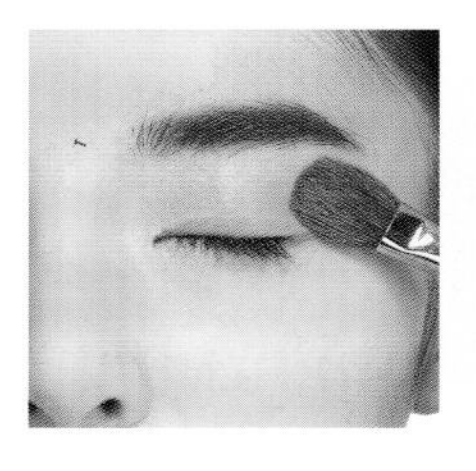

5. 眼影
用柔软的粉刷蘸取带珠光的浅咖啡色眼影刷在眼窝上，能创造自然的渐层感。

6. 眼线
用咖啡色眼线笔画眼线，眼尾稍微向后拉长，顺着眼睛方向自然下拉。

7. 下眼线
用同样的眼线笔在眼睛后方2/3的位置描绘下眼线，不要太粗。

8. 重点眼影
用深咖啡色眼影刷在眼线上来增添深邃感，越往眼尾部分要画得越粗。

9. 重点下眼影
用相同颜色眼影，将眼睛下方与上眼影联结的地方自然框起并填满。

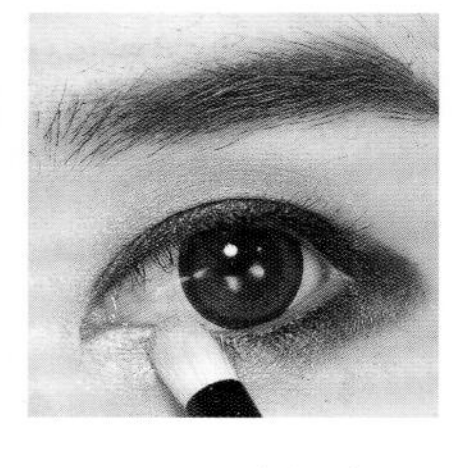

10. 眼头打亮
将不含珠光的象牙白眼影刷在眼头与眼睛下方，粗细为3~5毫米。

11. 睫毛膏
用睫毛夹将睫毛夹翘后，根根分明地刷上睫毛膏，使睫毛看起来纤长又丰盈。

12. 粘上假睫毛
将假睫毛裁成2~3毫米小段，在眼头后4毫米到眼尾前5毫米位置贴近根部进行粘贴。

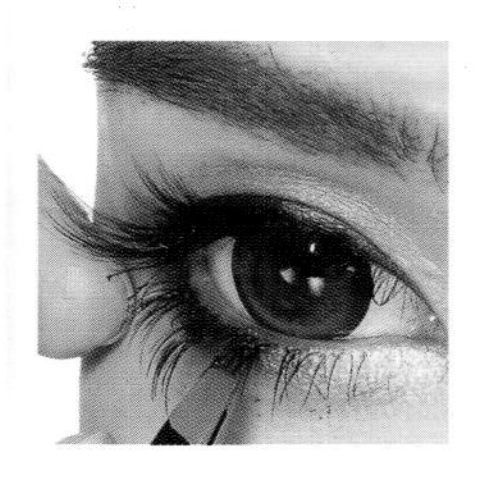

13. 粘下睫毛

裁成和上睫毛一样的长度，将假睫毛自然地粘在眼睛下面的后方位置。

14. 修容

使用咖啡色修容产品，从颧骨上方沿着脸部轮廓轻轻扫过。稍微修饰脸部轮廓即可，不要下手太重。

15. 腮红

用蜜桃色调的腮红，从颧骨旁边往嘴角轻轻带过，让修容的部分与腮红自然连接起来。

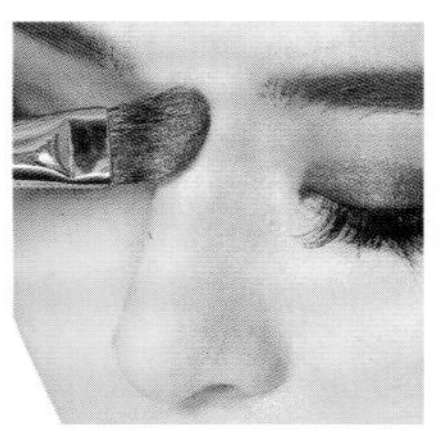

16. 提亮

使用无珠光的象牙色提亮产品提亮T字区、人中、下巴位置。

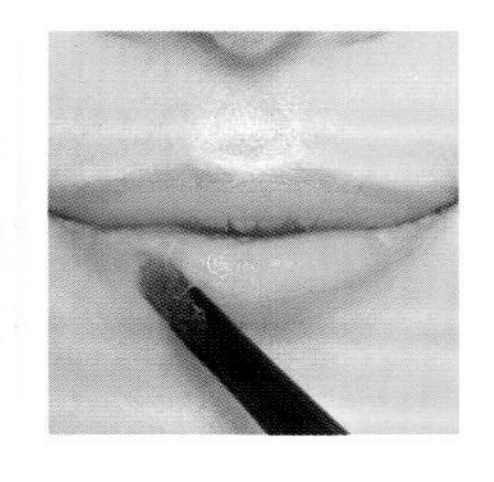

17. 唇膏

混合咖啡色和裸色唇膏创造出浅浅的咖啡色唇彩，薄薄地刷上双唇。

温馨提示

I 在干燥的季节，特别是秋冬，眼妆无法服帖或容易产生粉感的情况下，可以先使用霜状的眼影打底，有助提升后续眼妆的服帖度。

冰凉却带有隐约魅力

金色金属美妆

寒冷的冬天夜晚，天空中的星光格外闪耀。若想将这种闪耀表现在脸上，必须借助亮粉的力量。虽然，冬天带有冷调的金属妆感和夏天的妆容很类似，像玻璃珠一般有光泽的皮肤、鲜明的眼神、银色金属光泽，这些元素调和出的形象会让人联想到冰雪公主。但另一方面，却又散发着像雪花般温柔、隐约的魅力，能同时表现这极端差异的魅力彩妆，就是金色金属彩妆。

主题色彩	妆容重点	应用建议
银色和浅金色眼影，裸色唇膏。	金属色的显色力最重要。想显现出想要的颜色时，一定要重复涂抹按压，直到显色为止。	**场合：**想在年终晚会上成为女王时；想在滑雪场上得到瞩目时。 **风格：**搭配柔软的白色毛衣、白色皮草或棉外套。

化妆工具	选择要点
· 眉彩 M.A.C–时尚焦点小眼影 · 染眉膏 恋爱魔镜–焦糖魔法眉睫两用膏 #BR555	· 眼部打底 选择珠光不多的接近肤色的米色霜状产品。
· 眼部打底 Lunasol–眼采底霜N#01 · 底色 RMK–经典眼影#02 Shiny Gold	· 眼影打底 选择带有隐约珠光、服帖度和显色度俱佳的。
· 中间眼影 Dior–幻彩五色眼影#254 巴黎耀蓝	· 中间眼影 选择银色很明显的银色眼影。
· 下眼影 RMK–经典眼影 #Silver	· 下眼影 选择珠光粒子略大的银色眼影。
· 重点眼影 Bobbi Brown–微煦眼影 · 眼线Makeon– #卡其	· 重点眼影 选择没有珠光且不含红光的深咖色眼影。
· 下眼线 Espoir–#Sun Blonde(前) CLIO–#Metailc Silver (后) · 睫毛膏 恋爱魔镜–魅惑光感#BK999 · 假睫毛 Special–30号 单个	· 下眼线 选择霜状金色调和银白色眼线笔。
· 提亮M.A.C–柔矿炫光迷彩饼 · 修容 M.A.C–柔矿炫光迷彩饼 #Dark	· 提亮 选择米白色调、带有裸色珠光的产品提亮。
· 腮红 M.A.C–#Love Joy	· 腮红 选择不含红光的褐色腮红比较好。
· 唇膏 M.A.C–冰淇淋唇膏	· 唇膏 选择没有珠光的裸色唇膏比较好。

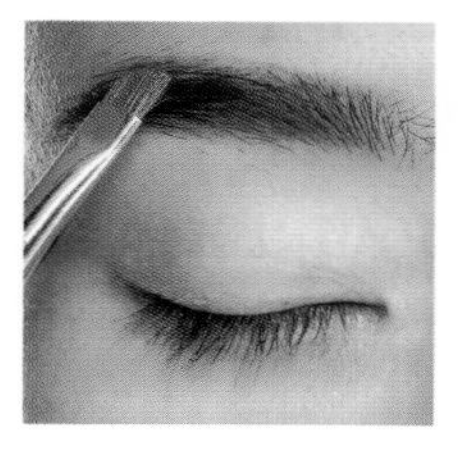

1. 眉粉

用眉刷蘸取眉粉，仔细地填满眉毛空隙，整理出干净的线条。

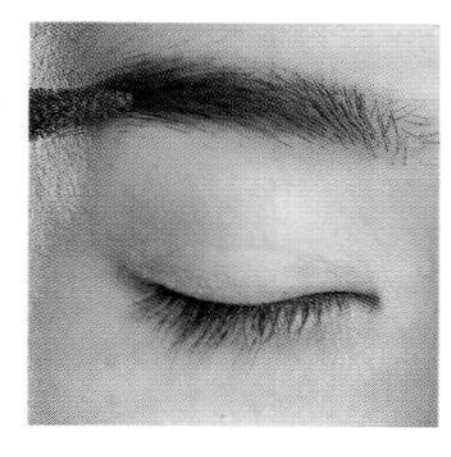

2. 染眉膏

用咖啡色染眉膏一边将眉毛刷顺，同时给眉毛上咖啡色。

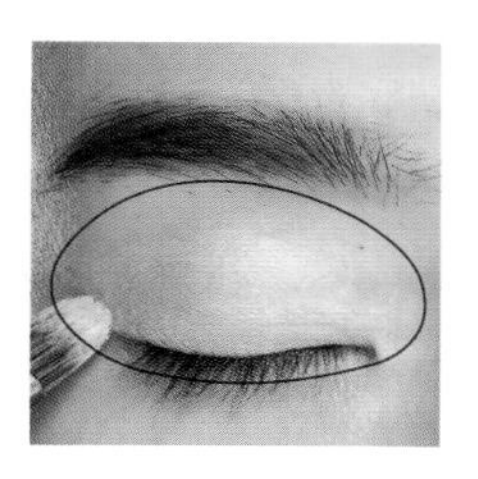

3. 眼影打底①

眼窝涂上打底的眼影，在干燥的冬天可提升眼周润泽感及眼影的服帖度。

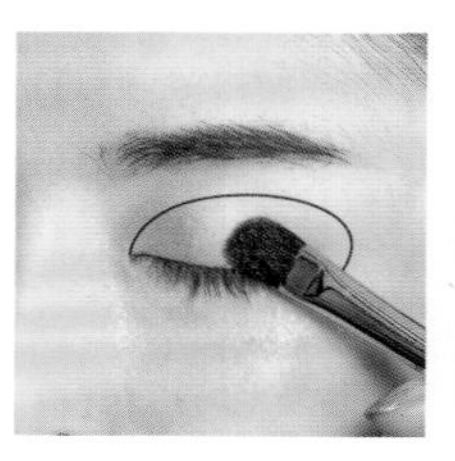

4. 眼影打底②

在眼窝大范围涂上金色眼影打底。

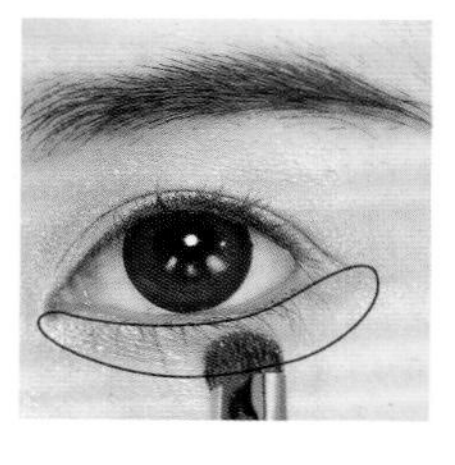

5. 下眼影①

选用相同的眼影颜色画下眼影，与上眼影连接起来。

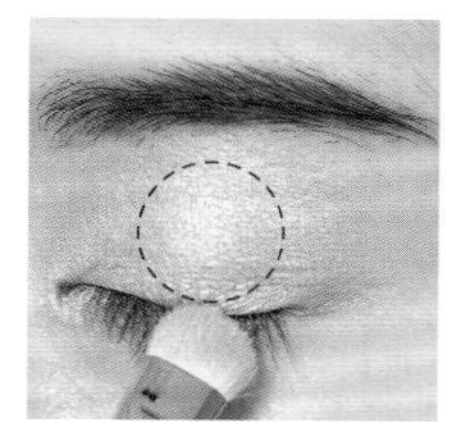

6. 中间眼影

用带珠光的并且闪耀的银色眼影，以眼窝中央为主，自然推匀在眼皮上。

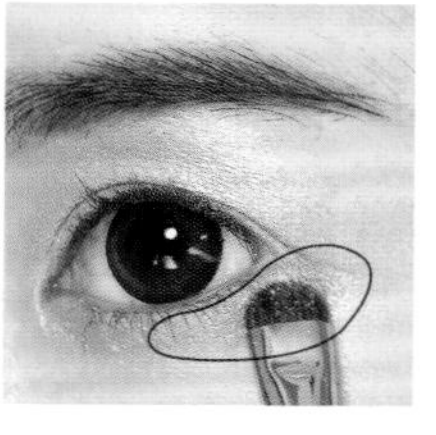

7. 下眼影②

使用相同的下眼影，将眼周下方分成3等份，画在后1/3的位置，自然与上面连接。

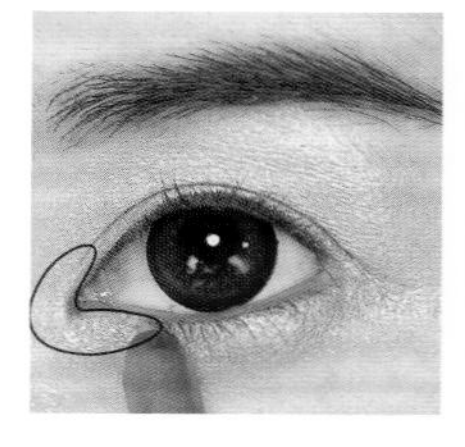

8. 眼头提亮

使用浅金色调的眼线胶笔提亮眼头，作为重点。

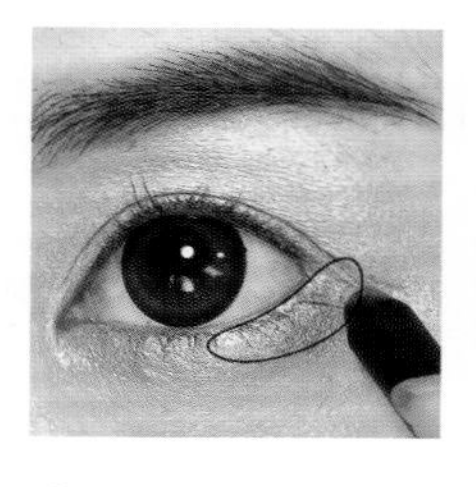

9. 后面重点

使用更强烈一点的银色眼影笔描绘在下眼影后方，将之连接起来。

10. 眼线

用咖啡色眼线胶笔，画粗约1毫米的眼线，眼尾部分不要太长，顺着眼睛自然描绘。

11. 睫毛膏

用睫毛夹多夹几次，上下各刷上2次睫毛膏，重点在刷出鲜明卷翘的睫毛。

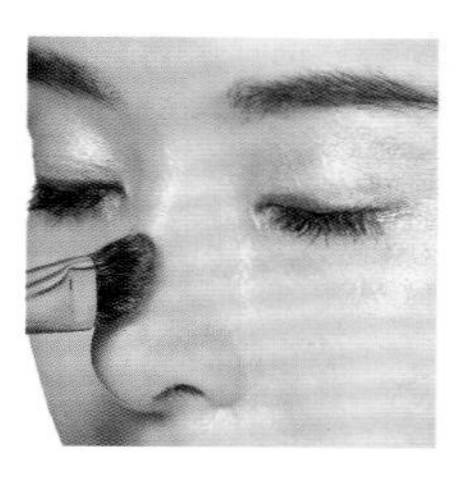

12. 提亮

用稍带隐约珠光的提亮产品在鼻梁、人中、眼周的外双C位置添加光泽。

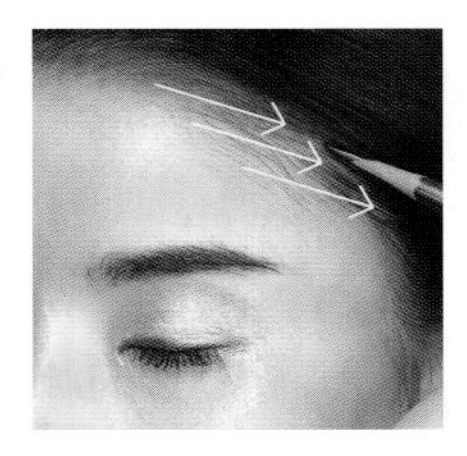

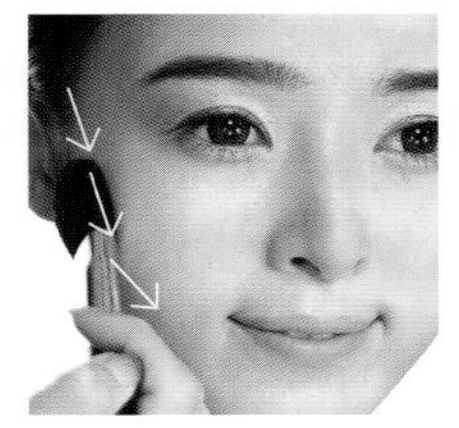

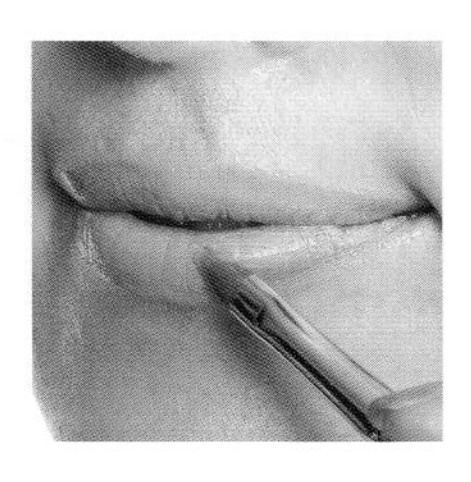

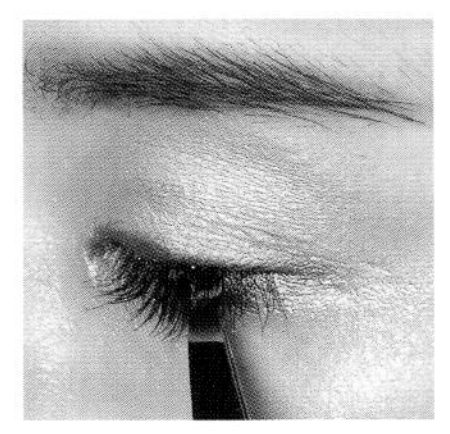

13. 发际线

使用专门填充发际线的产品或者深色眉笔，将额头上发际线空缺的地方补满。

14. 腮红&修容

用咖啡色的修容产品沿着脸部轮廓轻轻扫过。使用刷具蘸取腮红，从颧骨往唇周方向刷。

15. 唇膏

用裸色调唇膏薄薄地刷在嘴唇上。

16. 局部假睫毛

用修剪过的假睫毛贴在眼睛中间位置。只贴在睫毛生长的位置，能产生眼睛自然放大的感觉。

小窍门

一定要知道！金属美妆的3大注意事项

1. 从干燥的眼角肌肤开始解决

金属美妆是冬天的指标性彩妆，但是对干燥的眼角肌肤却是危机，不只显色度会下降，飞粉的情形也会很严重。所以，上眼影前一定要先涂上滋润的眼影底膏或直接使用霜状产品。

2. 眼周细纹容易变明显

眼周细纹多的人，一定要尝试的话，建议以金属光眼线作为重点，像金色、银色不会太突显皱纹，是大家可以运用在金属彩妆上的颜色。

3. 化完眼妆再化底妆

上底妆前可在眼周上大量蜜粉，等眼妆完成后再掸掉，能避免毁掉底妆。缺点是大量蜜粉会使眼周更加干燥，最好的方法是先化眼妆，眼妆完成再来化底妆，就能完美地呈现干净无瑕的妆感。

金色金属美妆完成！

橘色妆容

柔和的橘色唇妆让整体妆容既性感又不失高雅。

作为白皙肌肤上的点睛之笔，唇妆的色彩给人一种成熟的感觉，会让整体的妆容更具魅力，新潮和高雅并存。

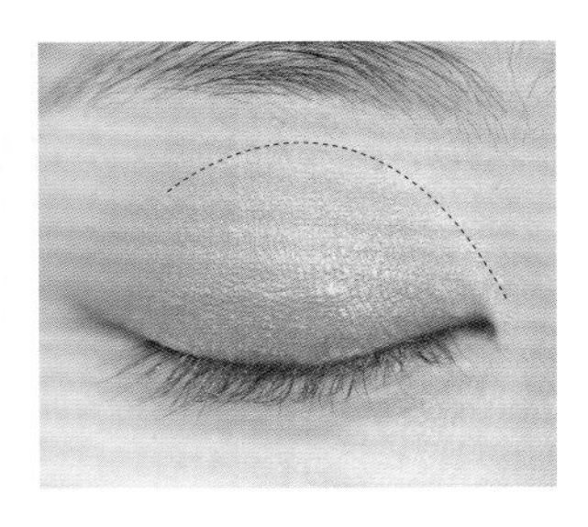

1. 用米黄色眼影在上眼皮打底。以虚线所示的眼窝位置为中心打上眼影，然后将眼影向眼尾方向自然地晕开。

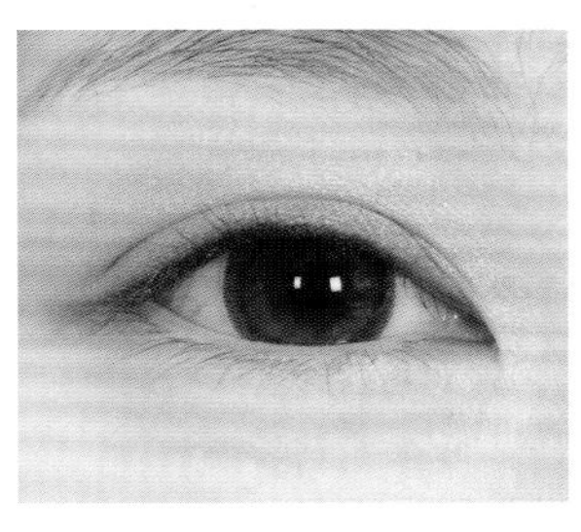

2. 上眼皮使用米黄色眼影打底后睁开眼睛的效果图。

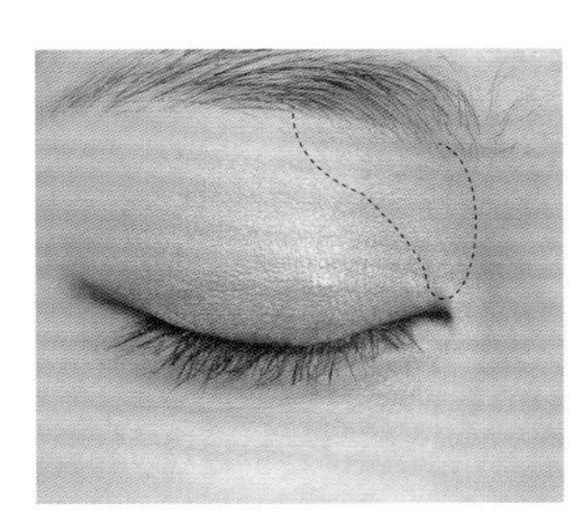

3. 眼窝使用褐色眼影制造出阴影效果。这样眼睛显得更深邃，眼妆也更加柔和。选择不带珠光的浅褐色眼影打在虚线的位置上自然晕染开，制造出阴影效果即可。

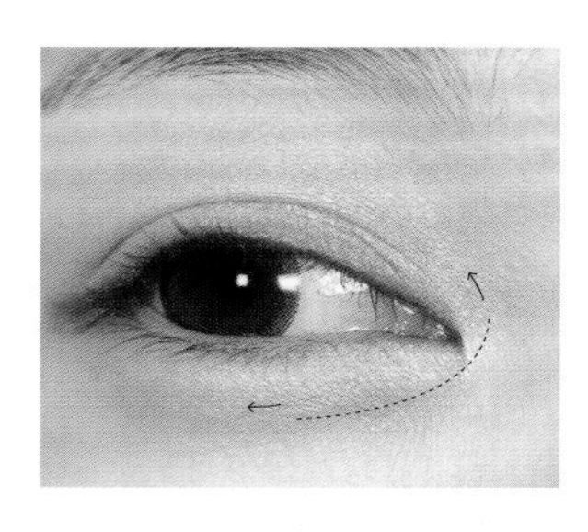

4. 将米黄色眼影打在下眼睑眼窝的位置，注意与上眼睑打底眼影的衔接。打底眼影与上眼皮的色彩自然地融合，整体色彩形成渐变效果。打上眼影之后，沿着箭头方向自然地晕染开。

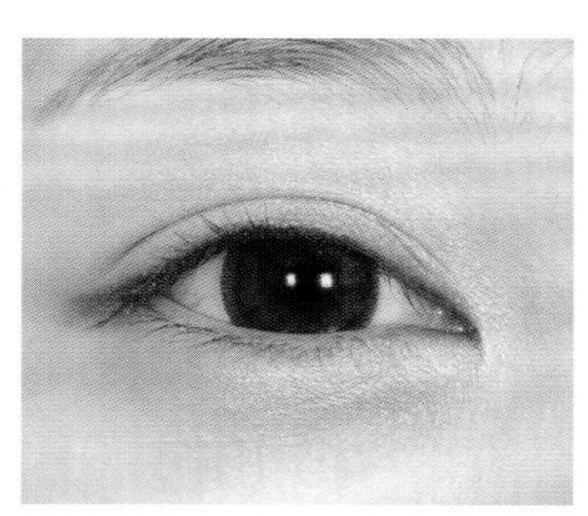

5. 下眼睑眼窝打上打底眼影后的正面效果图。

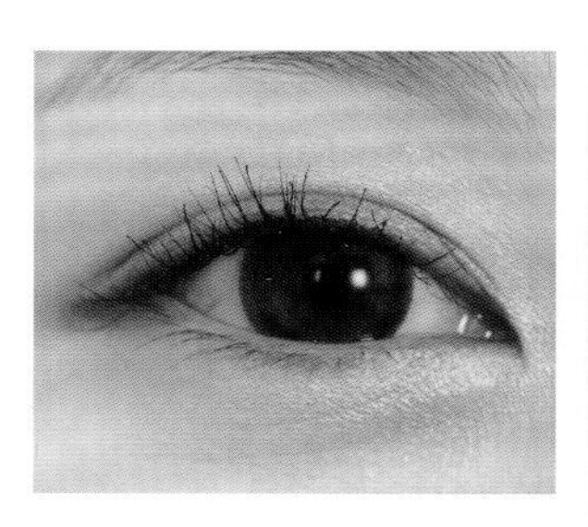

6. 使用睫毛夹夹好睫毛后，刷上睫毛膏。刷睫毛膏时注意重点表现眼部中央到眼尾的妆容效果，这样能够产生更加性感而又时尚的感觉。将下睫毛从中央开始向后刷到眼尾，加强效果。

7. 下睫毛刷上睫毛膏后的效果图，看起来自然清纯。

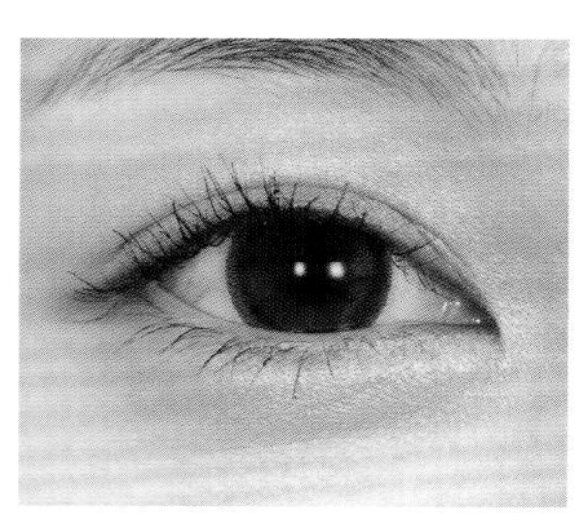

8. 眼睛上下睫毛刷上睫毛膏后从远处看的效果图。

9. 使用褐色眼影打在虚线所示部位的打底眼影上，像画眼线那样柔和地制造出阴影效果。这样即使不画眼线，眼睛也能显得更明亮深邃，神秘而又美丽的眼妆就完成了。

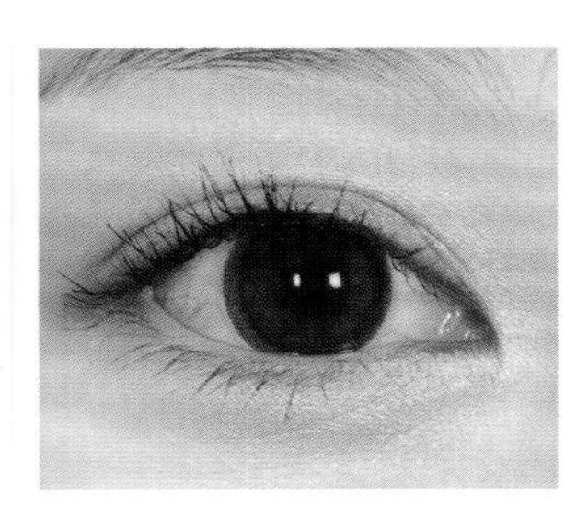

10. 下眼睑使用褐色眼影制造阴影效果后的正面效果图。

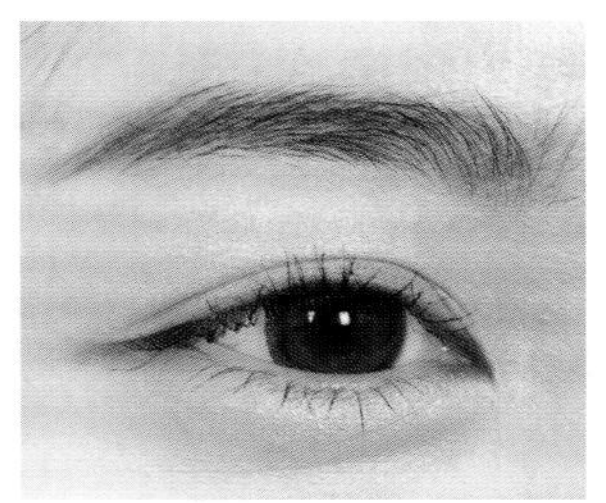

11. 使用灰色和深褐色混合的眉粉画眉，眉毛呈上升形，画出尖细的感觉。稍稍上扬的眉毛能够将妆容表现得更加端庄高雅。由于眉毛的颜色较深，所以画眉时注意不要画太粗。

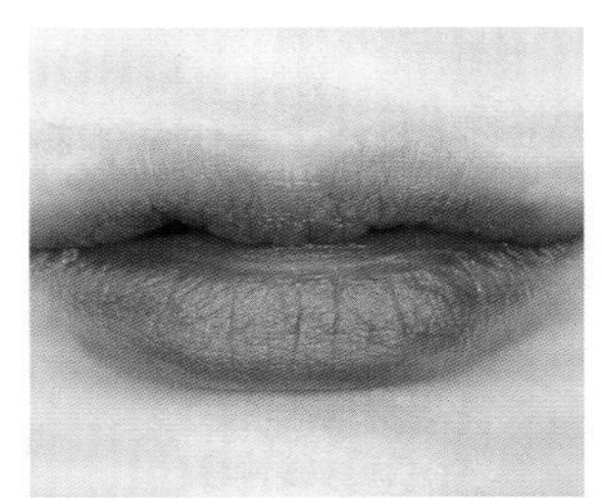

12. 使用色彩鲜明的橘色口红涂在整个唇部。为了更好地表现色彩，可以使用唇刷反复刷上2～3遍。

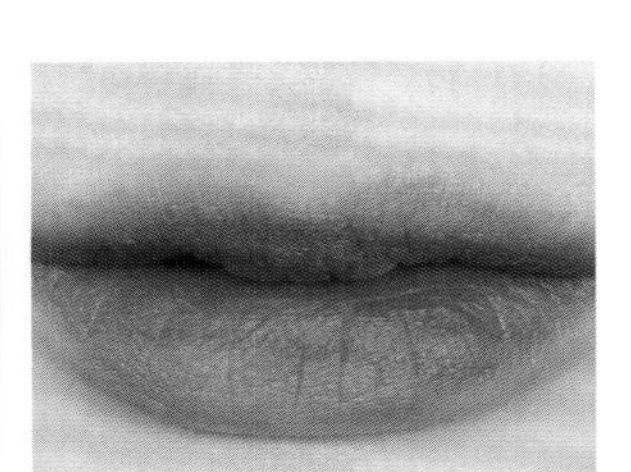

13. 唇部中央再涂一层红色口红。为了保证色彩能够鲜明地表现出来，还需要利用唇刷反复刷2～3遍。橘色和红色自然融合后，再利用透明的蜜粉轻轻地按压唇部，这样干爽柔和的唇妆就完成了。

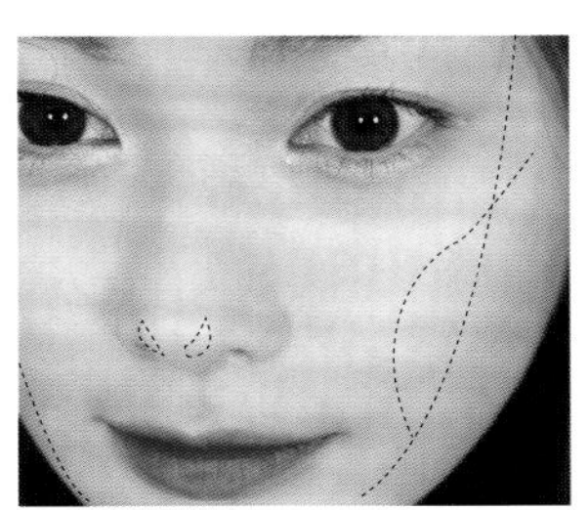

14. 在黑色虚线位置上打上阴影和腮红，这时如果色彩太强，会显得很憔悴，所以阴影刷隐约地在面部周边滑过就可以了。打上阴影后，在鼻头两侧打上鼻影粉，这样就更具时尚的感觉了。

紫色妆容

将紫色作为妆容的重点色彩，可以让整体妆容在神秘的同时，又透出女人味。

这样的妆容很适合与冬季皮毛材质的服装或较厚的外套搭配。

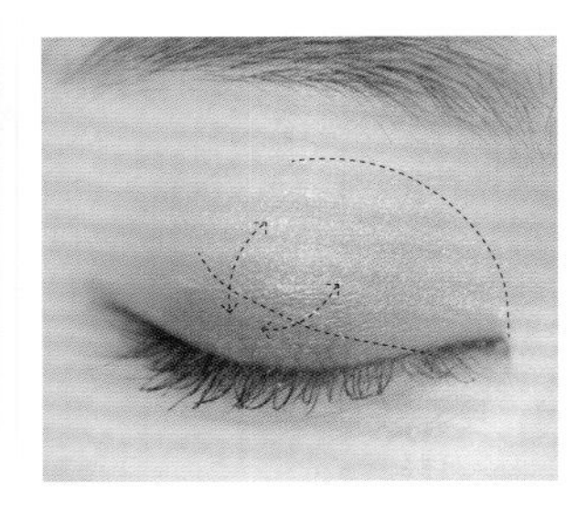

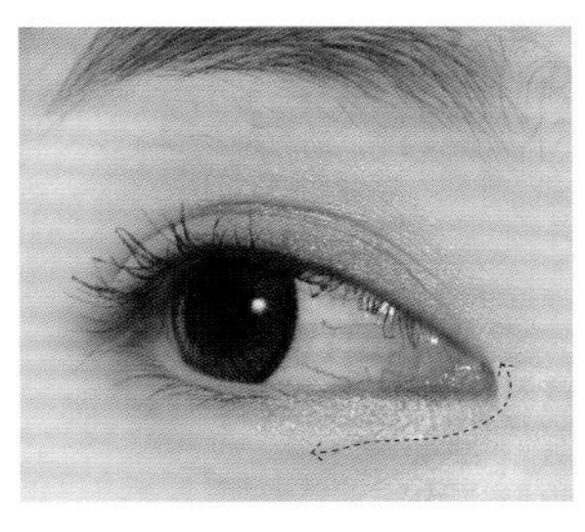

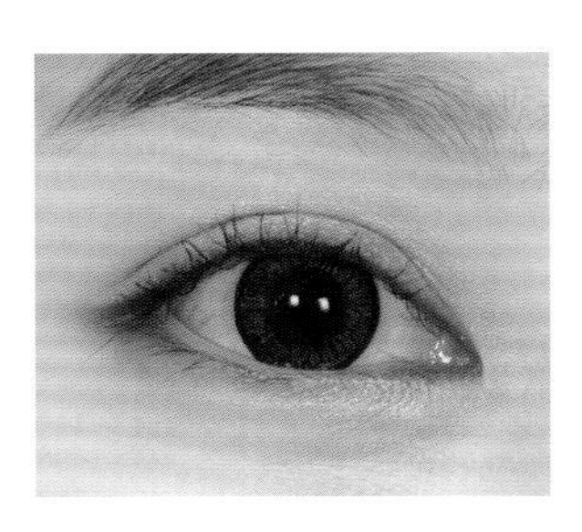

1. 虚线位置隐隐地刷一层金色眼影打底。打底眼影从眼窝开始打在双眼皮线上。虚线位置内打上眼影后，将眼影刷上残余的产品沿着箭头方向自然地晕开。

2. 将金色眼影刷在下眼睑虚线位置上打底。打底眼影的色彩作为一个重点，要明确地表现出来，然后沿着箭头方向自然地晕开渐变。注意眼窝部位隐约的打底眼影要和上眼皮的眼影自然协调。

3. 下眼睑使用打底眼影后的正面效果图。

紫色眼妆需要较白底妆衬托！

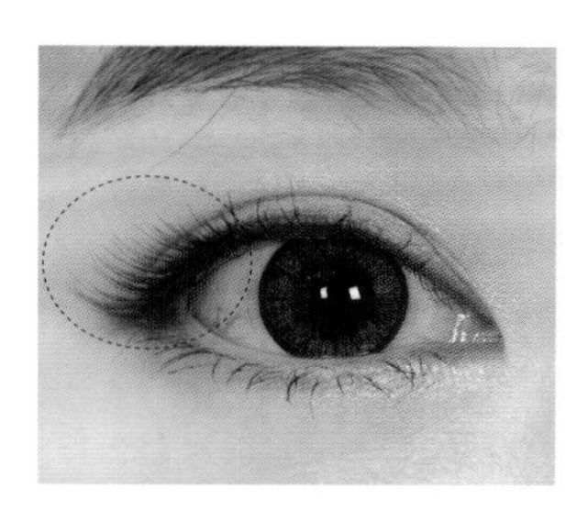

4. 重点强调眼尾的妆容，所以要先贴上假睫毛。眼尾贴上假睫毛后能够制造出性感的感觉，然后刷上睫毛膏。如果使用完整式假睫毛，那么眼妆的色彩感可以画得稍微弱一点。

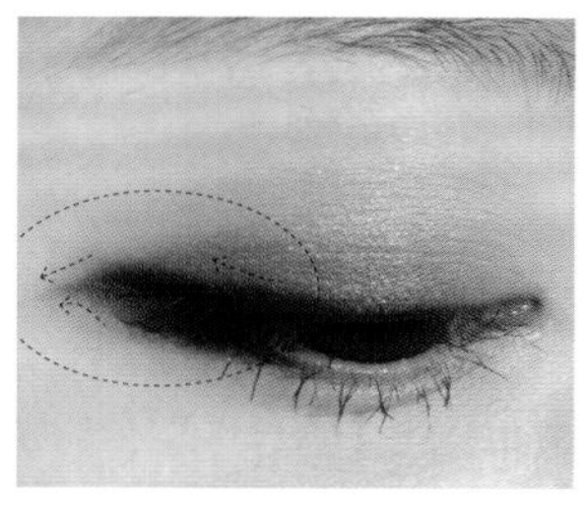

5. 将黑褐色的眼影打在虚线位置画出眼线效果。从眼部中央到眼尾一直向后拉伸，眼尾部位抓住整个眼部轮廓，沿着箭头方向画出眼线。眼尾眼线呈下滑趋势，能够产生睫毛延长的感觉就可以了。

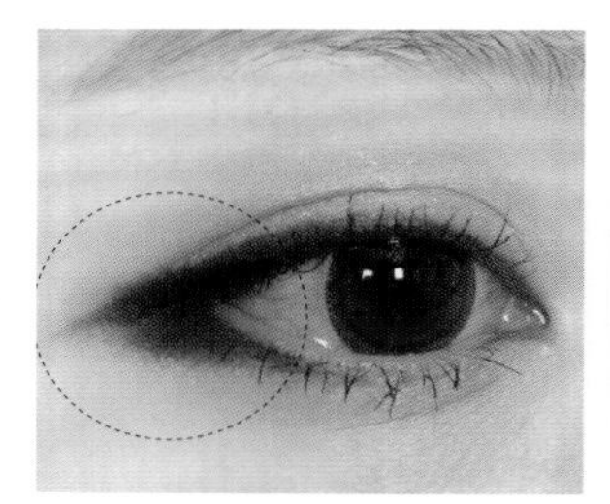

6. 为了和眼尾的眼线相协调，在眼尾部位打上眼影。将黑褐色的眼影打在虚线部位，填满眼尾，沿着眼线的方向向后延伸，注意打眼影的时候要和眼线的感觉协调。

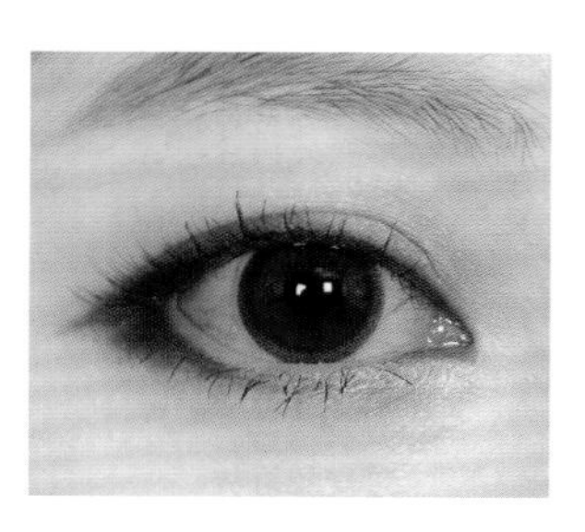

7. 眼尾打上黑褐色眼影后的正面效果图。

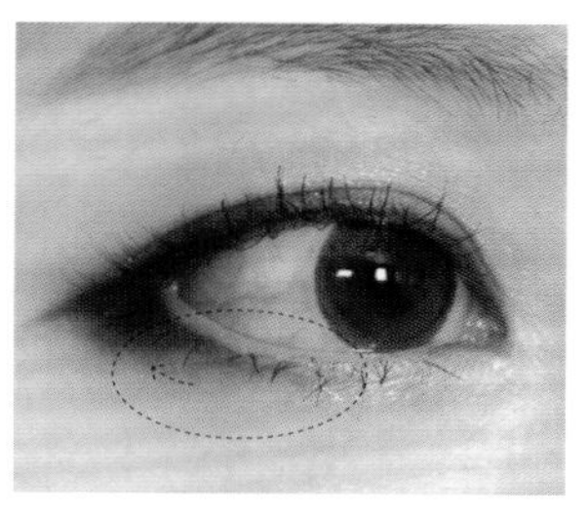

8. 虚线内打上紫色眼影加强。为了能和下眼线自然协调，沿着箭头方向将眼影晕开。紫色的眼影可以选择带有粉色光泽的产品，这样妆容会更加柔和，更具神秘感。注意眼影少量使用就足够了。

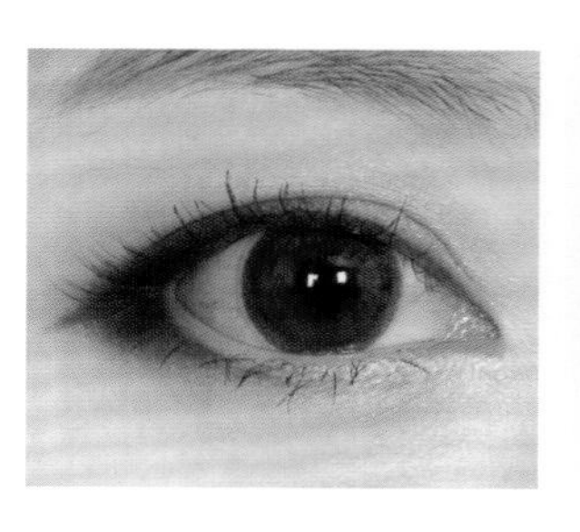

9. 下眼睑打上紫色眼影加强后的正面效果图。

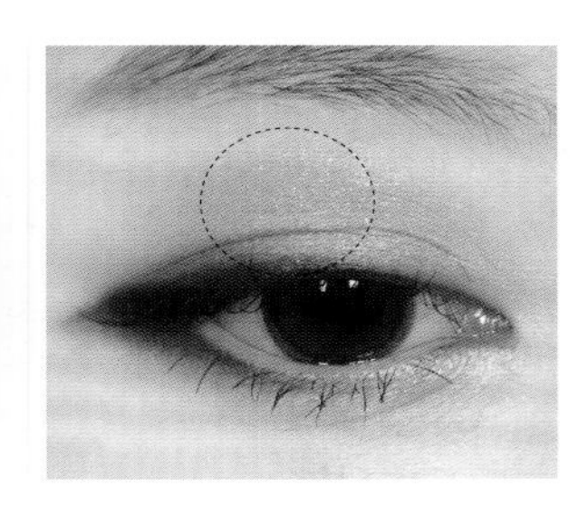

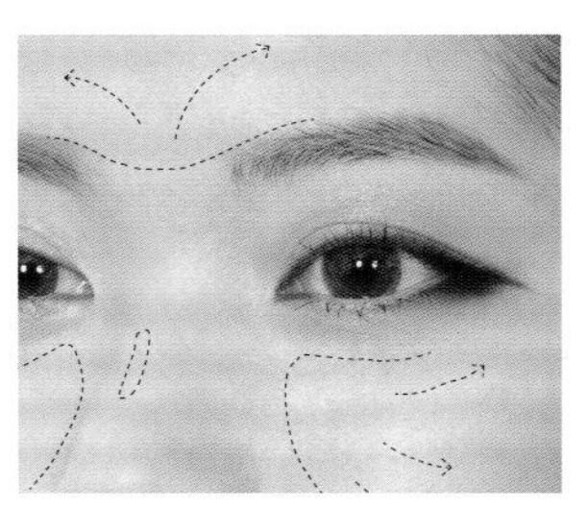

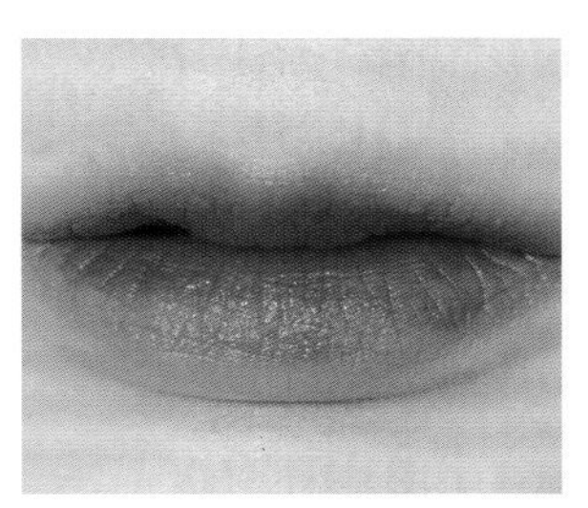

10. 虚线内打上珊瑚红亮粉，增加妆容的华丽感。重点突出珊瑚红亮粉的珠光感，轻轻地将少量亮粉打在上眼皮瞳孔上方的位置就可以了。

11. 在虚线位置打上高光粉，增强面部的立体感。从面部中央沿着箭头方向自然地将高光晕开，这样就可以表现出更加美丽柔和的立体感。

12. 将亮粉色的口红从唇部中央向外侧自然地晕染开。最后用粉扑蘸取少量的粉底轻轻地拍打唇部外侧，让唇妆更加柔和自然。

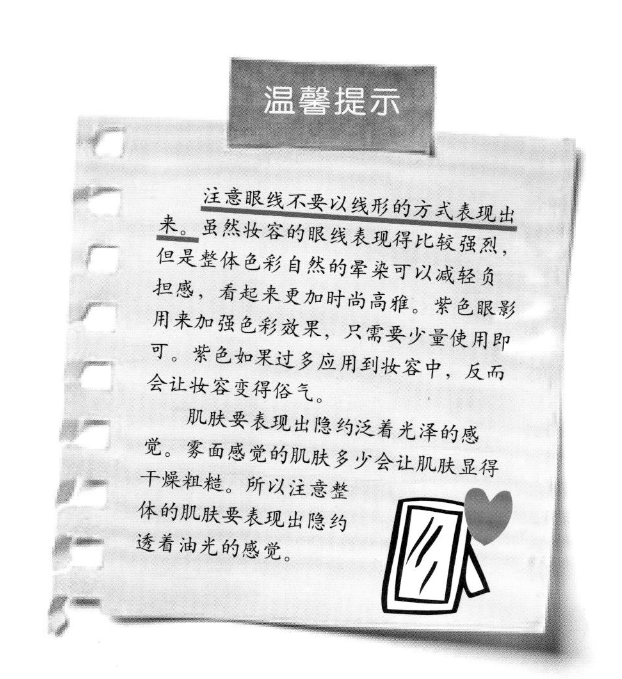

温馨提示

注意眼线不要以线形的方式表现出来。虽然妆容的眼线表现得比较强烈，但是整体色彩自然的晕染可以减轻负担感，看起来更加时尚高雅。紫色眼影用来加强色彩效果，只需要少量使用即可。紫色如果过多应用到妆容中，反而会让妆容变得俗气。

肌肤要表现出隐约泛着光泽的感觉。雾面感觉的肌肤多少会让肌肤显得干燥粗糙。所以注意整体的肌肤要表现出隐约透着油光的感觉。

粉色妆容

褐色和粉色的调和，让妆容更加柔和，女人味十足。
褐色眼妆打造出更加柔和深邃的眼眸，再利用粉色完成腮红和唇妆。
这样可爱而又不失女人味的妆容，不管是谁都很适合。

注意用眼影加强
下眼睑妆容！

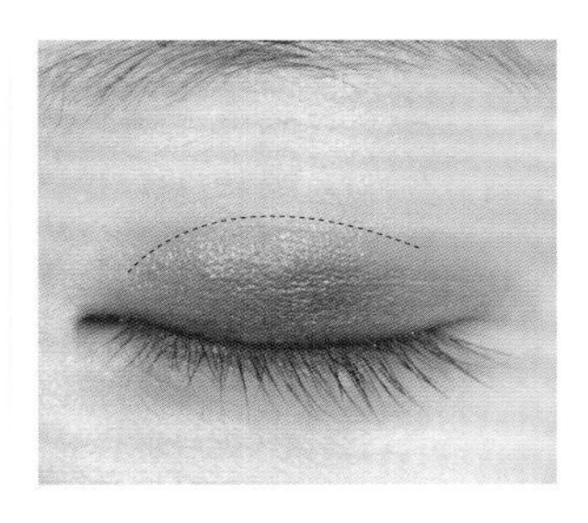

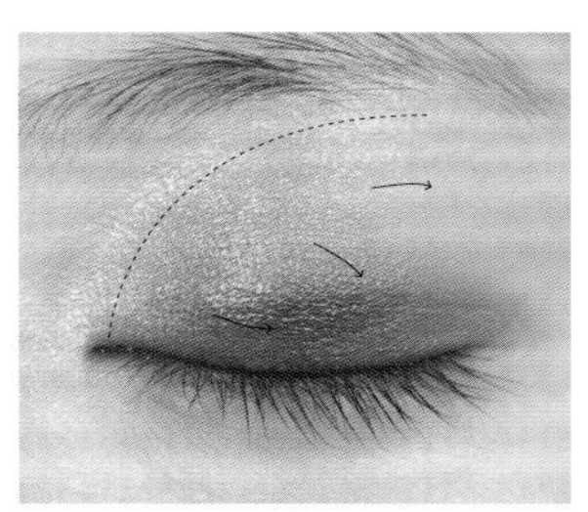

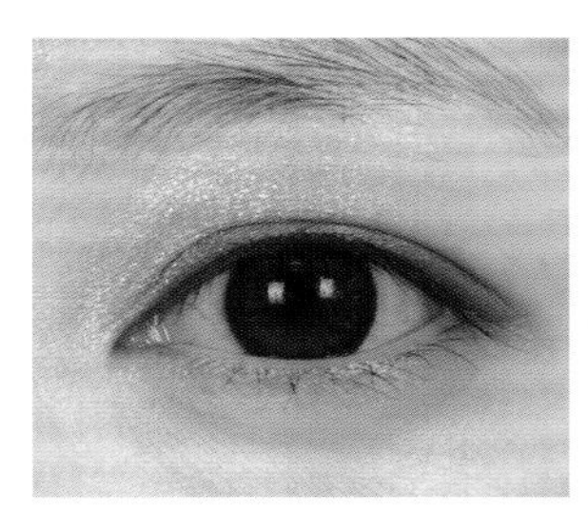

1. 将褐色眼影打在虚线位置上加强色彩效果。加强色眼影打在瞳孔上方中央的位置，然后向两边自然地晕染开。注意加强色眼影不要越过双眼皮线。

2. 在虚线位置打上白色珠光眼影打底。打底眼影选择珠光感较华丽的产品，重点突出眼窝部位的华丽妆容效果。打底眼影从眼部中央开始沿着箭头方向自然地晕开。

3. 白色珠光眼影打底后睁开眼睛的效果图。

注意用眼影加强下眼睑妆容！

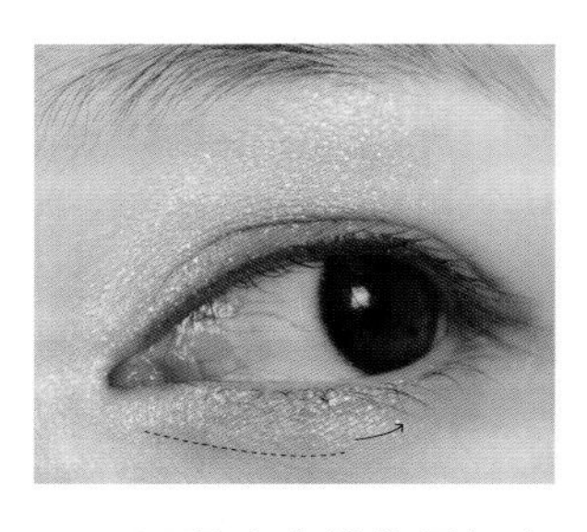

4. 下眼睑虚线位置打上白色珠光眼影打底。与上眼睑一样，注意表现出华丽的妆容效果，突显珠光质感。

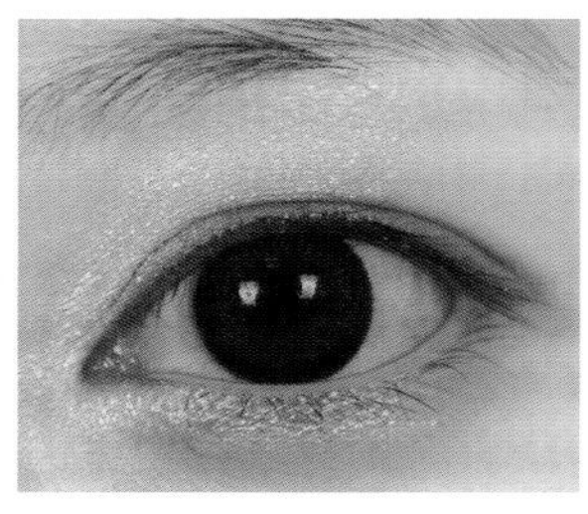

5. 下眼睑打上白色珠光眼影后的正面效果图。

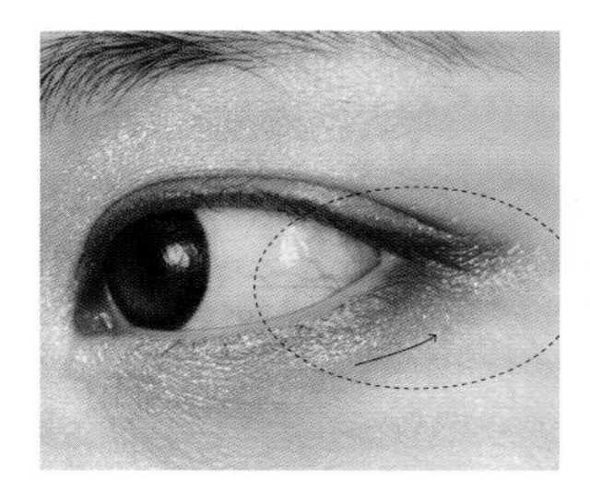

6. 将褐色眼影打在下眼睑加强效果。在虚线内打出三角形的感觉，注意与打底眼影色彩的自然渐变，越往眼尾色彩越深。

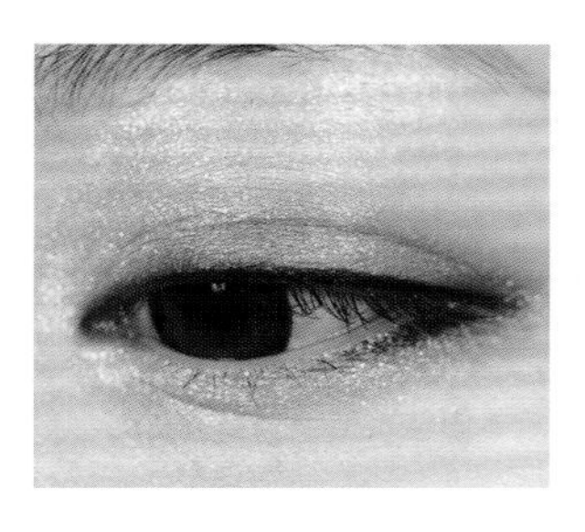

7. 使用黑色眼线笔在睫毛根部画出眼线，注意下眼线也需要画出来。下眼线只需要从眼尾画到瞳孔结束的位置。

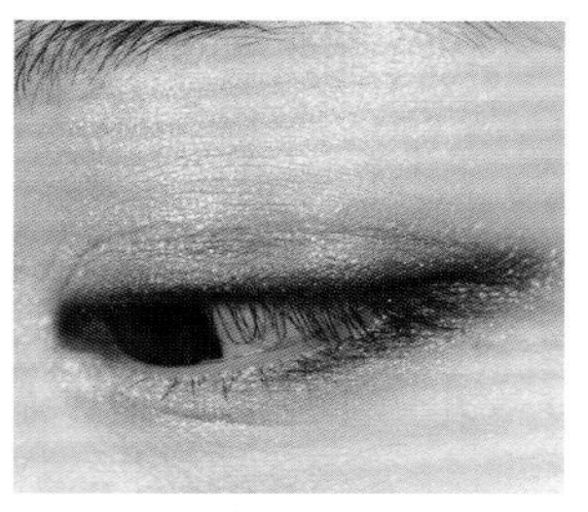

8. 使用眼线刷将眼线柔和地晕开，注意色彩的自然渐变效果。眼线不要晕开太大，在眼线周围1～2毫米的范围内晕开即可。

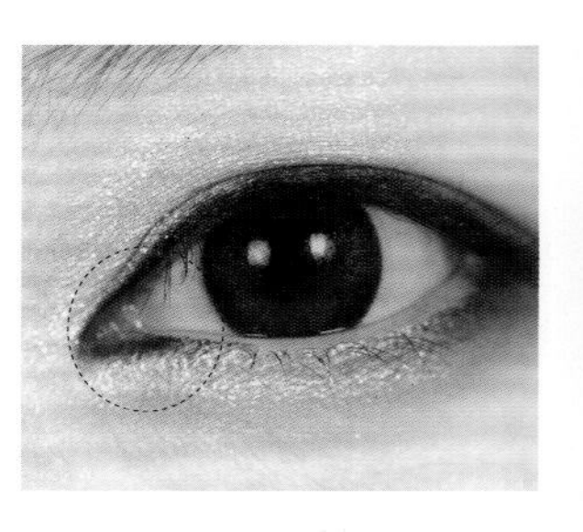

9. 利用黑色眼线笔画出眼窝部位的眼线，要画出开眼角的感觉，让眼妆更加清爽。注意轻轻地描画出眼睑外侧轮廓即可。

10. 使用睫毛夹夹好睫毛，然后贴上假睫毛。由于整体妆容要突显眼妆，所以要加强眼部修饰。假睫毛可选择丰盈浓密而又自然的产品。如果是完整式假睫毛，最好修剪后再贴，这样会更加自然。

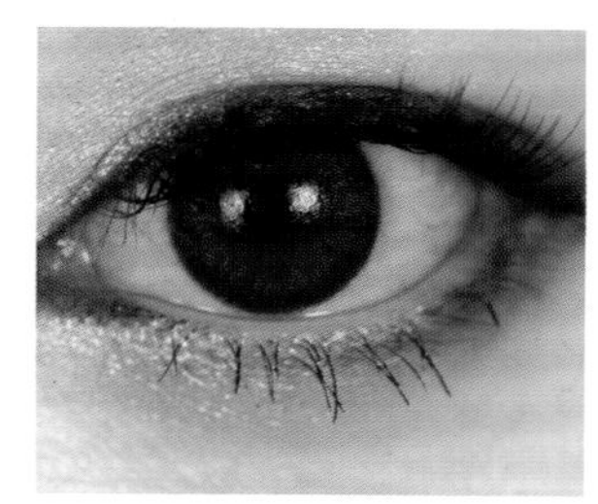

11. 在下睫毛刷上睫毛膏。为了与上睫毛平衡，需要将下睫毛整体刷上睫毛膏，使用纤长型睫毛膏制造出纤长的感觉。注意刷睫毛膏时不要让睫毛粘在一起或是打结，一定要刷得干净整齐。

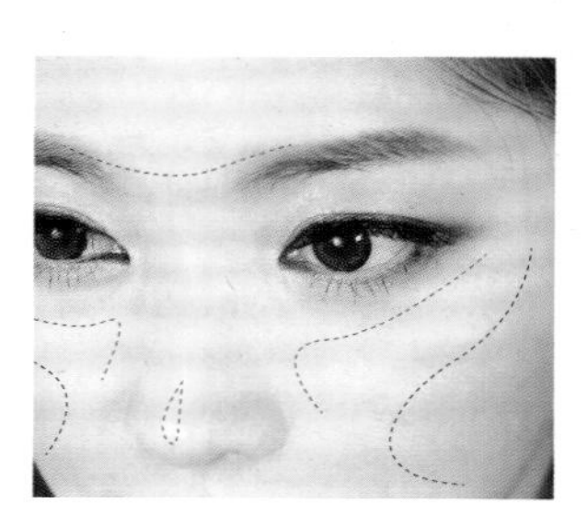

12. 按照黑色虚线所示从颧骨开始向面颊中央打上粉色的腮红。虽然是比较亮的粉色腮红，但是浅浅地晕染开后，整体效果自然而又华丽。红色虚线内打上白色色调的高光粉。高光粉打太多会显得妆容很厚重，所以要注意高光粉的使用量。

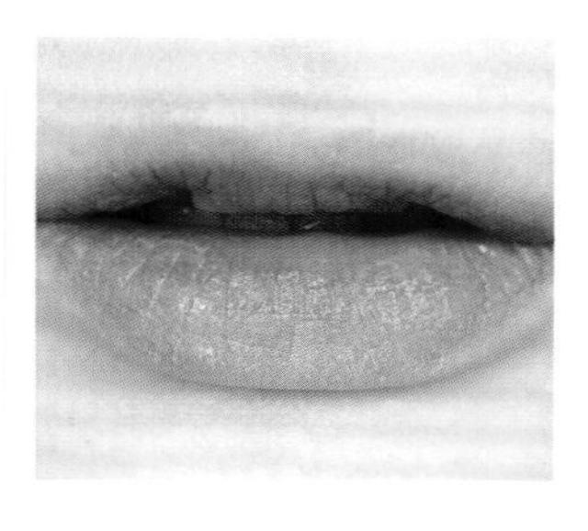

13. 在唇部中央涂上粉色的唇彩。使用棉棒刷唇彩会比内置刷头更容易达到分层的效果，上色也会更加自然。

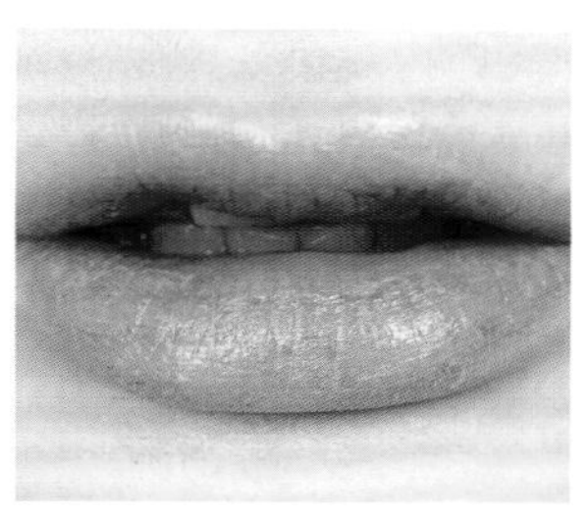

14. 唇部外侧涂上与肤色色调相似的裸色口红，与唇部中央的粉色唇彩形成层次变化。裸色调的口红如果涂到了唇部内侧，会遮住唇部的色彩感，所以要注意裸色调口红的涂法，不要太靠近唇部内侧。

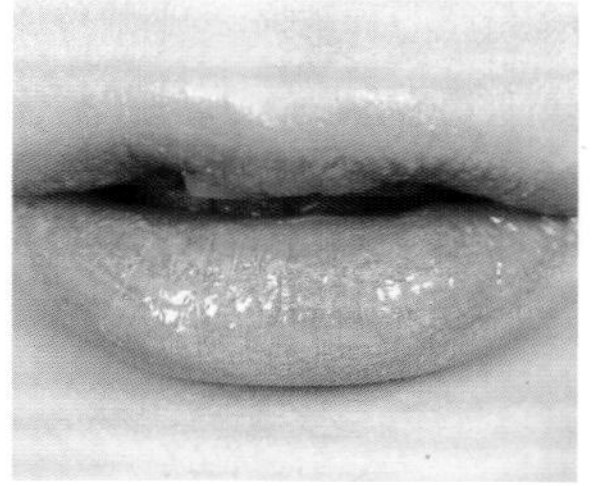

15. 最后从唇部内侧向外涂上一层透明的润唇膏。唇部中央可以再涂一层润唇膏，让唇部显得更丰厚，这样唇妆也会显得更美丽。

褐色妆容

这样的妆容可以让人感受到优雅的性感美。

使用褐色增强妆容的厚重感，这样更显得成熟而有女人味，高傲而又优雅。

褐色较适合

大眼睛MM！

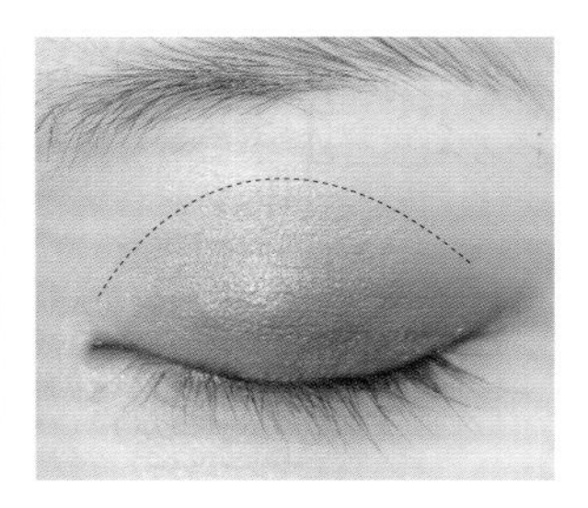

1. 虚线内部刷上褐色眼影打底。打底眼影要求浅浅地晕染在整个上眼皮。

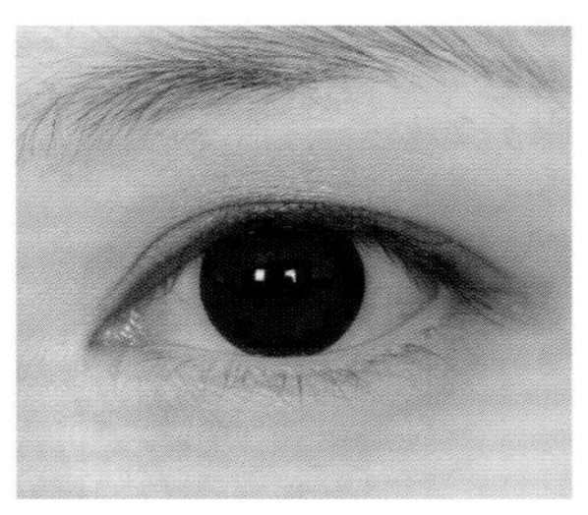

2. 上眼皮用褐色眼影打底后的正面效果图。

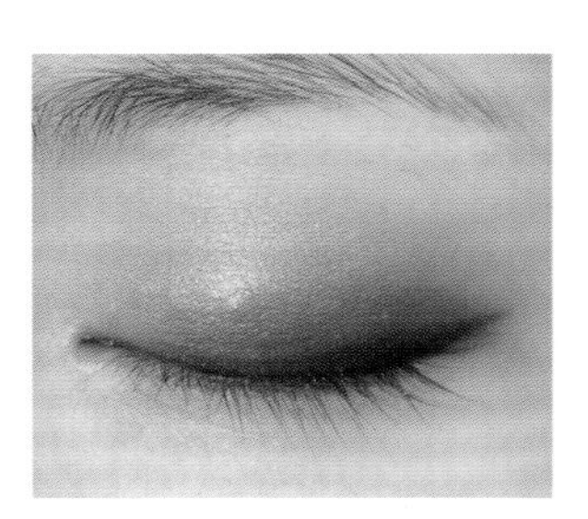

3. 使用卡其色眼线笔从眼窝开始到眼尾画上眼线。从眼部中央开始到眼尾的部分可以画得粗一点，表现出性感的猫眼妆效果。

褐色较适合 大眼睛MM!

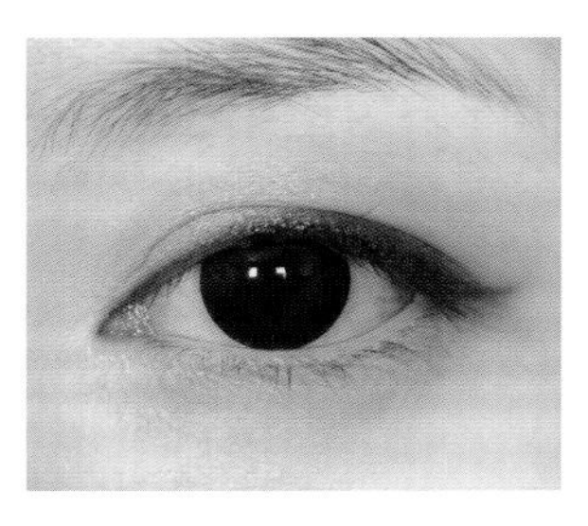

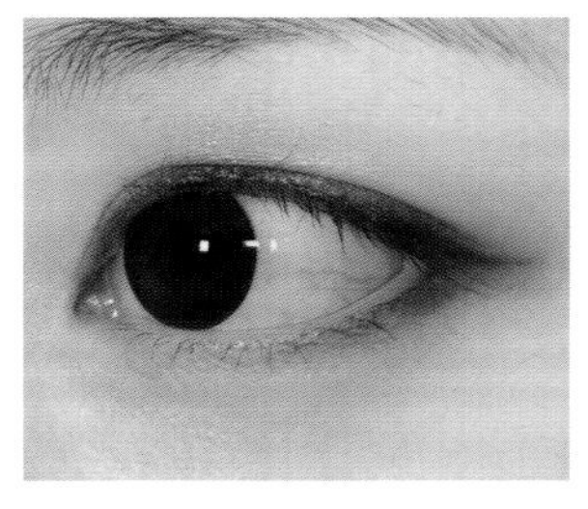

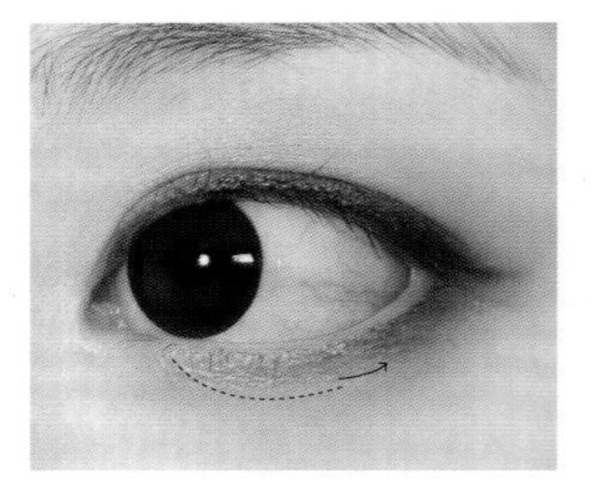

4. 猫眼妆眼线画好后睁开眼睛的效果图。

5. 使用卡其色眼线笔画出下眼线。这是为了让眼尾的眼线妆表现自然，所以从瞳孔下方开始画出眼尾1/3的部分即可。下眼线画好后，要用眼线刷将眼线自然地晕开。

6. 在虚线位置打上金色的眼影加强效果。让金色眼影和卡其色眼线的色彩自然协调，这样的妆容会给人一种高雅的感觉。

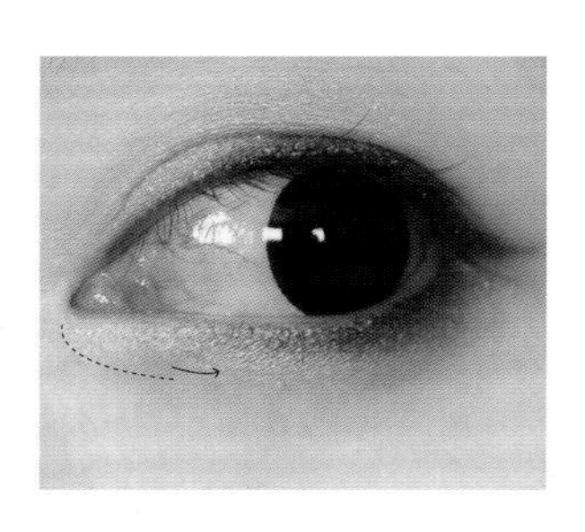

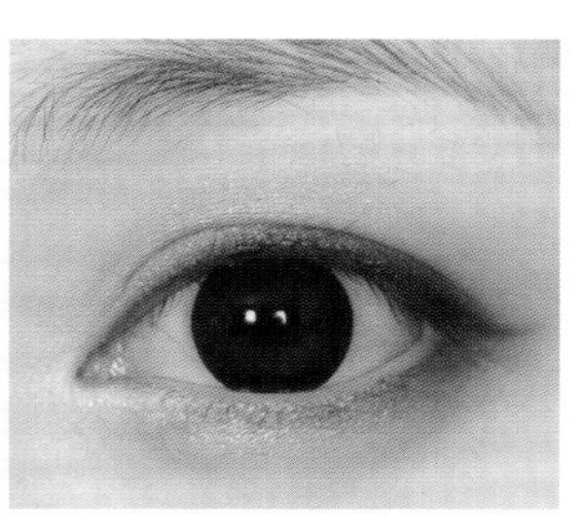

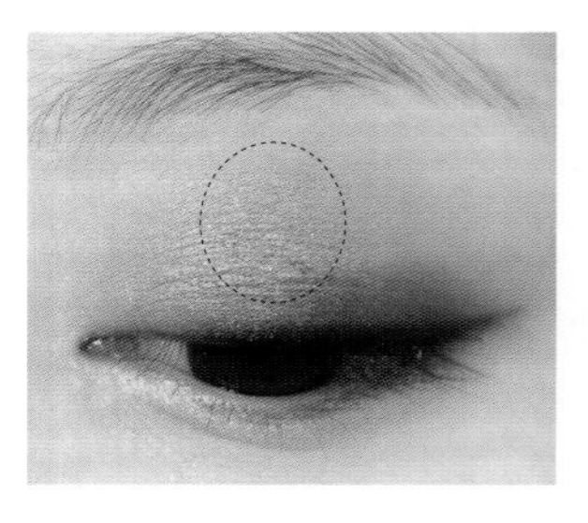

7. 虚线位置刷上白色眼影打底。从眼窝开始一直打到金色眼影的位置。白色、金色、卡其色，这三种色彩自然融合，整个妆容会更加优雅自然，这样性感的眼妆就完成了。

8. 下眼睑打上白色眼影后的正面效果图。

9. 将红色珠光亮粉打在瞳孔正上方，制造高光效果。如果红色珠光粉打太多，整个妆容会变得艳俗，所以只需要用少量的亮粉加强就可以了。

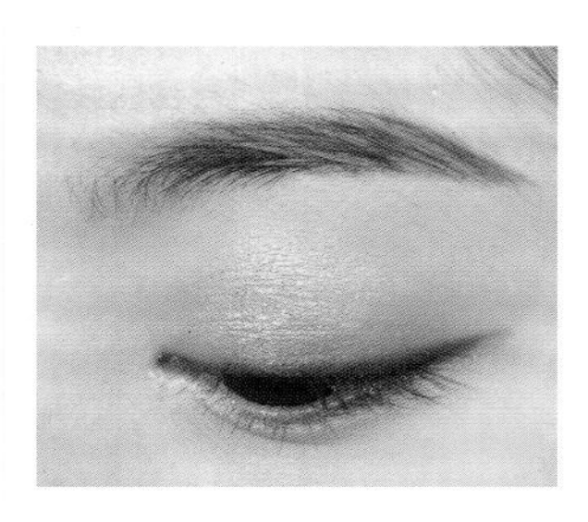

10. 使用深褐色眉粉画出略显厚重的眉妆。如果画眉的色彩太浅，整体的妆容会给人一种轻浮的感觉，用深褐色加强眉毛的厚重感，会让妆容显得更加优雅。

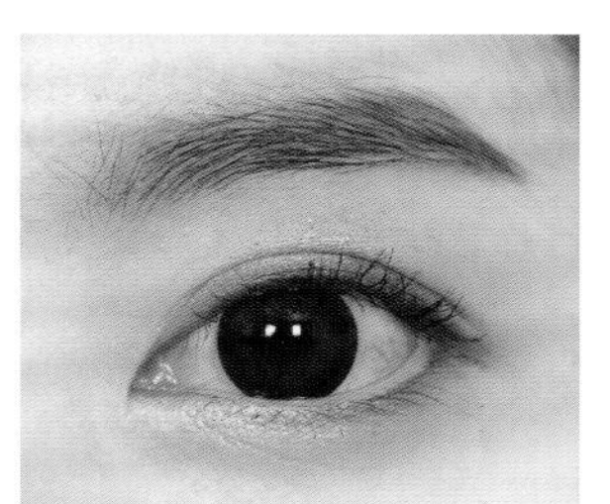

11. 使用睫毛夹保证睫毛的卷翘后，刷上睫毛膏。睫毛膏轻轻地刷一层就可以了。由于妆容本身色彩感较强，所以不需要再用睫毛膏来加强效果。睫毛膏刷得干净整洁就可以了。

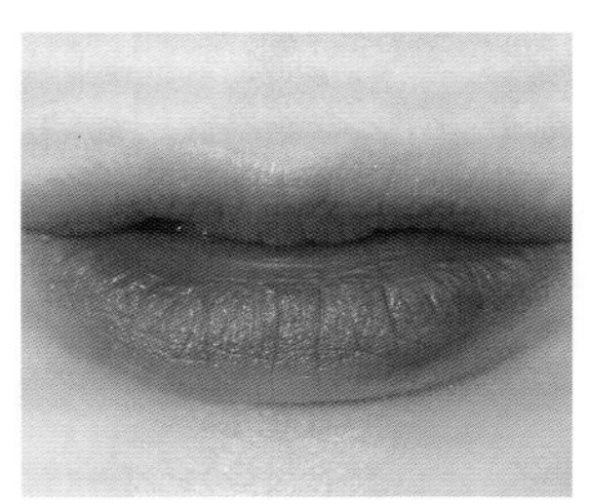

12. 唇部整体涂一层红色唇彩。唇彩从唇部内侧一直涂到唇部中央的位置即可。使用棉棒刷出的色彩感会比内置刷头更加自然。如果唇部比较干燥，在刷唇彩之前可以先涂一层润唇膏。

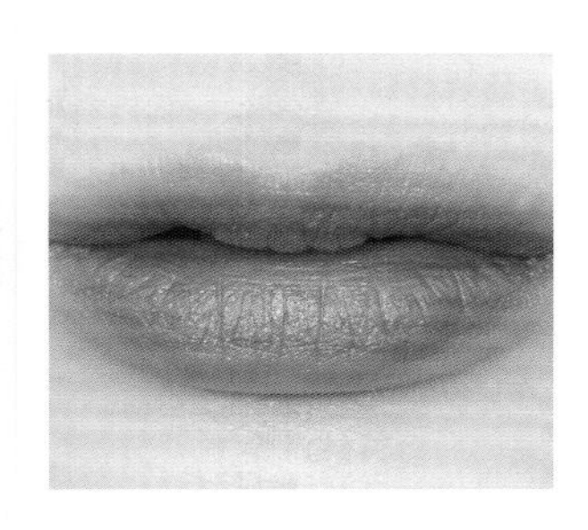

13. 使用褐色珠光口红涂在唇部中央。唇部中央涂上褐色珠光质感的口红后，显得成熟而又性感。

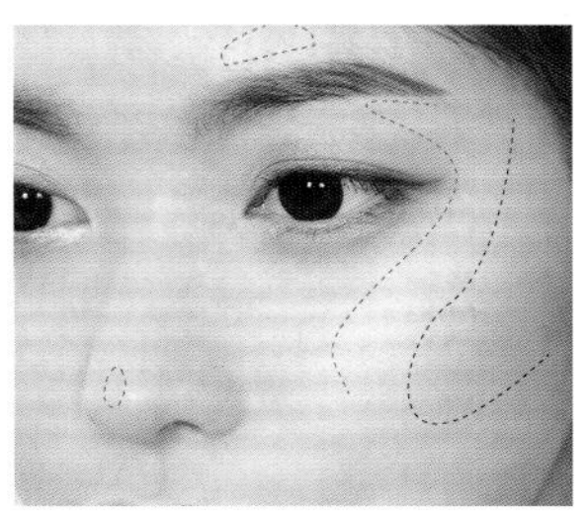

14. 在黑色虚线内从颧骨开始向面颊中央打上腮红。腮红的色彩不要太深，外侧色彩感稍强，然后向面颊中央自然地晕染开。红色虚线内打上少量的高光，注意与腮红色彩的渐变效果。另外眉骨、鼻头等位置也需要打上高光。

时髦的都市女子
黑色烟熏妆

即使是每天周旋在各种色彩中的设计师，也会在不知不觉中忽略了黑色，但黑色独有的时尚与性感风情，却没有其他颜色能取代。数十年来一直受到全世界女性喜爱的名牌CHANEL的代表色彩就是黑色，不是吗？而黑色烟熏妆也是最能完美呈现时髦都市女子的妆容，且能呈现适度的干练与性感风情。黑色是不太会运用晕染技巧的初学者也能上手的彩妆，不妨挑战看看。

主题色彩	妆容重点	应用建议
黑色眼线，裸色唇膏。	眼影色彩要尽量减少，使用黑色眼线液来创造简洁的线条。	**场合：**想要展现自己的品味时；参加高级餐厅晚宴聚会时。 **风格：**黑色丝质洋装或简单黑色洋装搭配金色装饰品，若搭配能强调出脖子线条的发型会更好。

化妆工具	选择要点
·眉彩 Kiss Me-Heavy Rotation 染眉膏#01 卡其	
·眼影 M.A.C-苏格兰童话眼影# A Wish Come True 眼影 Benefit-一见钟情眼影粉 #leggy	·眼影 选择含隐约珠光的浅粉色或者接近肤色的眼影。
·眼线 Lunasol-日月晶采浓纤防水睫毛膏#01 ·假睫毛 Eyemi-S30秒假睫毛#33号 ·修容 NARS-大溪地光泽修容系列 All-in-one 亮彩膏 #laguna	·眼线 选择能画出细腻鲜明线条的黑色防水眼线液就可以。
·打亮 M.A.C-柔矿迷光炫彩饼#Soft And Gentle	·提亮 选择有细小珠光的、能提亮肌肤光泽感的象牙白色提亮产品。
·腮红 植村秀-创意无限腮红 #M521	·腮红 选择不过浓或不泛红光的腮红。
·唇彩 M.A.C-冰淇淋唇膏#Creme D’Nude M.A.C-时尚唇膏#Russian Red ·唇部打底 Artdeco-Camouflage Stick Waterprrof #1	·唇彩 选择裸色调唇膏或者雾面的粉橘色唇膏比较好。

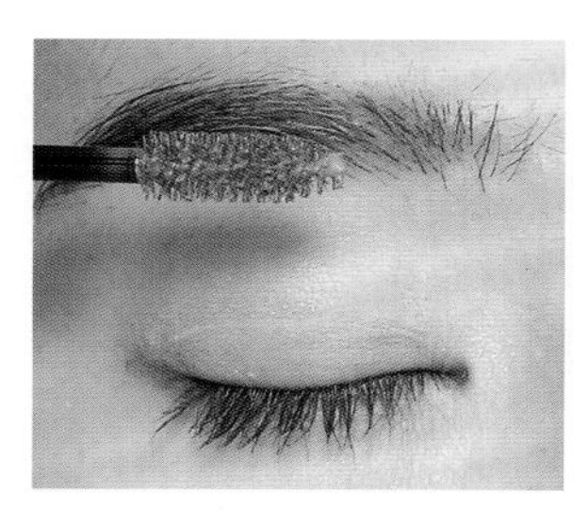

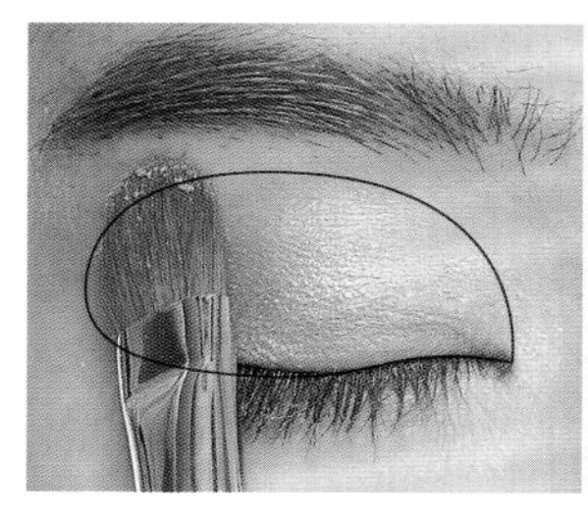

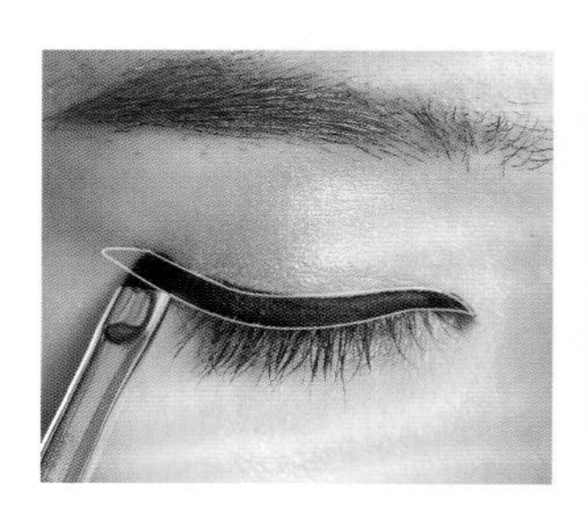

1. 眉彩

在画以眼线作为重点的烟熏妆时，眉毛最好淡一点，将咖啡色染眉膏仔细刷上。

2. 眼影打底

选用柔和带淡淡珠光的粉色眼影作为底色，在眼窝上大范围涂抹。

3. 眼线

选用黑色防水眼线胶笔，沿根部画出2~4毫米厚度的眼线，眼尾部分向上拉5毫米左右。

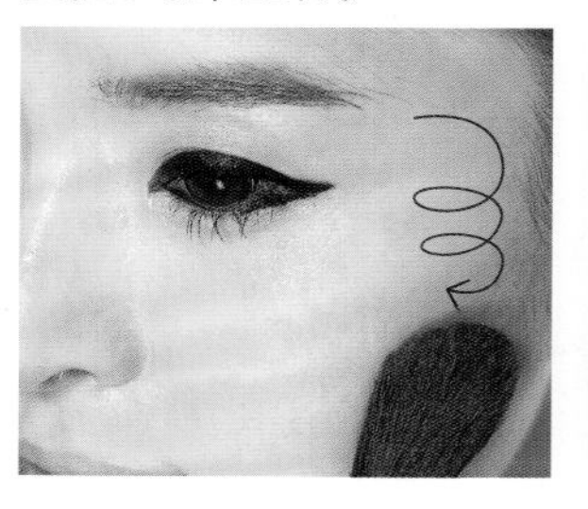

4. 下眼线

将上眼线和下眼线自然结合，眼尾要完整连接以打造鲜明的眼线。

5. 睫毛膏

用睫毛夹多夹几次，再用睫毛膏多刷几次，使睫毛看起来更加浓密。

6. 修容

按照脸部轮廓从外向内用粉刷轻轻扫过。

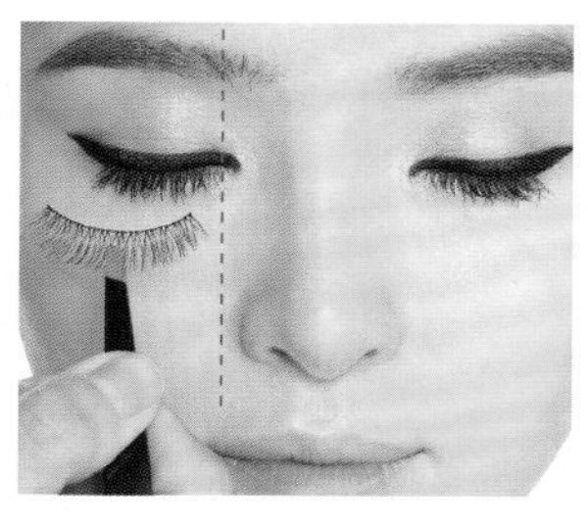

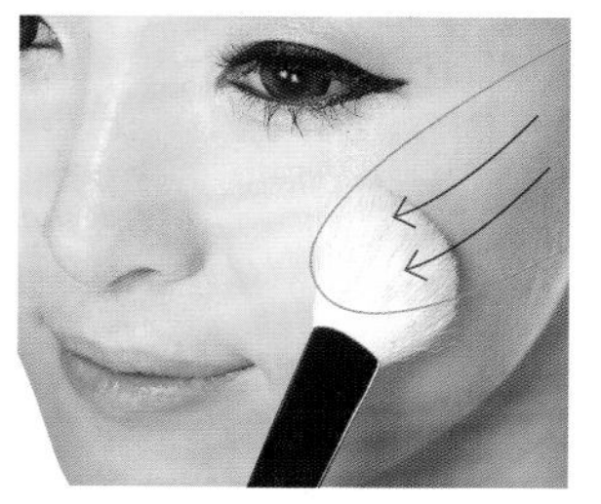

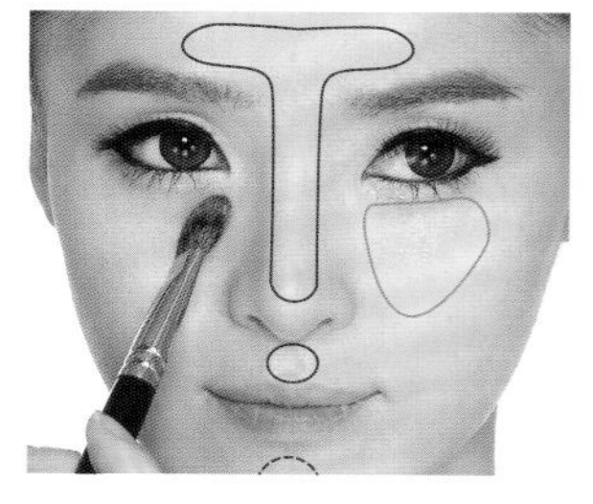

7. 假睫毛

贴上整副浓密型假睫毛，在眼头2~3毫米之后到眼尾前5毫米间的位置紧紧地贴住。

8. 腮红

用蜜桃色腮红沿着颧骨由外侧向内侧自然轻扫，腮红要刷成斜线方向。

9. 提亮

用带珠光较少的象牙色提亮产品，在眼睛下方的脸颊部位、T字区、人中、下巴部位提亮。

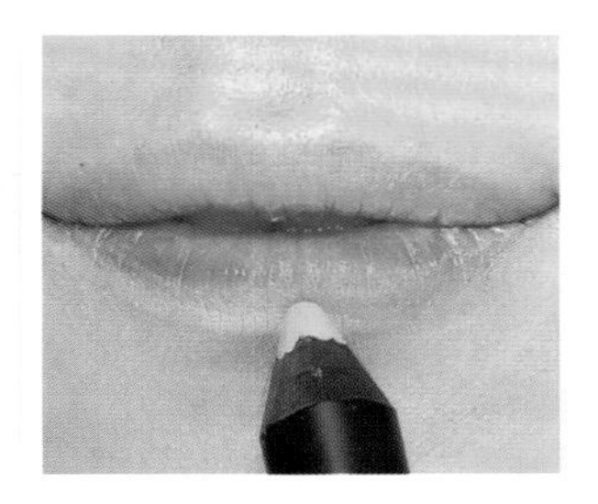

10. 唇部遮瑕[I]

涂抹唇膏之前先用唇部专用的遮瑕膏来修饰唇部轮廓。

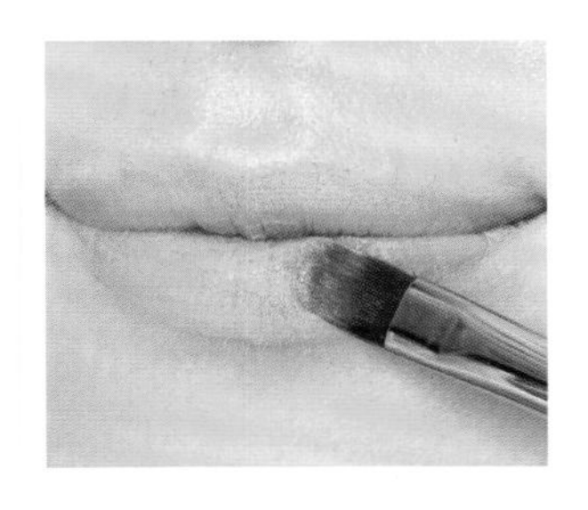

11. 唇膏

用裸色调唇膏仔细涂抹嘴唇。

黑色烟熏妆完成！

温馨提示

I 唇部遮瑕膏是一种能调整唇线的彩妆品，虽然有人会利用脸部遮瑕品来取代，但也有唇部专用的产品。上裸色唇膏前，先沿着唇部轮廓描绘能让唇形更显完美。如果没有唇部专用遮瑕，只要挑选具有防水效果的一般遮瑕产品即可。

小窍门

完成干净利落烟熏妆的最简单方法

烟熏妆的种类很多，以渐层和晕染技巧为主的烟熏妆最能呈现独特风情，但化不好的话，只会感觉妆浓或突显年纪。如果还不熟悉烟熏技巧，可先尝试以眼线为主的干净烟熏妆，用眼线液来描绘出鲜明的轮廓，或以具防水机能的眼线产品来做描绘，更能增添持妆度。

清纯但带点性感
女子天团彩妆

每当女子偶像团体发表新专辑时，总给人大变身的感觉，而让她们焕然一新的关键在于妆感。虽然每次的妆容都会变，其中却存在不变的真理，就是在清纯感中加入一点点性感，皮肤透明清亮、腮红适度、不过分是基本原则，而鲜明的眼线、樱桃般诱人的唇妆正是女子偶像团体的彩妆重点。

主题色彩	妆容重点	应用建议
黑色烟熏眼妆和红色唇露。	用眼线液填充眼睑描绘出眼线，将重点放在唇露勾勒出的鲜明唇色。	**场合：**想表现可爱又性感的形象；想变身为夜店女王时。 **风格：**选择有大LOGO或涂鸦的休闲风装扮，搭配头巾、发带及超大圈圈耳环。

化妆工具	选择要点
· 眉彩 Kiss Me-Heavy Rotation 染眉膏#01 卡其棕	
· 眼影 Elishacoy-Mineral Touch Velvet Blusher#02Sweet Orange	· 眼影 选择几乎不含珠光的淡橘色眼影。
· 眼线 Artdeco-Liquid Star Liner#Black Artdeco-High Precision Liquid Liner#01	· 眼线 选择防水的黑色眼线液。
· 眼睑眼线 NARS-Lager Than Life Long Wear Eyeliner Via Appia	
· 睫毛膏 Esteelauder-无瑕妍彩持久纤长睫毛膏 #01 Black	
· 假睫毛 Eyemi-33号	
· 提亮 植村秀-创意无限腮红#P010	· 提亮 选择几乎没有珠光的象牙色提亮。
· 唇膏 NARS-惊绮唇蜜笔#Dragon Girl Chanel-Rouge Allure Velvet037 L'exuberante	· 唇膏 选择透亮的红色、粉色唇膏。
· 唇蜜 Elishacoy-#Red	

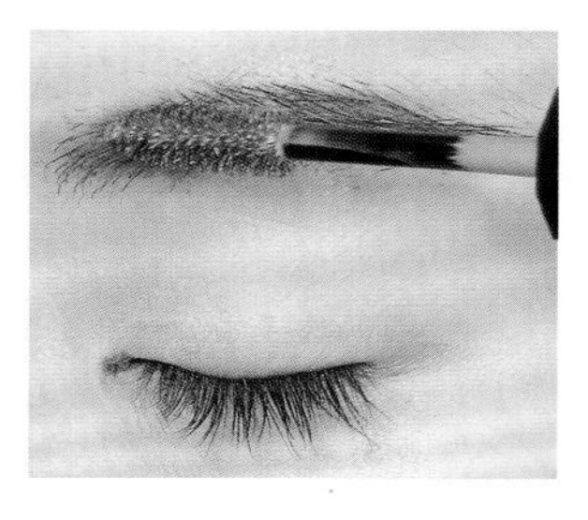

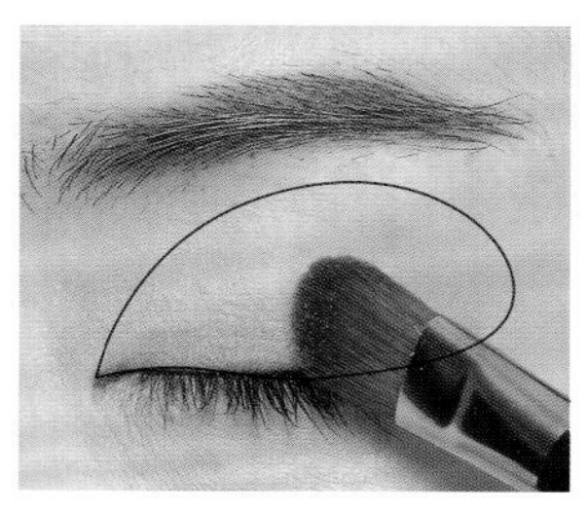

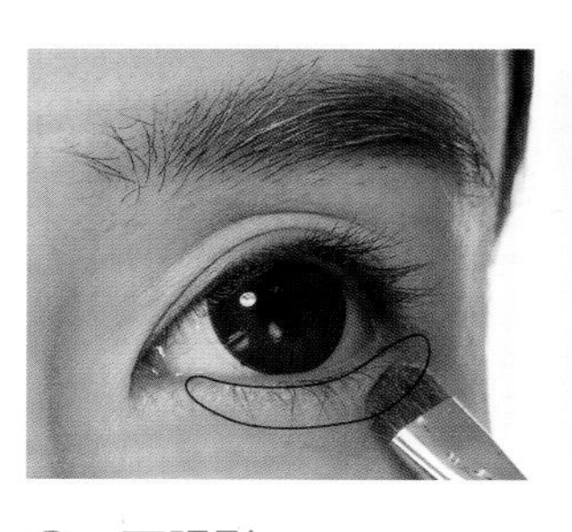

1. 眉彩
用亮褐色染眉膏逆着眉毛方向刷一次后，再顺着眉毛生长的方向刷一次。

2. 眼彩
用浅蜜桃色眼影涂满整个眼窝。

3. 下眼影
用同一个色调的眼影，刷在眼睛下方的卧蚕处。

4. 眼线
用眼线液描绘眼线。注意眼尾的眼线必须与眼头的起点相同。

5. 下眼线
注意上下眼线要自然地连起来，眼尾处不要有空隙，要一一补满。

6. 内眼线
选择即使在眼睑上画眼线也不会晕染的黑色眼线笔，将眼睑处补满。

7. 假睫毛
上下刷2次睫毛，强调鲜明的眼神。靠近睫毛根部贴上假睫毛，呈现浓密的睫毛妆效。

8. 提亮[I]
使用珠光适中的提亮产品在额头与鼻梁联结的T字部位、人中与下巴位置轻轻涂刷，增添立体感与光泽。

9. 唇彩①
用亮红色唇露由嘴唇内侧向外慢慢晕染，创造自然渐层[II]。

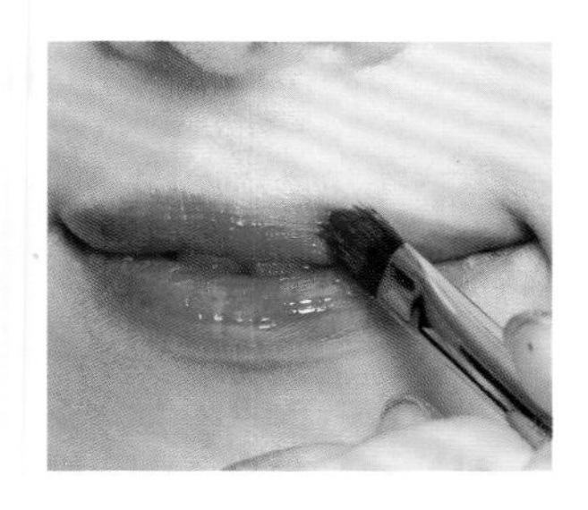

10. 唇彩②
用接近自己唇色的粉色唇膏，像画唇线一般描绘唇型，与内侧的唇露自然晕染。

女子天团彩妆完成！

温馨提示

Ⅰ 提亮是指想强调脸部立体感或增添小奢华感时使用的彩妆技巧。主要打在额头和鼻梁连接的T字部位、人中、下巴、眉骨及眼头等部位，利用提亮产品让肌肤散发光泽。

Ⅱ 渐层意指色彩由亮到暗慢慢改变的色阶变化。主要运用在眼妆或唇妆上，是同时使用多个颜色时的用语。

小窍门

打造自然又鲜明的唇妆

只使用一个深色唇膏，多少会觉得沉重。如果想呈现自然、鲜明却简洁的唇妆，最好的道具是唇露。

唇露有绝佳的上色效果，涂得薄也会让唇部表现得鲜明。先使用深色唇露从嘴唇内部涂一层，再使用同一色系、浅一点的唇膏打造唇型，创造渐层感，就能让双唇呈现自然又鲜明的色泽。

将魅力发挥到极限

摇滚芭比彩妆

相信不管是谁，一定都会想挑战芭比娃娃妆吧！芭比娃娃的彩妆虽然漂亮，却会给人一种腻或俗气的感觉。那么，在可爱的娃娃妆上加入会让人联想到节奏感的摇滚，会如何呢？好像就能弥补那2%的不足，将魅力发挥到极限。丰盈卷翘的假睫毛与有点夸张的眼线，正是摇滚芭比彩妆的重点，再加上透亮肌肤与自然唇妆，更能展现领袖风范。

主题色彩	妆容重点	应用建议
深黑色眼线与肌肤色调的眼影和唇彩。	眼线尾端要向上拉60度并描绘粗一点，但眼妆和唇妆要尽量自然。	**场合：**想让大家认可你的领袖气质时；厌倦一成不变的妆感时。 **风格：**强调身体线条的皮衣、梳光的马尾发型。

化妆工具	选择要点
· 眉彩 恋爱魔镜–焦糖魔法眉睫两用膏#BR555	
· 眼影打底 Benefit–一见钟情眼影粉	· 眼影打底 选择接近米色调、有些微珠光的浅粉红色、浅金色的产品。
· 重点眼影 RMK–层光眼影盒#04Coral brown	
· 眼线 CLIO–魅黑防水柔顺眼线液#Kill Black	· 眼线 选择防水眼线胶笔。
· 下眼影 Espoir–Eyeshodaw#Ginger Bread	· 下眼影 选择没有红光的浅金色调提亮产品。
· 睫毛膏 Kiss Me–超激纤长防水睫毛膏	
· 假睫毛 Eyemi–Special 30号	
· 修容 Mustaev–Face Architect Powder#Silhouette	· 修容 选择没有红光的自然咖啡色修容产品。
· 腮红 Lunasol–晶润亮采修容#Ex01 Pure Coral	
· 唇膏 M.A.C–时尚唇膏#Shy Girl	· 唇膏 裸色调或浅蜜桃色唇膏。
· 唇蜜 Giorgio Arman–奢华晶漾订制唇膏#528 粉紫晶	· 唇蜜 选择半透明的裸色调唇蜜即可。

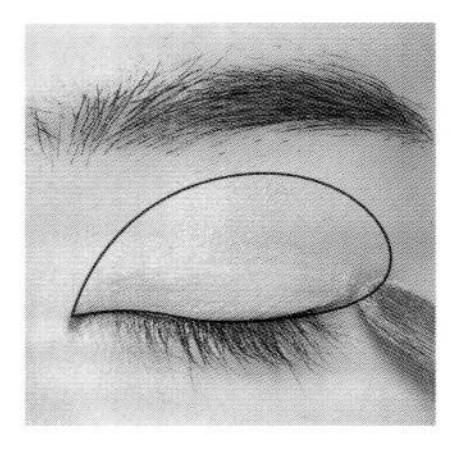

1. 眼影打底

用稍带珠光的肤色调眼影，温柔地刷在眼窝位置。

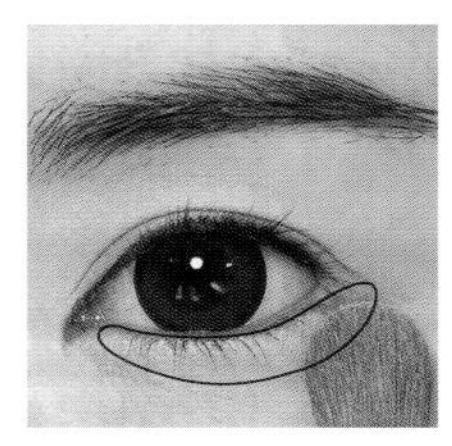

2. 下眼影打底

用有光泽的眼影底霜刷在眼睛下方的卧蚕处，提亮肤色。

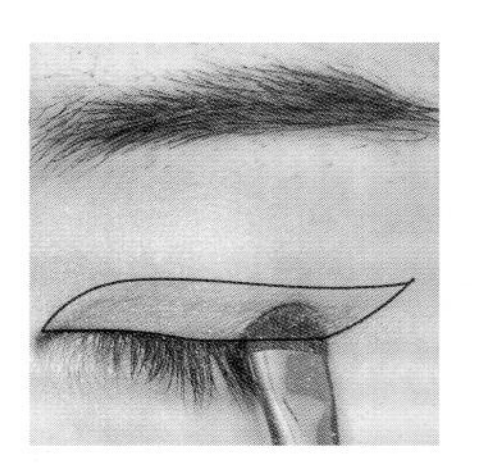

3. 重点上眼影

将咖啡色眼影刷在双眼皮褶上来增加深邃感，眼尾部分像画眼线一般稍微上拉。

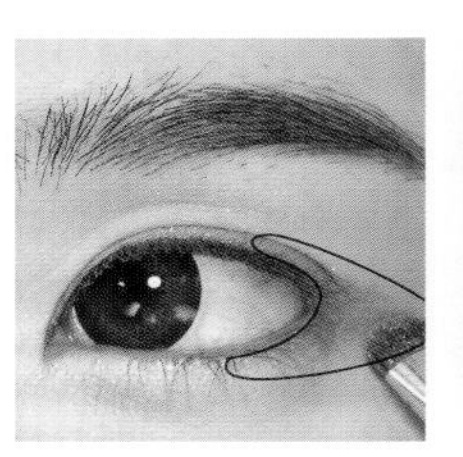

4. 重点下眼影

使用上面的重点眼影，刷在眼睛下方后2/3的位置，增加深邃感。

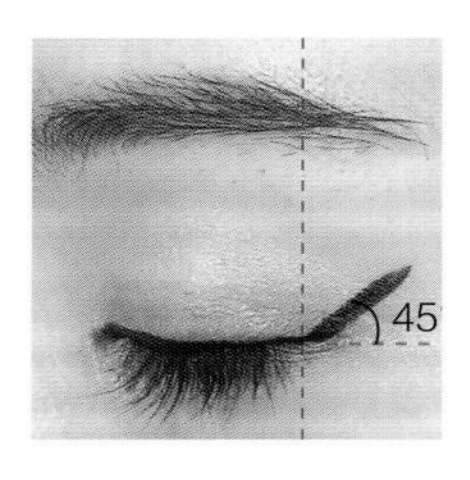

5. 眼线①

用防水黑色眼线液从眼尾部分画一条斜45度的眼线，眼尾长度以1~1.5厘米为宜。

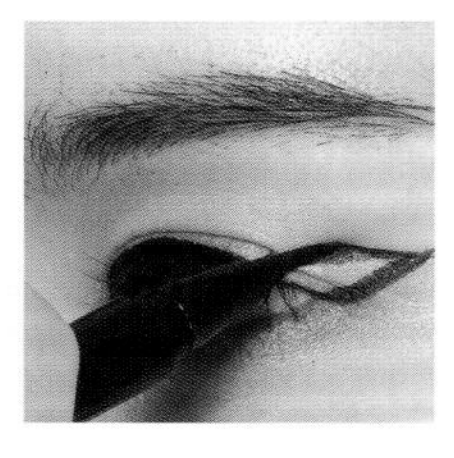

6. 眼线②

睁开眼睛后，从眼尾部分到眼线中间描绘一条直线。

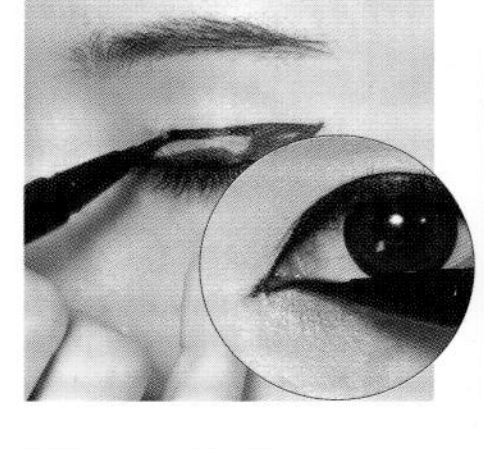

7. 眼线③

再次闭上眼睛，将眼线从眼中央到眼头位置连接起来。眼头要往前延伸2~3毫米。

8. 眼线④

将线条里的空隙仔细补满。

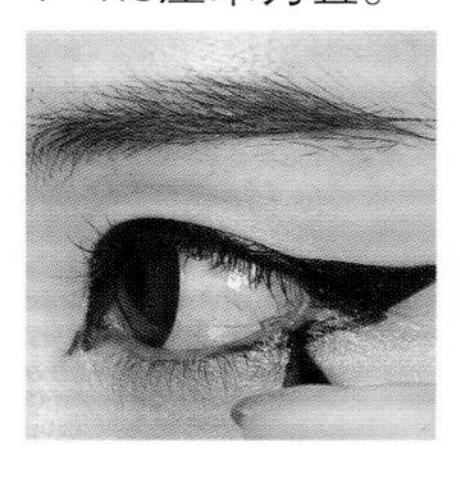

9. 下眼线①

将斜线拉出的眼尾线条至眼头的部分自然连接起来。

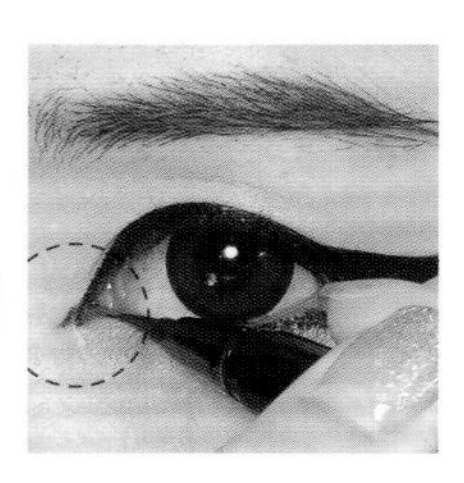

10. 下眼线②

眼头下方也往前延伸2~3毫米来突显出猫眼。眼睑部位以黑色防水眼线笔仔细补满。

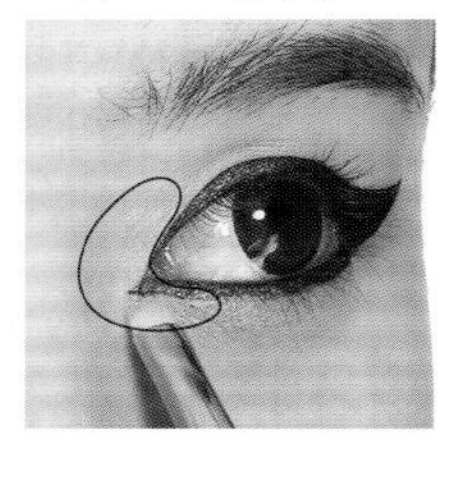

11. 眼头提亮

待眼线完全干了不会糊掉时，使用象牙色珠光眼影来提亮眼头。

12. 睫毛膏

用睫毛夹夹翘睫毛后，重复刷上2次防水睫毛膏，打造丰盈又纤长的睫毛妆效。

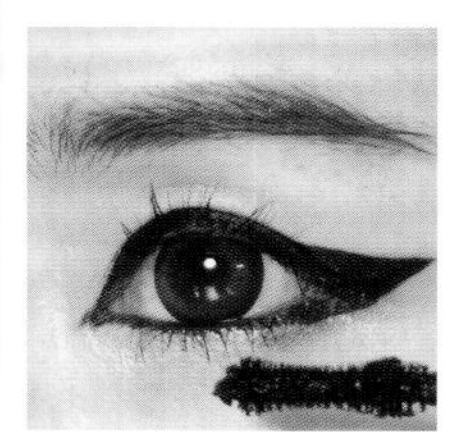

13. 下睫毛膏

下睫毛也重复刷2次，创造鲜明的视觉感。

14. 假睫毛

为呈现丰盈又性感的妆效，沿眼线粘贴假睫毛。眼尾处的假睫毛要贴在粗粗的眼线中间、稍微偏上的位置。

15. 下假睫毛

用一些单片的假睫毛贴在下睫毛处，使睫毛看起来更加浓密。

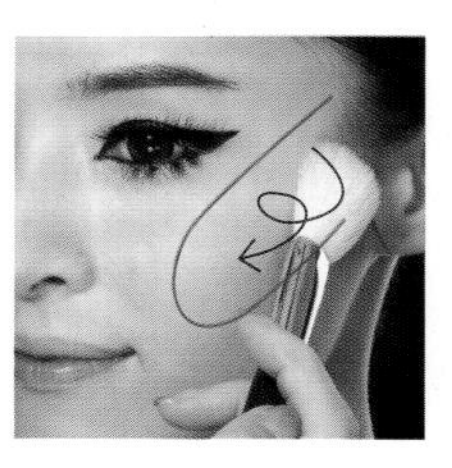

16. 腮红与修容

用修容粉修饰脸部轮廓，再用蜜桃色系腮红从颧骨部位向嘴唇方向轻刷，注意腮红刷的方向要由外向内。

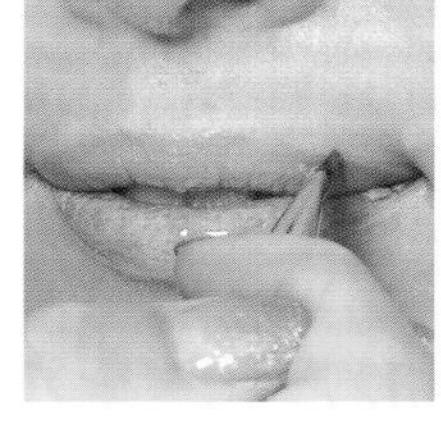

17. 唇膏+唇蜜

用带微珠光的裸色调唇膏，涂抹在嘴唇上。然后用同一色系的唇蜜在嘴唇内侧制造光感。

小窍门

眼妆不晕染的技巧

强调眼线的彩妆一定要使用防水产品，如果想防止眼妆晕染，可在上眼妆前先在眼窝与下眼线方向涂上眼影，之后再刷上能调节皮脂分泌的蜜粉，就能防止眼妆晕染。

摇滚芭比彩妆完成！

90年代怀旧复古风

奢华粉红彩妆

不论是电影、连续剧还是音乐，最近都吹起了一股90年代的怀旧复古风，或许，能重新感受过去的复古年华是非常浪漫的一件事情。而最能代表90年代色彩的，绝对是粉红与紫色了，但要特别注意的是，如果选择珠光过多的产品容易产生浓艳感。现在，就以粉红和紫色为主色，教你化出奢华感的时髦妆容。

主题色彩	妆容重点	应用建议
带有隐约珠光感的粉色和紫色。	将粉色和紫色以无珠光形式来呈现。	**场合：** 想展现复古风格时；出席强调女性美的场合时。 **风格：** 怀旧风的蕾丝发带、复古图腾的洋装等，选择既浪漫又怀旧的单品。

化妆工具	选择要点
· 眉彩 Kiss Me-染眉膏#01 卡其棕 植村秀-创意眉笔#H9	· 眉彩 选择没有太多油分的咖啡色眉彩。
· 打底眼影 植村秀-创意无限腮红#M225	· 打底眼影 选择粉雾质感的橘色或杏桃色眼影。
· 眼影 M.A.C-魔幻星尘#Violet(后面重点)+ #Fuchsia(中间、前面)	· 眼影 选择有透明感和色彩感同时显色力佳的粉状眼影。
· 眼线 CLIO-Gelpresso Eyeliner #Dark Choco	
· 重点眼影 Bobbi Brown-微煦眼影#Espresso	· 重点眼影 选择没有珠光和红光的深咖啡色眼影。
· 下眼睑 Paris Berlin-Eye Pencil#Cr204	
· 睫毛膏 Banila Co-Secret Eyes Mascara Mistery #Volume Blusher&Curlin	
· 假睫毛 Eyemi-33号&部分假睫毛	
· 腮红 Elishacoy-Mineral Touch Velvet Blusher#1 Baby Pink	· 腮红 选择没有珠光的冷色调浅粉色腮红。
· 唇膏 VDL-Festival Lipstick#104	· 唇膏 选择没有珠光的紫红色唇膏。
· 唇蜜 CLIO-完美唇蜜#Purple	· 唇蜜 可先涂上紫色的唇膏再涂上透明的唇蜜。
· 提亮 植村秀-创意无限腮红#M225	

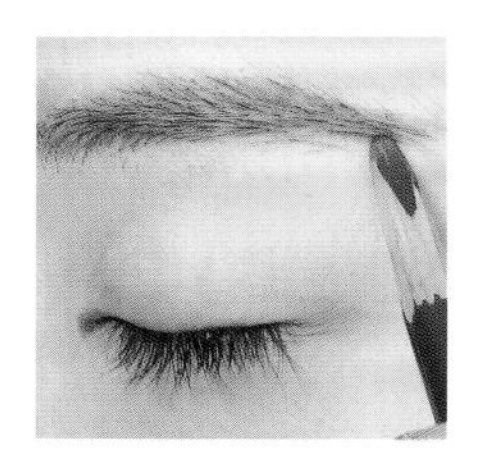

1. 眉彩

用咖啡色眉笔填满眉毛空隙，描绘出眉形。

2. 眼影打底

用不含珠光的浅紫色眼影，均匀刷在眼窝位置。

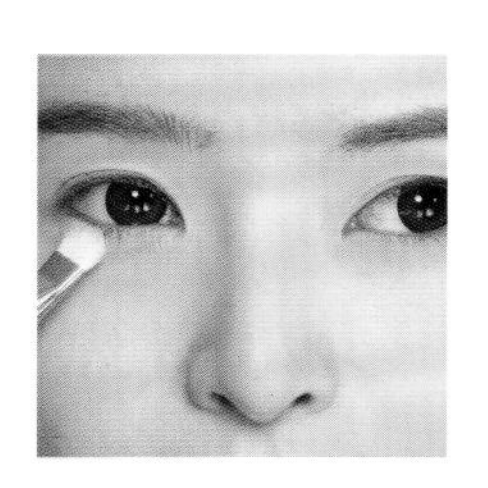

3. 下眼影打底

用相同的眼影，刷在眼睛下面卧蚕处，并与上面的眼影连接。

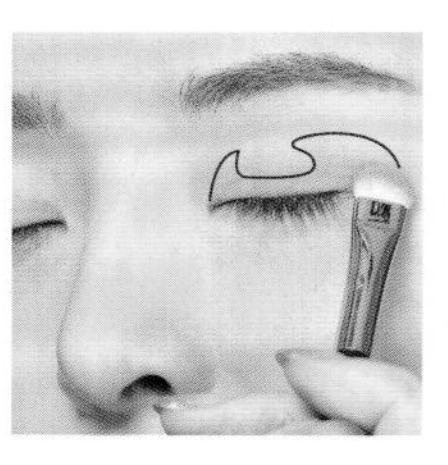

4. 眼窝重点眼影①

用比打底颜色深一度无珠光的紫色眼影，在如图位置，打造出阴影。

5. 眼窝重点眼影②

沿着眼窝描绘出半月形的阴影。

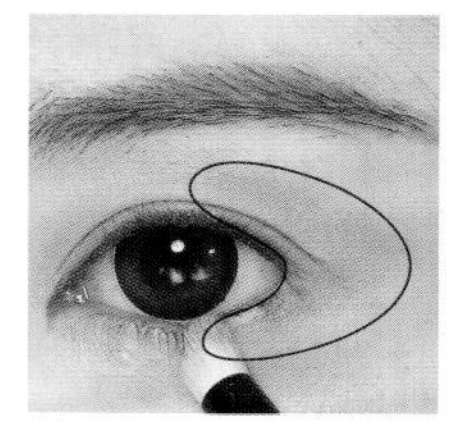

6. 眼窝重点眼影③

用重点眼影将眼尾上下部分自然衔接起来。

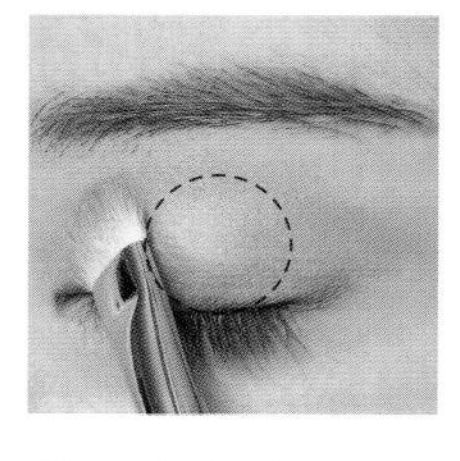

7. 瞳孔重点

使用粉色眼影，以点拍方式刷在眼窝中央突起的地方，帮助上色。

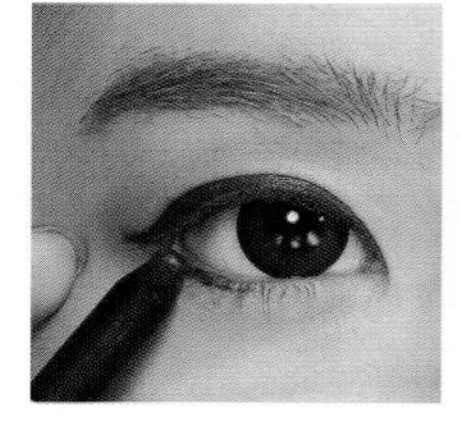

8. 眼线胶眼线

用咖啡色眼线笔，自然地画出眼线，在下眼线后1/3位置描绘眼线，并自然地连接。

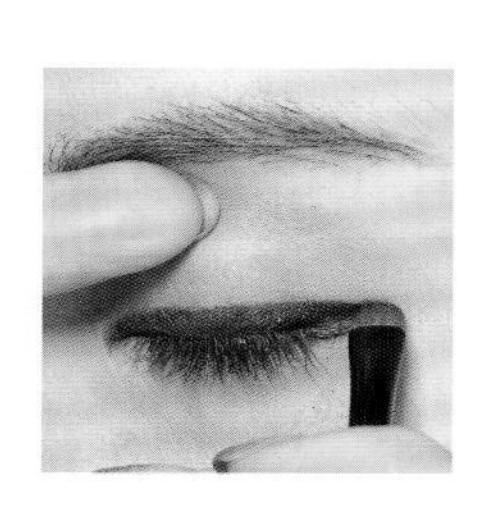

9. 重点眼影①

在刚画的眼线上用深咖啡色眼影再刷一次。

10. 重点眼影②

以同样的深咖啡色眼影描绘下眼线。

11. 画眼线

用眼线液仔细补满眼睑，并描绘出细细的眼线。

12. 假睫毛

涂完睫毛膏后，将假睫毛分段剪成2~3毫米，将裁剪好的假睫毛一株株贴好。

13. 下睫毛

将裁剪好的假睫毛一片片交错地粘贴在下睫毛处。

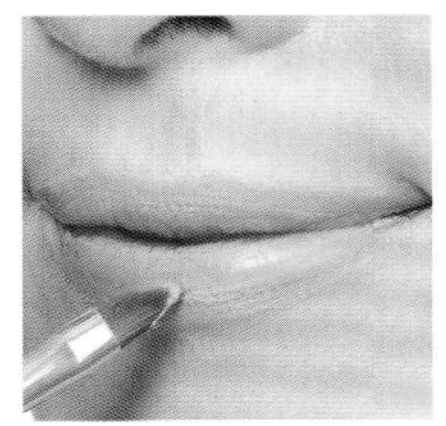

14. 唇膏

用带紫色光泽的粉色唇膏涂满嘴唇。

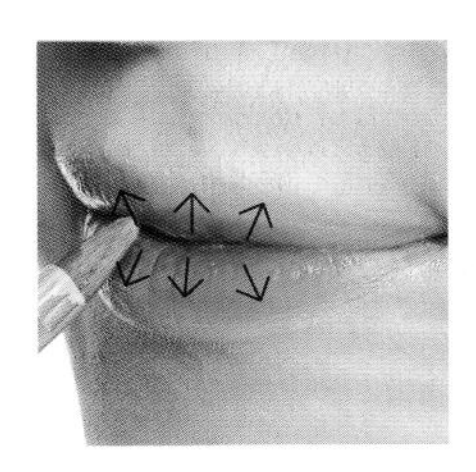

15. 唇蜜

使用深紫色唇蜜涂抹在嘴唇中间部分。

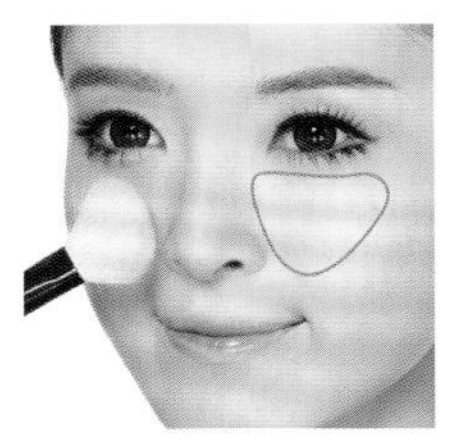

16. 提亮腮红

用亮紫色腮红在脸颊内侧稍微刷一下提亮。

小窍门

用假睫毛打造出自然动人的眼神

如果用整副假睫毛觉得困难，不妨先使用局部的假睫毛，可打造出细腻且自然的妆容。

市面上有售局部假睫毛，如果手边没有，可先自行裁剪再使用。假睫毛在盒中就先用睫毛剪刀以2~3毫米为间距分段裁剪，以方便使用。至于下睫毛，比起全部连在一起，建议以1毫米为间距，较能呈现自然、不夸张的妆效。

奢华粉红彩妆完成！

LOVE

青春洋溢的色彩能量

活力派对彩妆

每天都是一成不变的裸色调眼影和唇膏，若使用不当，反而给人疲倦感。其实，只要稍微调整眼影的颜色，就能给人朝气蓬勃的感觉，仿佛全身都充满能量。关键在于活用手边现有的颜色，并使它达到最好的显色效果，缤纷的色彩能创造鲜明又干净的妆感，这就是该彩妆成败的关键。千万别想一抹就上色，应该利用刷具慢慢、重复多刷几次，才是显色的核心技巧。

主题色彩	妆容重点	应用建议
紫色、黄色与蓝色等华丽的缤纷色调。	为了突显鲜明的缤纷色彩，要用粉刷多刷几次。	**场合：**在温暖的春天和男友一起去春游时；厌烦了日常生活、需要转换心情时。 **风格：**搭配色彩鲜亮的首饰和休闲服饰，更能强调俏丽感。

化妆工具	选择要点
· 眉彩 M.A.C-时尚焦点小眼影#Sofa Kiss Me-Heavy Rotation染眉膏#02 橘棕色 M.A.C-时尚焦点小眼影#Purple	· 眉彩 选择不含珠光的咖啡色眼影。 选择只要是紫色调的眼影即可。
· 眼影 M.A.C-魔幻星尘#Violet+#Fuchsia M.A.C-魔幻星尘#Ever So Yellow Dior-单色眼影#142 湖蓝色	· 眼影 选择显色力佳、颜色鲜明的眼影。
· 眼线 CLIO-Gelpresso Eyeliner#Dark Choco	
· 睫毛膏 Artdeco-All In One Mascara#Brown	

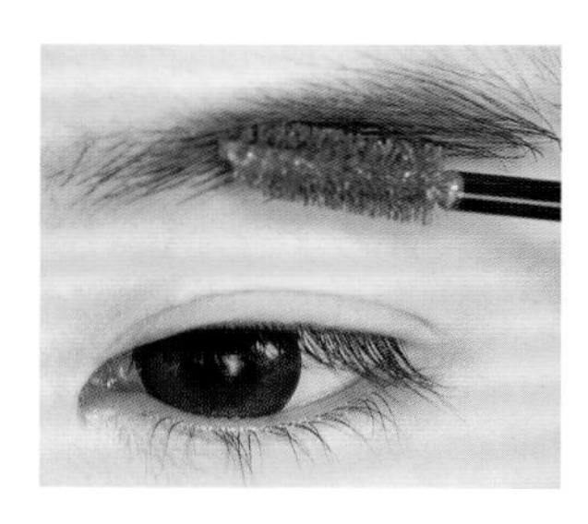

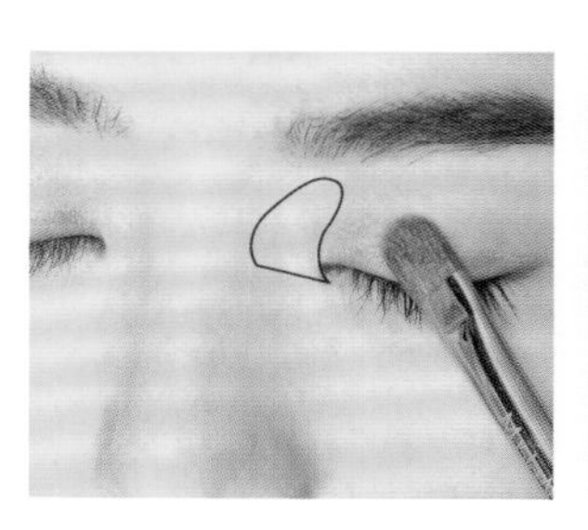

1. 眉彩①

用咖啡色染眉膏逆着眉毛生长方向刷一次，然后再顺着眉毛生长方向刷一次，让眉毛变成亮褐色。

2. 眉彩②

用紫色眼影刷在眉毛空隙位置，打造与众不同的风情。

3. 眼头提亮

眼影要混合紫色和粉色，打造出鲜明的紫红色。从眼头到前方1/3处，多刷几次帮助上色。

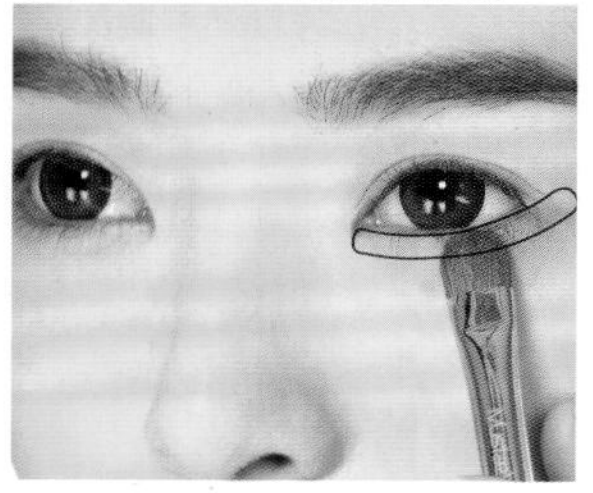

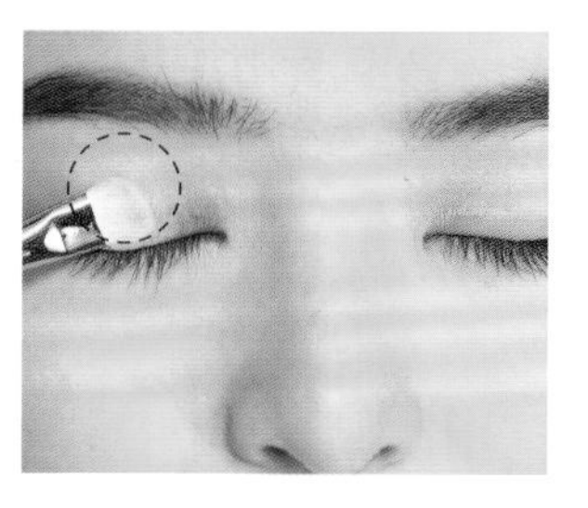

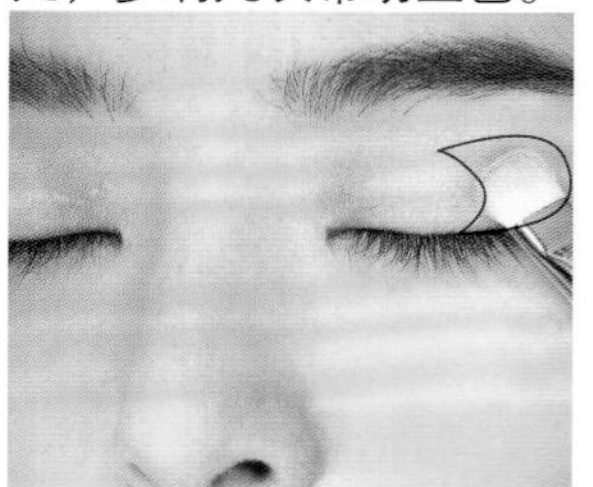

4. 下眼影

用同样的粉色眼影，均匀刷在眼下的卧蚕处。

5. 瞳孔部分眼影

用黄色眼影在眼窝中央多刷几次，把重点放在显色而非混刷哦！

6. 外部眼影

用天蓝色眼影沿着眼窝线条刷在眼睛外廓部分，刷到均匀显色。

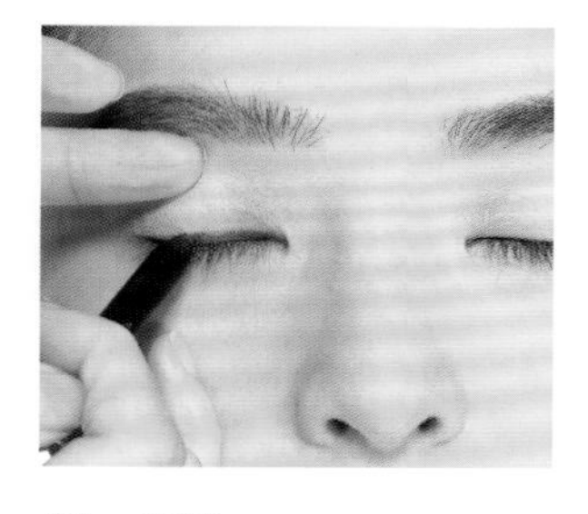

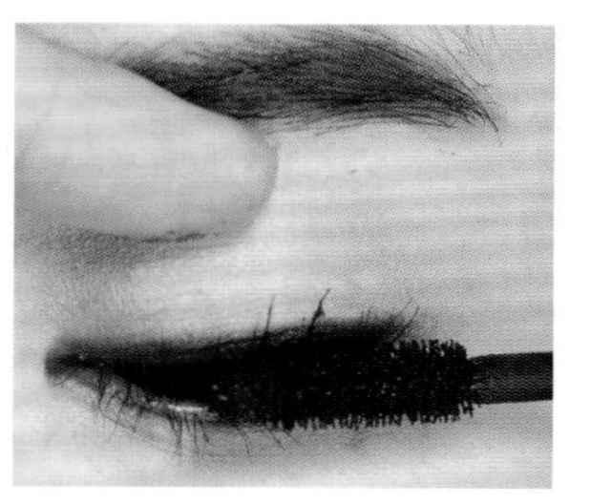

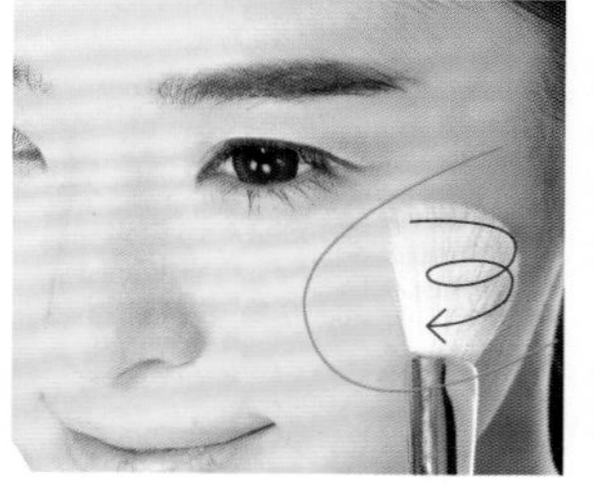

7. 眼线

用咖啡色眼线胶将眼睑补满，描绘出眼线。眼线不要过长过粗，只画到眼尾即可。

8. 睫毛膏

用睫毛夹夹翘睫毛后，用睫毛膏均匀涂抹，打造丰盈的睫毛。

9. 腮红

用蜜桃色调腮红，由脸颊中央向外轻轻涂刷。

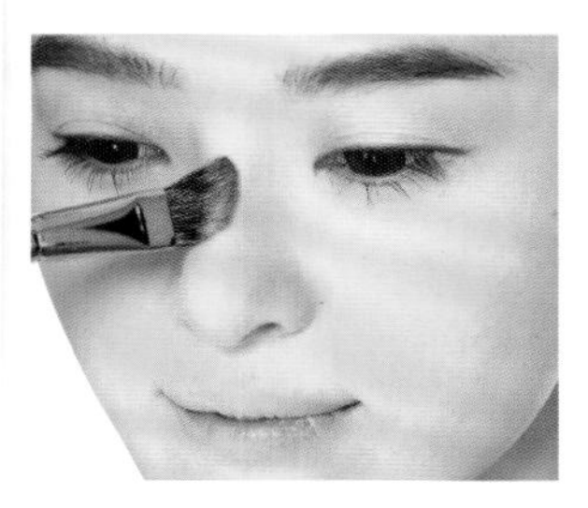

10. 提亮

用几乎无珠光的提亮产品，华丽地提亮T字区、人中、下巴部位。

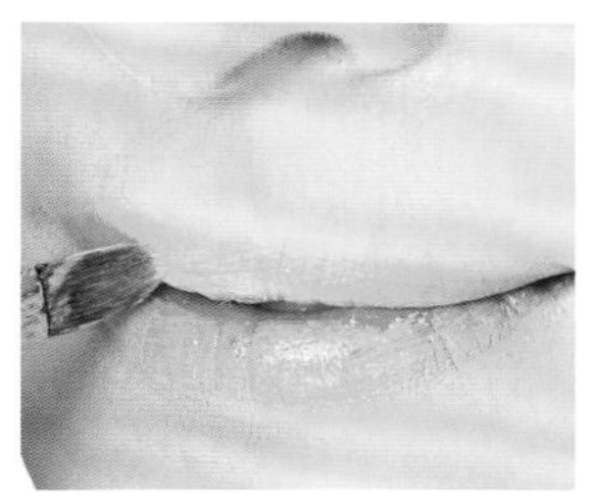

11. 唇彩

用粉紫色唇膏涂抹在嘴唇上，要均匀地刷到看不见原本的唇色为止。

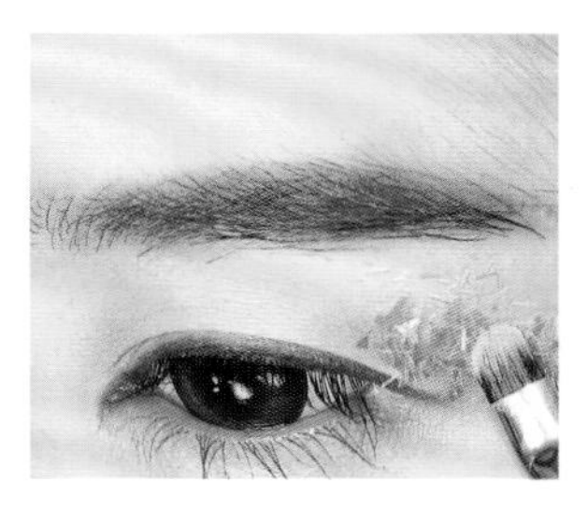

12. 重点珠光①

用颗粒不规则的蓝色珠光贴在眼尾，只贴在一边作为重点。

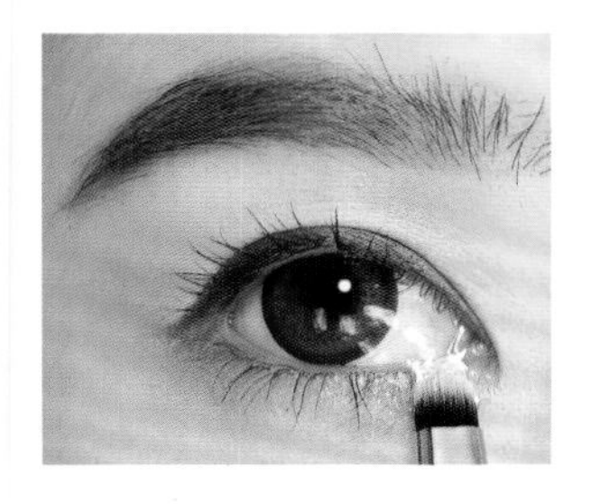

13. 重点珠光②

用粉刷蘸取五色珠光Ⅱ亮片，贴在另一只眼睛的眼头下方。

活力派对彩妆完成！

温馨提示

Ⅰ 混刷（blending）是与刷出渐层不同概念的化妆技巧。渐层是利用浓淡概念，由深到浅来表现出颜色的画法，而混刷是混合不同颜色来创造出其他的颜色。

Ⅱ 五色是指白色、无色、红色、青色、绿色等多样颜色的水光名词，而五色珠光是指随着角度不同会折射出不同色彩光线的白色珠光。

小窍门

提高显色力的方法

要让粉嫩色显色，必须使用刷子多刷几次。

贴上大粒子亮片的技巧

在要刷上亮片的位置，先以刷具蘸水稍微刷一下，就能轻松贴上亮片。

表现独特自我

个性灵魂系彩妆

在彩妆的世界里，选择又浓又重的颜色仿佛是双刃剑，避免不了给人浓妆印象，却能呈现出与众不同的强势领导气息。所以，如何调整颜色显得格外重要。冰冷的深蓝色遇见温暖又安定的深咖啡色，能重新塑造出一种深邃又独特的颜色。利用霜状眼影、深色眼影与眼线液等三阶段强调出深邃眼眸，是该彩妆的重点。作为日常彩妆可能会略嫌厚重，不过在特别的日子或想表现出独特个性时就很适合。

主题色彩	妆容重点	应用建议
蓝咖啡色眼影、深色巧克力唇膏。	用深蓝褐色眼影强调深邃眼神，粉底以粉雾感为佳。	**场合：**想在聚会上展现个性时；想要强调出色的五官时。 **风格：**脸上的颜色应有所节制，可以搭配色彩鲜艳的饰品和服装。

化妆工具	选择要点
· 眉彩 植村秀–创意眉笔#H9 M.A.C–时尚焦点小眼影#Sofa	· 眉彩 选择不含油脂的咖啡色眼线笔最好。
· 眼影 Shu Uemura X Tsumori Chisato–深紫色	· 眼影 选择深咖啡色的眼影霜即可。
· 眼线胶 M.A.C–魔幻星尘#Blue Brown	可以在咖啡色眼影中混合蓝色珠光眼影粉来使用。
Lunasol–#Ex01 Brown(使用眼线) Artdeco–#Black	选择能感觉到珠光的自然中间色调咖啡色眼影。
· 假睫毛 Eyemi–S30号	
· 腮红 M.A.C–修容饼# 金棕	· 腮红 选择含隐约珠光的咖啡色修容产品。
· 提亮 M.A.C–柔矿迷光炫彩饼眼影#	· 提亮 选择米色调的打亮产品。
· 唇线 妙巴黎–恋法魔幻红唇系列恋法魔幻经典唇膏#17雅红女爵	
· 唇膏 M.A.C–时尚唇膏#Diva+Hang Up	· 唇膏 接近深咖啡色的红色唇膏。

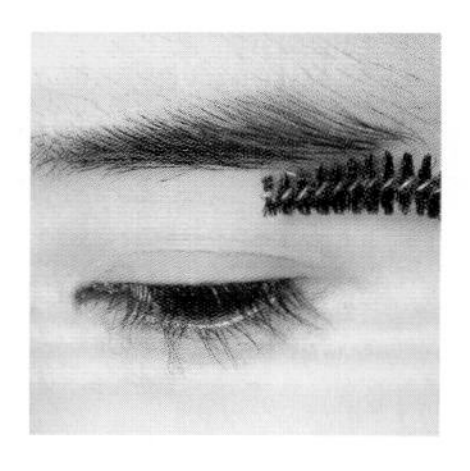

1. 眉彩①

用螺旋眉刷[I]梳理眉毛。

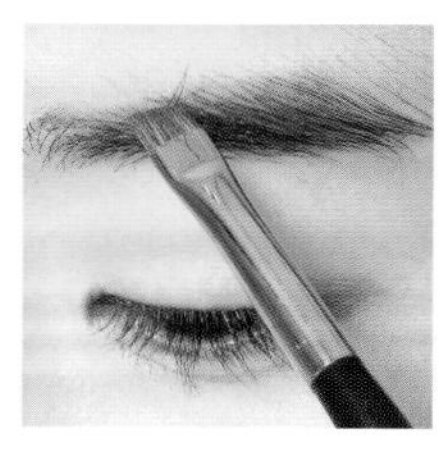

2. 眉彩②

用咖啡色眉粉仔细填充眉毛空隙部分，描绘出线条。

3. 眉彩③

用咖啡色眉笔在眉毛下方描绘得粗一点，画出有点下垂的线条。

4. 霜状眼线①

用粉刷蘸无珠光的深咖啡色眼影霜来描绘眼线，眼尾稍微向上拉8~10毫米。

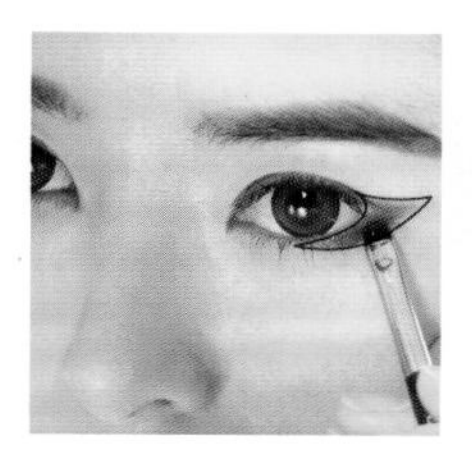

5. 霜状眼线②

用相同的眼影描绘眼睛下方后面1/3的位置，将上扬的眼线与下眼线连接并填满空隙。

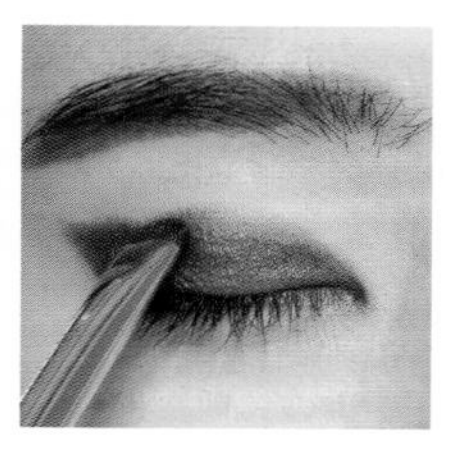

6. 眼影

用蓝色与咖啡色两个色系的眼影，从眼窝中间往外画出渐层感，和眼线自然融合。

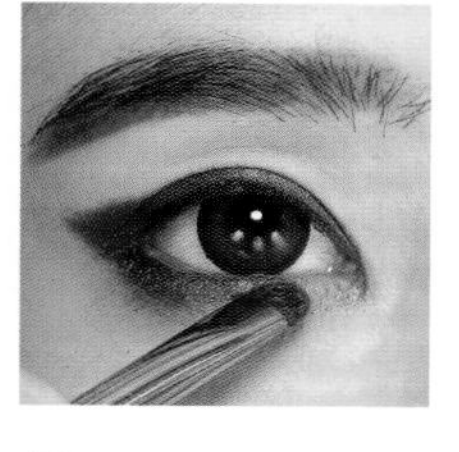

7. 下眼影

用同样的眼影，从眼睛下方的中间向前自然地画出渐层。

8. 眼窝眼影

用中间色的带珠光的咖啡色眼影，轻刷在眼窝部分，创造深邃眼神。

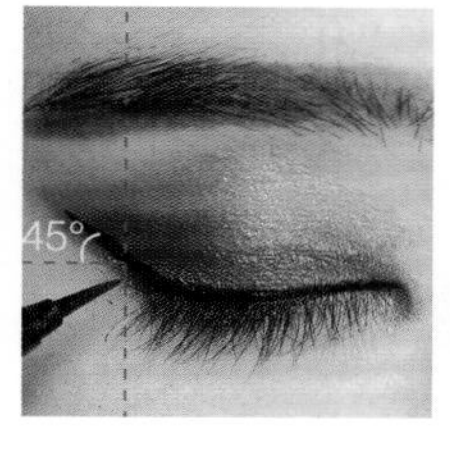

9. 眼线液

用眼线液沿着睫毛根部仔细画眼线，眼尾上提45度，并向上拉3~5毫米。

10. 假睫毛

沿着眼线在稍微高一点的地方贴上假睫毛。

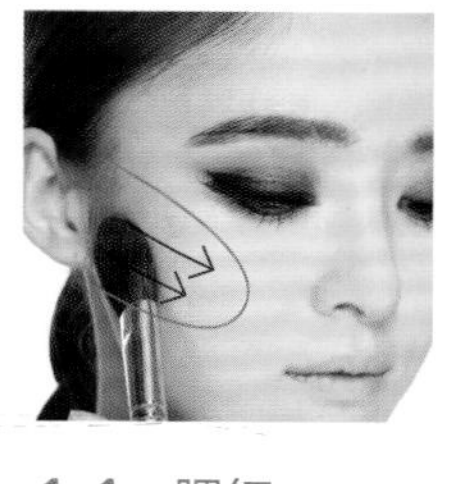

11. 腮红

将金色系的古铜色修容产品沿脸部轮廓刷上后，利用剩余的量轻轻刷在两颊上。

12. 提亮①

在C字区[II]用米色带珠光的提亮产品提亮，打造隐约的光泽感。

13. 唇线

用深巧克力色的唇线笔描绘粗一点的唇线，要画在比原本唇线更外围一点的地方。

14. 唇膏

用深巧克力色的唇膏多次涂抹，直至看不见自己原先的唇色。

15. 提亮②

用带珠光的米色系提亮产品，提亮T字区、人中、下巴。

温馨提示

Ⅰ 眉刷是一种刷头像螺旋状睫毛刷一样的美容工具，主要用于整理眉毛。

Ⅱ C区指双眼的尾端，从眉尾–眼尾–上脸颊所联结起来的C字形区块。化比较暗色系的彩妆时要在这个位置提亮，才能凸显脸部的立体感。

小窍门

不会产生落差与界限感的修容法

用深色修容产品时，只要蘸取的量不对，就会产生明显的落差，还可能发生毁掉完妆的悲剧。与其一次上色，倒不如蘸取少量，然后多刷几次。

以刷具蘸取修容粉或腮红时，先在手背或纸巾上掸掉余粉再使用，更便于调节颜色。开始刷的位置要在颜色最浓的位置，从这里开始轻轻刷，就不会产生落差与界限感了。

激起男友的保护欲

纯真婴儿感彩妆

像洋娃娃一样的女生是所有男性的梦中情人，而像孩子般纯真的女孩是真实存在的，就让我们试着来演绎男人幻想中的女生！强调婴儿一般纯真的妆容，关键是不过度的彩妆。避免使用过重的颜色或珠光，使用粉雾和充满女性化的粉红与蜜桃色，打造出仿佛洋娃娃般的外貌，是终极目标。

主题色彩	妆容重点	应用建议
婴儿粉色与蜜桃色。	尽量不要使用珠光，好好地调和粉红色与蜜桃色。	**场合**：用自然的妆感约会时；想吸引把清纯女生作为理想型的男士时。 **风格**：适合搭配有女人味儿的粉色洋装、自然的褐色头发、自然的长发。

化妆工具	选择要点
· 眉彩 Kiss Me- 染眉膏#01 卡其棕	
· 眼影 植村秀-#M521 Mustaev-#Floral Glow	· 眼影 选择没有珠光的橘色调眼影或腮红。
· 眼线 Nars-Lager Than Life Long Wear Eyeliner#Via Appia	
· 眼线重点眼影 Bobbi Brown	· 眼线重点眼影 选择没有珠光的深咖啡色眼影比较好。
· 下眼线 Etude-International Multi Color Pencil#White	
· 睫毛膏 Banila Co.-Mistery Curling&Las Mascara	
· 腮红 植村秀-创意无限腮红#M521	· 腮红 选择没有珠光的雾面橘色调腮红。
· 提亮 M.A.C-柔矿迷光炫彩饼眼影	
· 唇部遮瑕 Artdeco-Natural Lip Corrector#03	· 唇部遮瑕 选择能遮住唇线的唇部遮瑕产品。
· 唇膏 VDL-Festival Lipstick #201 Ewan	· 唇膏 选择无珠光的雾面裸色调唇膏。

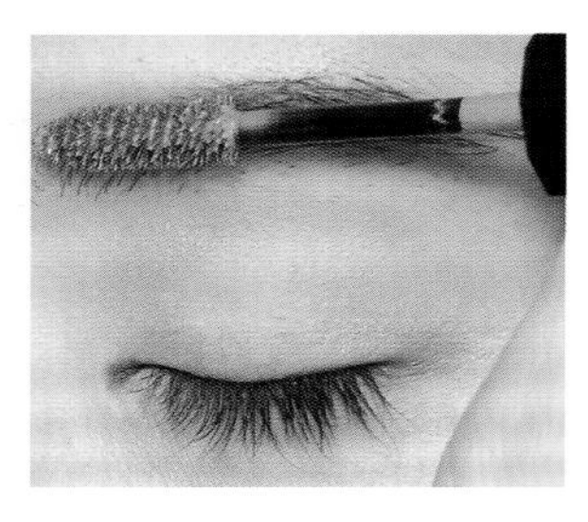

1. 眉彩

用咖啡色染眉膏刷在眉毛上，调整眉毛颜色。

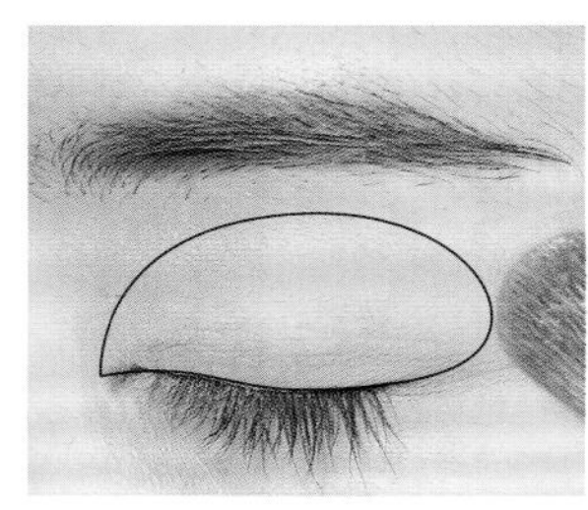

2. 眼影打底

用无珠光的粉色和蜜桃色眼影混合在一起，均匀地刷在眼窝上。

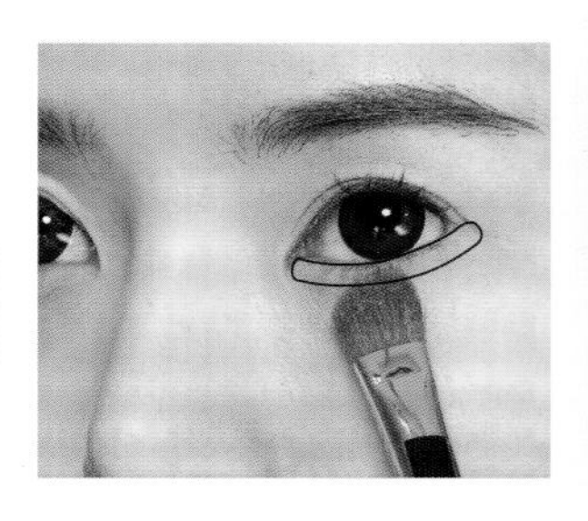

3. 下眼影打底

用同样的粉色蜜桃色系眼影刷在眼睛下方打底。

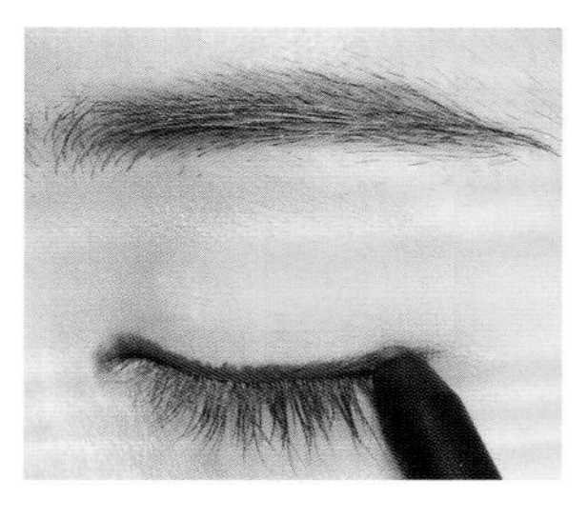

4. 眼线

用咖啡色眼线笔，仔细填补眼睫毛根部，描绘出眼线。

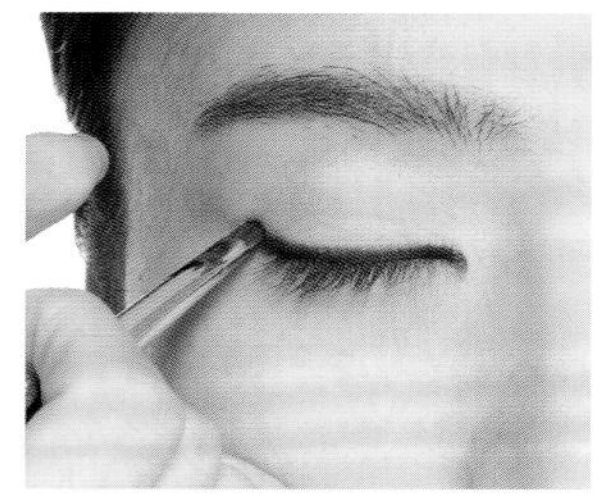

5. 重点眼影

用无珠光的深咖啡色眼影沿着眼线画，顺着眼尾自然地稍微拉长一点。

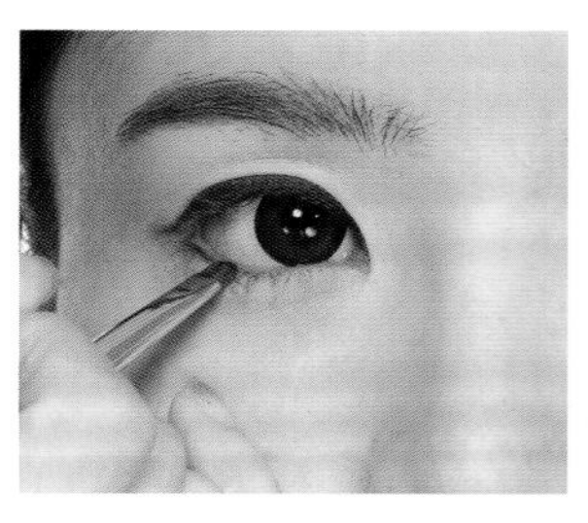

6. 重点下眼影

用和重点眼影相同的颜色，从眼睛下方后2/3的位置到眼尾位置仔细地画出线条。

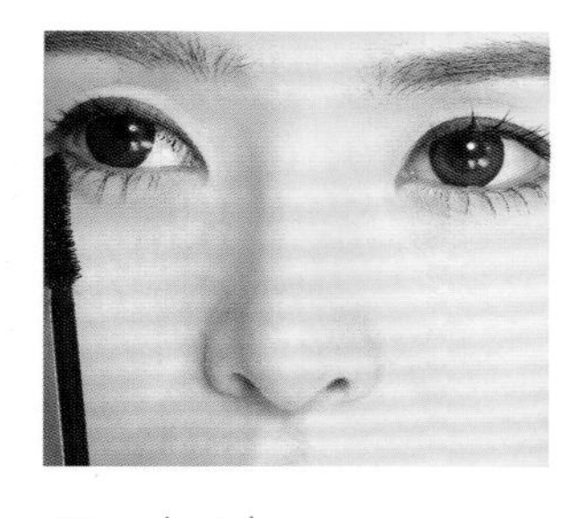

7. 睫毛膏

用睫毛夹夹翘睫毛后，从睫毛根部呈之字形仔细晃动着涂，打造浓密纤长的睫毛效果。

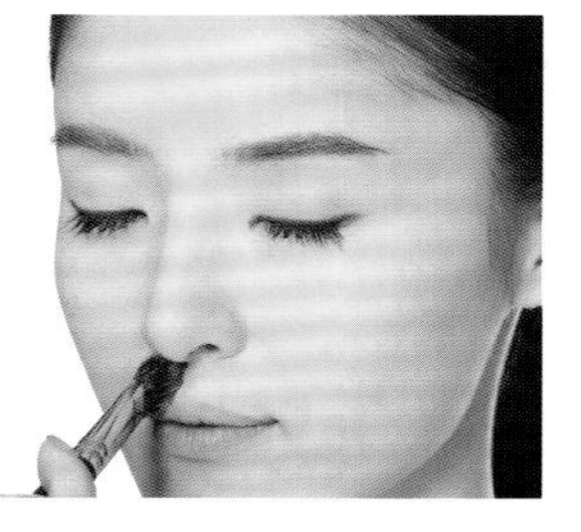

8. 提亮

用无珠光的象牙白提亮粉，提亮T字区、人中、下巴部分。

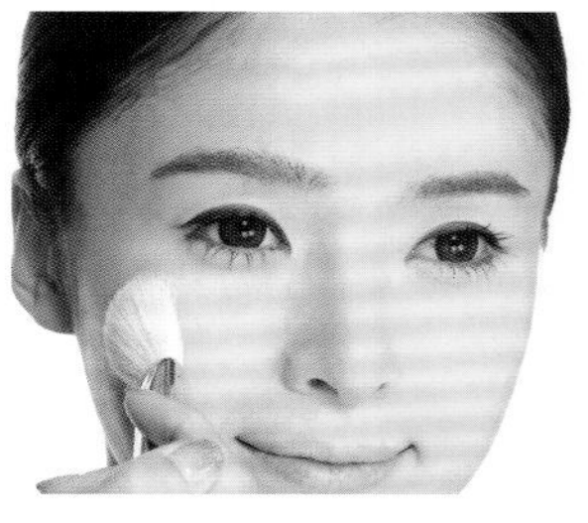

9. 腮红打底

用无珠光的蜜桃色腮红从颧骨外侧向嘴角和鼻子之间轻轻刷。

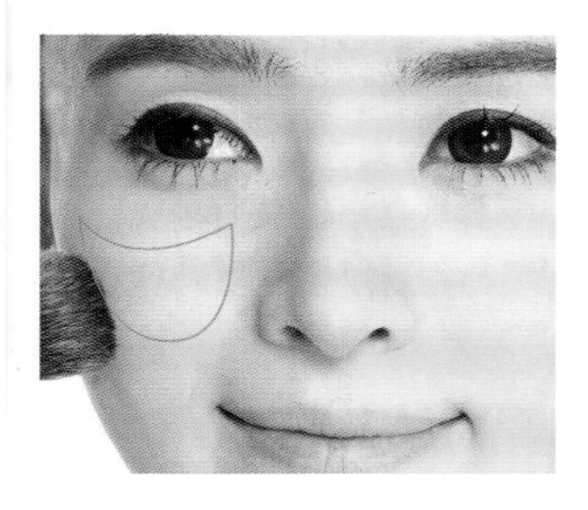

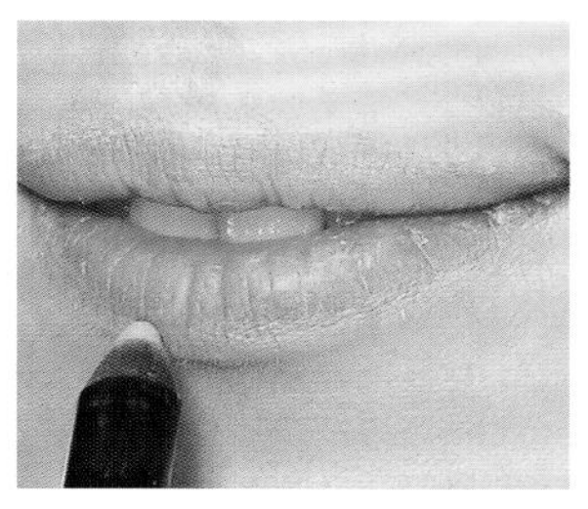

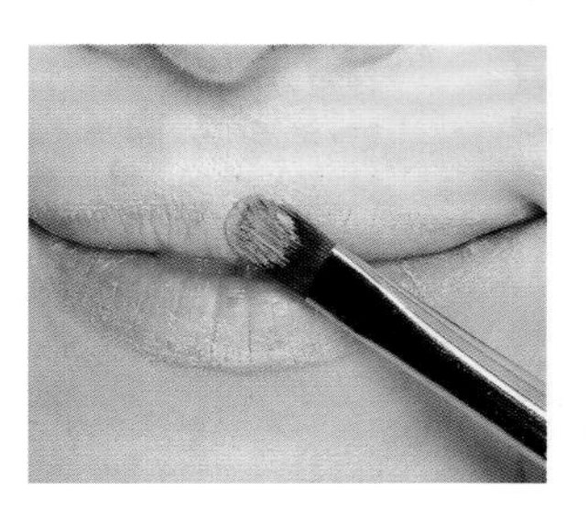

10. 重点腮红
将粉色调腮红刷在脸颊中央，呈U字形轻轻刷上。

11. 唇部遮瑕
为使嘴唇看起来有自然裸妆的效果，先用唇部遮瑕品修饰唇线。

12. 唇膏
将裸色调的唇膏均匀涂抹在整个嘴唇上。

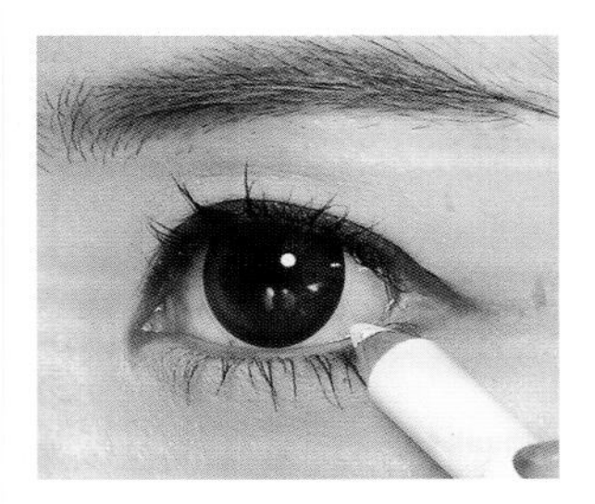

13. 下眼睑
用白色眼线笔描绘下眼睑，达到更加有活力和显年轻的效果。

14. 黑色眼线液
为了呈现更加鲜明的形象，用黑色眼线液画出上扬的上眼线。

小窍门

克服粉雾彩妆容易出现的俗气感

不含珠光的粉雾彩妆虽然看起来乖巧且干净，却容易流于呆板与俗气。只要稍微提亮肤色，不仅能增添奢华感，还能克服看起来俗气的缺点，并突显出女性化的一面。将平常使用的粉底与亮一两个色阶的粉底，以3：1的方式调和后使用即可。

无痕婴儿感彩妆完成！

《红磨坊》中散发玫瑰色泽的双唇

红玫瑰彩妆

虽然已经是十多年前的电影了，但只要说到《红磨坊》，大家脑海中应该还是会浮现那华丽的舞台、缤纷的衣裳及充满致命吸引力的演员吧！这也说明了《红磨坊》是一部舞台视觉效果很成功的电影，特别是妮可·基德曼那魅惑的红唇与充满诱惑的眼神，更令人记忆深刻，如果把她在电影中的形象幻化为真实彩妆，那就是红玫瑰彩妆了，恰如其分的咖啡色眼影与红色玫瑰花瓣般的红唇，展现出高质感的绝对魅力。

主题色彩	妆容重点	应用建议
咖啡色眼影和玫瑰红唇。	咖啡色大烟熏眼妆和干净利落的红唇画法是重点。	**场合：**想在古典聚会上展现迷人的魅力时；打算去欣赏歌剧或芭蕾等古典演出时。 **风格：**选择黑色或红色的绒质洋装或黑色平口洋装。

化妆工具	选择要点
· 眉彩 Kiss Me–眼影&鼻影#01 植村秀–眉笔#H9	
· 打底眼影 Benefit–一见钟情眼影粉#Buckle Bunny	· 打底眼影 选择中间色调的咖啡色珠光眼影。
· 眼影 妙巴黎–随你拉俏眼影碟#04 拿铁棕 Bobbi Brown–云雾眼影#Beige	· 眼影 选择深咖啡色珠光眼影。 选择有珠光的米色眼影。
· 眼头提亮 Espoir#Dinger Bread	· 眼头提亮 选择有金色珠光的象牙白色眼影。
· 眼线 CLIO–#Dark Choco	· 眼线 选择咖啡色防水眼线胶笔。
· 重点下眼影 Bobbi Brown–#Espresso	· 重点下眼影 选择没有珠光的贴近黑色的咖啡色眼影。
· 睫毛膏 Estee Lauder–无瑕妍彩持久纤长睫毛膏#01Black	
· 假睫毛 Eyemi–33号 单个	
· 腮红 M.A.C–时尚胭熏腮红#Peachykeen	· 腮红 选择没有珠光的中间蜜桃色调的产品。
· 修容Mustaev–#Slihouette	
· 唇部遮瑕 Artdeco–Camouflage Stick#5	
· 唇膏 Artdeco–奢华幻彩Chungao#428热情红	· 唇膏 选择粉雾质感的红色唇膏。

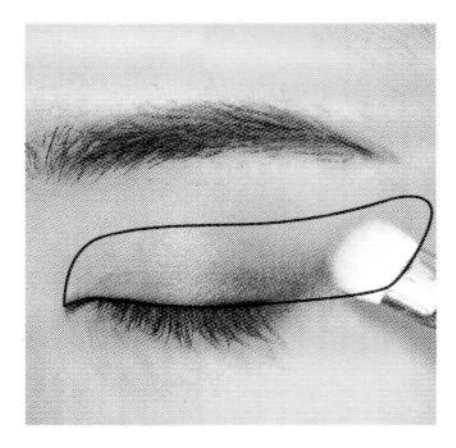

1. 眼影打底
用咖啡色眼影往眼尾部分画出渐层，均匀地在眼窝上色。

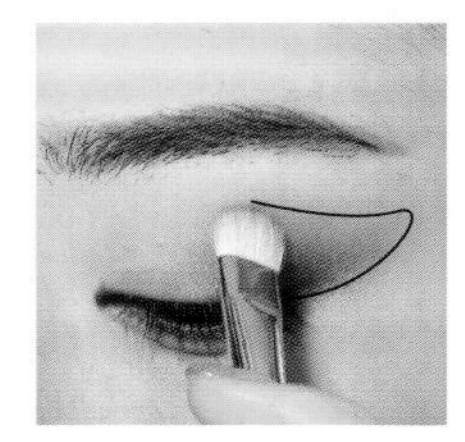

2. 眼影
用相同色系的深咖啡色眼影在眼尾部分加强，由内向外轻刷。

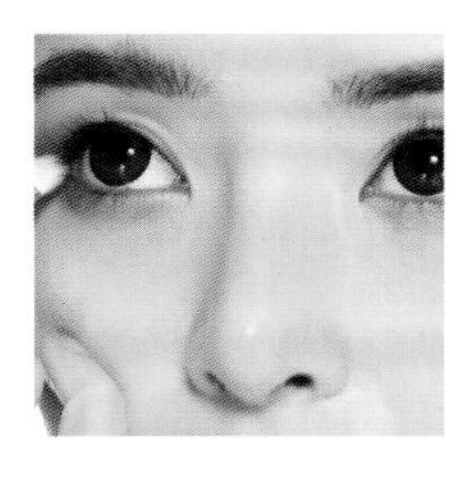

3. 下眼影
用和眼影相同的颜色刷在眼睛下方，并自然衔接上眼影。

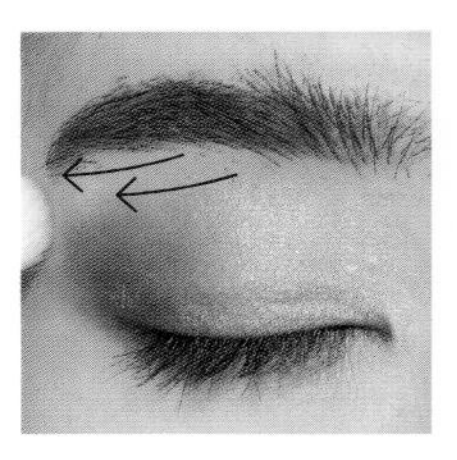

4. 眉骨提亮
用象牙白带珠光的眼影在眉骨下方轻轻提亮。

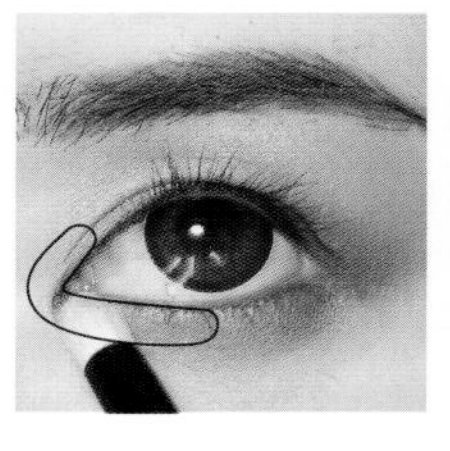

5. 眼头提亮
在眼头用具有光泽感的象牙色眼影进行提亮，让眼神看起来清澈，增添奢华感。

6. 眼线
用眼线笔在靠近眼睑部位描绘出眼线，强调眼神。

7. 重点眼影
用深咖啡色眼影在眼线上方再刷几次，能柔和线条并使眼神自然深邃。

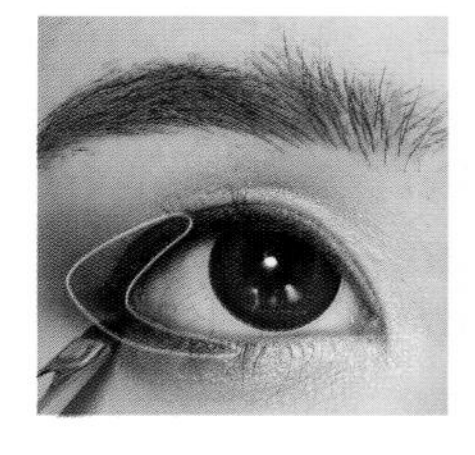

8. 重点下眼影
使用相同颜色的眼影在眼尾后1/3位置，刷出渐层感。

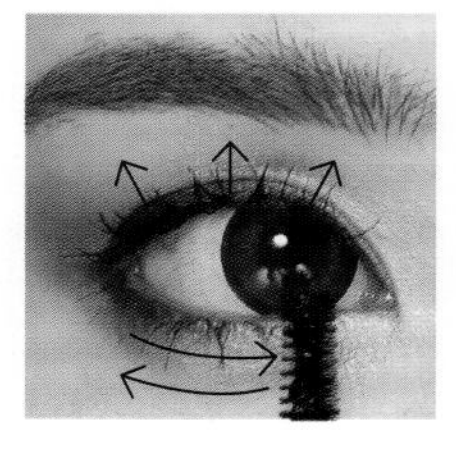

9. 睫毛膏
用睫毛夹夹出弯度后，用睫毛膏刷出纤长浓密的睫毛。

10. 假睫毛
假睫毛裁剪后，一片一片贴在睫毛间，使睫毛看起来更加丰盈。

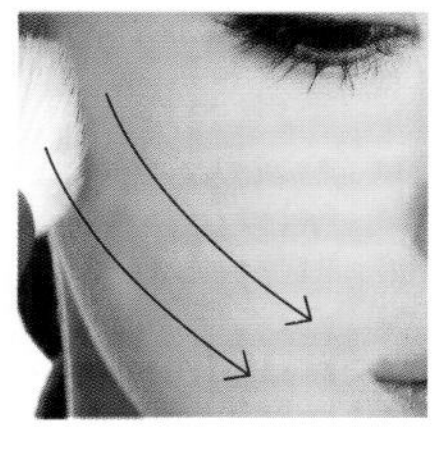

11. 腮红
从颧骨外侧向嘴唇方向，以轻轻扫过的方式刷上腮红。

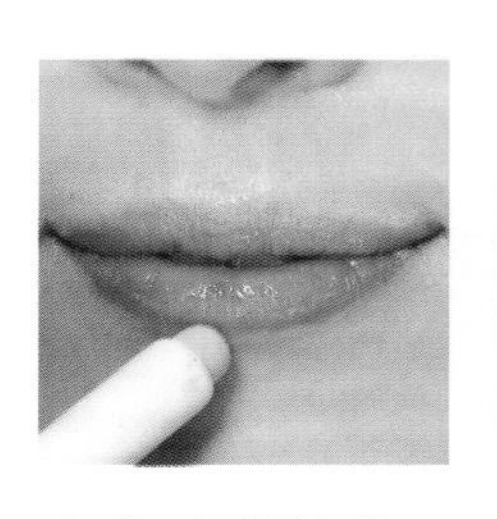

12. 唇部遮瑕
用唇部遮瑕膏修饰嘴唇轮廓。

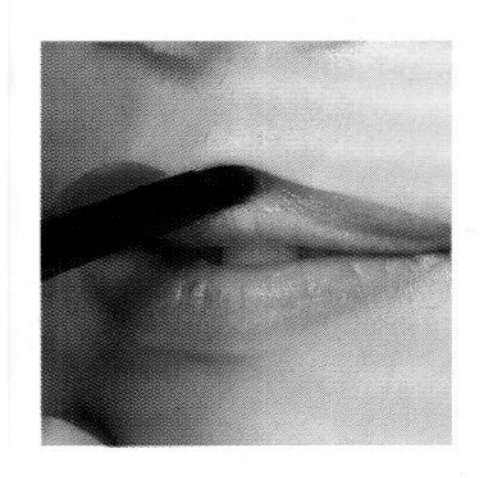

13. 唇膏①
用像玫瑰花瓣般的红色唇膏描绘出唇线。

14. 唇膏②
将嘴唇内侧部分不留空隙地全部填满。

小窍门

饱和色唇妆不晕开的方法

化红唇妆时，一定要把唇周肌肤打理好，要先用唇部遮瑕膏来修饰唇线。如果不使用雾面唇膏，而是用具有光泽感唇膏时，请先用蜜粉盖一下唇周的肌肤，尤其要注意，如果只使用平常的粉底来搭配红唇妆，口红可能会向外晕开，唇纹也会让唇妆显得不均匀。

红玫瑰彩妆完成！

《罗密欧与朱丽叶》清纯的贵族气息

朱丽叶彩妆

莎士比亚著名的剧作《罗密欧与朱丽叶》，在电影、戏剧与音乐剧中都有不同的表演方式。唯一不变的，是朱丽叶那充满贵气的清纯之美。在众多扮演朱丽叶的女演员中，以奥丽维娅·赫西最令人津津乐道，她的存在仿佛验证了清纯比娇媚来得更具吸引力。适宜的腮红、裸色调的唇彩，是在日常生活中也能运用得宜的自然妆感。将她的妆容完美再现的彩妆，就是朱丽叶彩妆。

主题色彩	妆容重点	应用建议
紫色眼影和裸色唇膏。	使用紫色眼影但不能显得水肿，重点在完成时尚的妆感。	**场合：**想打造温柔且浪漫的回忆时；厌倦烟熏妆时；想展现清纯形象时。 **风格：**蕾丝、雪纺等材质的洋装，搭配清纯的长发、细且简单的发带。

化妆工具	选择要点
· 眉彩 M.A.C-时尚焦点小眼影#Sofa 植村秀-眉笔#H9	
· 眼影 Etude- 染眉膏 #1Rich Brown Artdeco-Mineral Baked 眼影 #18 NARS-单色眼影 #Lhasa Artdeco-Minera Baked 眼影 #31	· 眼影 选择亮的薰衣草色眼影。 选择灰色质感的紫色眼影。 选择有珠光的深紫色眼影。
· 重点眼影 植村秀-#ME700 RMK-黑光虹彩眼盘#04 虹彩深紫	· 重点眼影 选择显色度佳的深紫色眼影。
· 眼头提亮 Dior-幻彩五色眼影#254银	· 眼头提亮 选择有珠光的银色眼影。
· 眼线 CLIO-#Dark Choco	
· 睫毛膏 恋爱魔镜-睫毛膏#BK999	
· 腮红 RMK-经典修容#P-04	· 腮红 选择粉橘色的霜状腮红。
· 提亮 M.A.C-Mineralize Skinfinis#Light RMK-经典修容#P-04 Siliver Pink	· 提亮 选择闪亮的粉色提亮产品或眼影。
· 唇部遮瑕 Artdeco-#03	
· 唇膏 Banila Co.-Kiss Collection Color Fix Stain#Npk554vdl-Festival Lipstick#201 Ewan	· 唇膏 选择没有珠光的裸色唇膏。

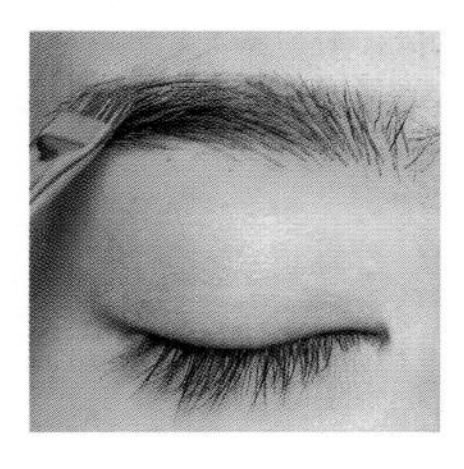

1. 眉毛①
用咖啡色眉粉将眉毛补满并描绘出眉形。

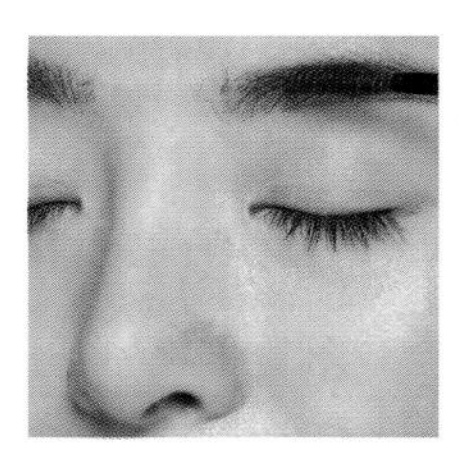

2. 眉彩②
用深咖啡色染眉膏顺着眉毛生长方向刷眉毛，要和头发颜色相近。

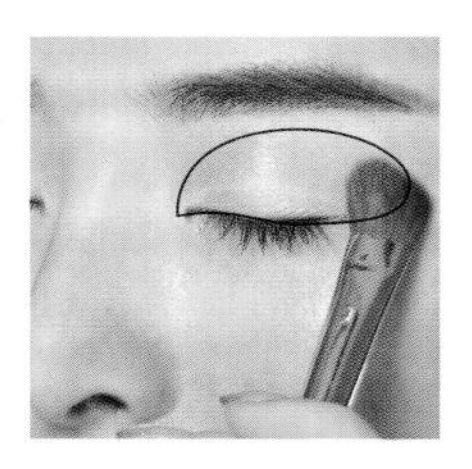

3. 眼影打底
用带隐约珠光的浅紫色眼影，以眼窝为中心轻轻刷出渐层。

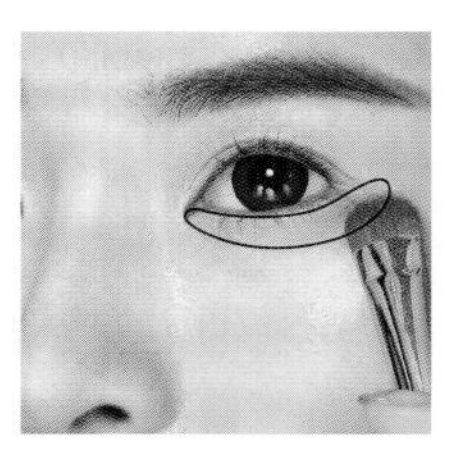

4. 下眼影①
眼睛下方的卧蚕部分也用相同颜色的眼影涂抹薄薄的一层。

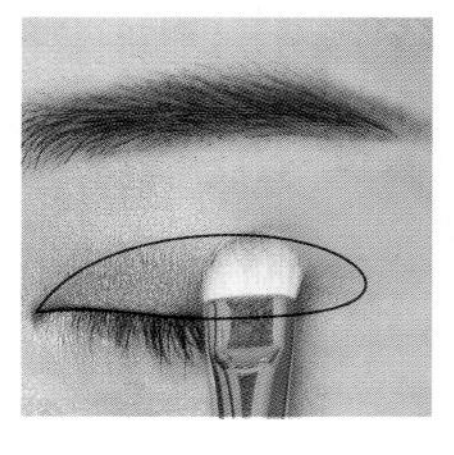

5. 中间眼影
用浅紫色眼影，刷在比双眼皮范围更大一点的位置。

6. 重点眼影
用眼影棒[I]蘸深紫色眼影，涂在双眼皮褶的位置。

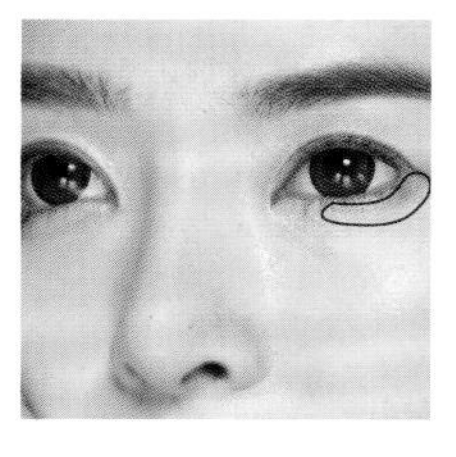

7. 下眼影②
使用重点眼影色在眼睛下方眼尾后1/3的位置画出渐层。

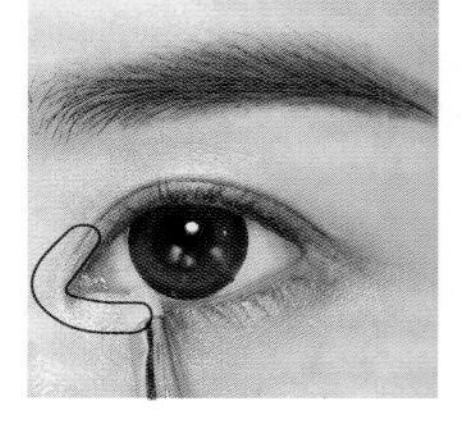

8. 眼头提亮
用浅银色眼影涂抹在眼头位置进行提亮。

9. 眼线
用咖啡色眼线笔仔细补满睫毛根部，描绘出眼线。

10. 睫毛膏
用睫毛夹分三阶段将睫毛夹弯成C型，用纤长型睫毛膏[II]刷出又长又鲜明的睫毛。

11. 腮红
用指腹蘸取蜜桃色的霜状腮红，抹在突起的苹果肌位置。

12. 提亮①
用几乎不带珠光的象牙白提亮产品提亮T字区、人中、下巴等位置。

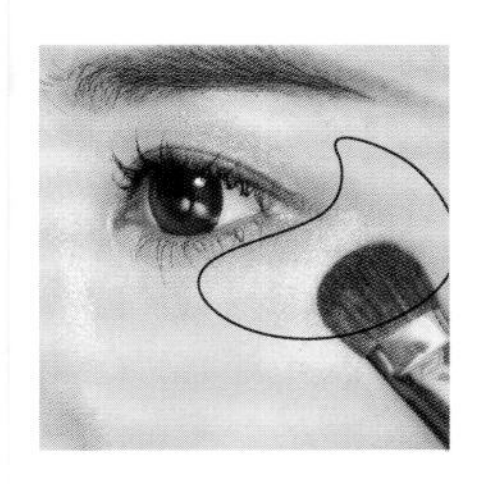

13. 提亮②
用含细致珠光的浅粉色提亮产品刷在C区位置，直到看得到隐约的光泽感为止。

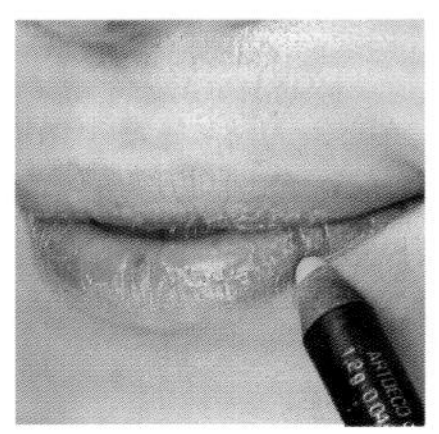

14. 唇部遮瑕
用唇部专用遮瑕膏修饰唇部周边线条。

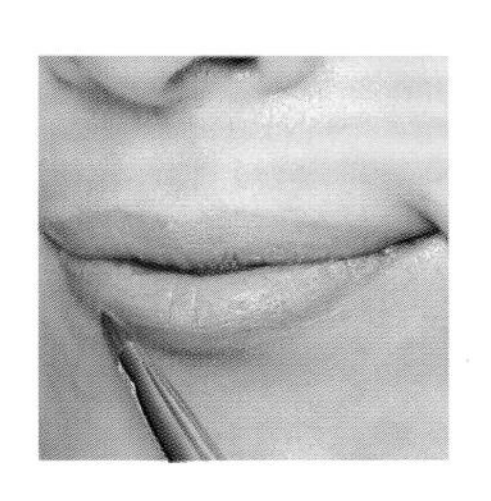

15. 唇膏
用裸色系唇膏轻轻地涂抹嘴唇。

温馨提示

Ⅰ 眼影棒是指上面有海绵面的眼影专用棒，使用眼影棒能提升眼影的服帖度与显色度。

Ⅱ 纤长睫毛膏是指能加长睫毛长度的睫毛膏。睫毛膏有多种功能，有能增添丰盈感的丰盈睫毛膏、具防水功能的防水睫毛膏、防止晕染的抗晕染睫毛膏，也有防止下垂的定妆睫毛膏等。

小窍门

小心！紫色眼影会凸显黑眼圈

画紫色眼影前，需要先将黑眼圈完整地修饰，如果放着黑眼圈不管就上紫色眼妆，会让妆显得暗淡。暗淡的彩妆会让人看起来疲倦且忧郁，所以一定要先用饰底乳将黑眼圈好好遮盖后再上眼影。

蕴含《爱丽丝梦游仙境》的色彩感

缤纷花朵彩妆

蒂姆·波顿导演的《爱丽丝梦游仙境》中，有很多色彩缤纷的角色，光看这些好笑的角色就让人感到身心舒畅，但最令人瞩目的还是丰富的色彩感。电影中呈现出的色彩，比真实世界的色彩来得更生动，而从电影中撷取灵感，所创造出的彩妆就是这个缤纷花朵彩妆，好像从花朵中诞生的精灵一般，脸上会散发香气的华丽妆感是关键。

主题色彩	妆容重点	应用建议
绿色、橘色、银色眼影和粉色、橘色唇彩。	重点在让花和自然的色彩相互调和。	**场合：**参加特别的主题聚会时。 **风格：**选择轻飘飘的雪纺纱服装。

化妆工具	选择要点
· 眉彩 K palette-Oneday Tattoo#01 · 眼影打底 Lunasol-眼采底霜 N#01	
· 眼影 植村秀-2013年春夏彩妆花漾梦影系列眼影组合#黄、绿 Dior-五色眼影#374 绿 Dior-幻彩五色眼影#254 银 RMK-EX-05#橘金	· 眼影 选择没有珠光的亮黄绿色眼影。 只要是鲜明的绿色眼影就行。 选择显色力好的银色眼影。 选择有珠光的鲜明的深橘色眼影。
· 眼头提亮 Clio-Gelpresso# Beige Shine · 眼线 Artdeco-防水眼线笔#072 · 睫毛膏 Elishacoy · 假睫毛 Laser-艺术睫毛 · 亮片 美甲素材-透明的亮片与干燥花	· 眼头提亮 选择含耀眼珠光的亮象牙色眼影或眼影笔。
· 腮红 RMK-EX-05#橘金 · 提亮 妙巴黎-Highlighting Powder #Colour	· 腮红 选择鲜明的深橘色腮红。
· 唇彩 Make Up Forever -显色丰润唇膏 #Orange It’s Skin-唇膏 #粉红绯闻	· 唇彩 选择没有珠光的颜色亮丽的唇膏就行。 选择没有珠光的像草莓牛奶般的粉色唇膏。

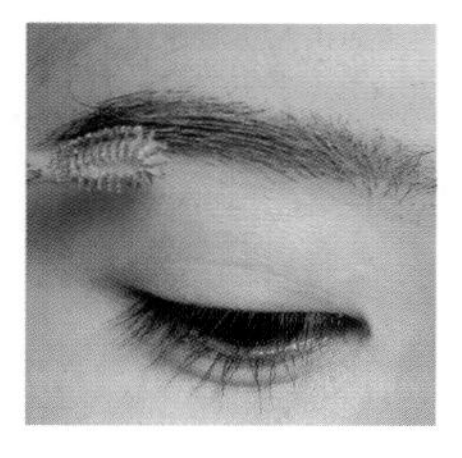

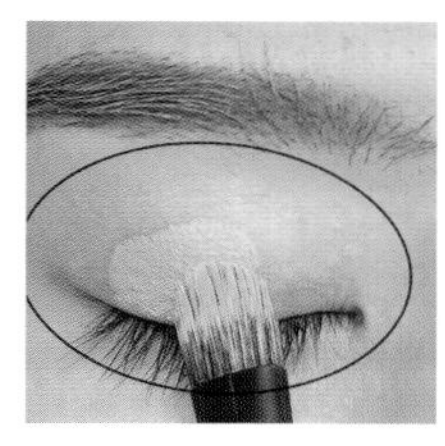

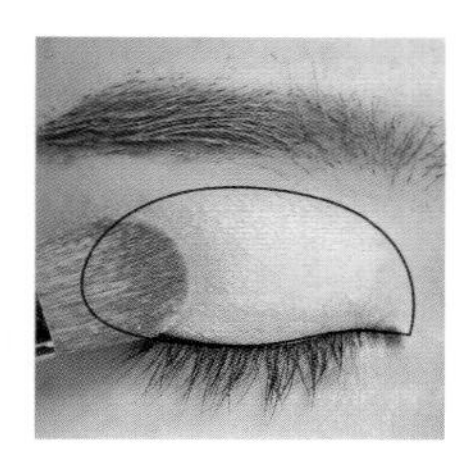

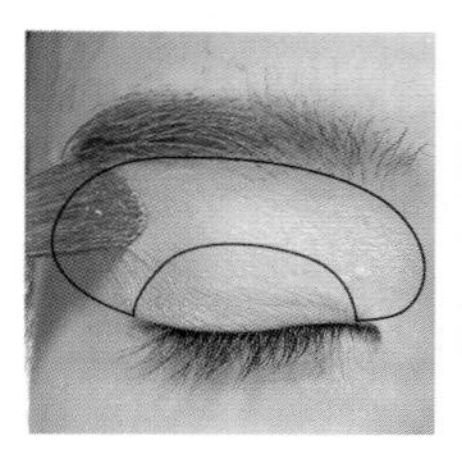

1. 眉彩

用浅褐色染眉膏沿着眉毛生长方向刷上，调整整体颜色。

2. 眼影打底

为提高眼影显色度和服帖度、持久性，将霜状打底产品均匀地涂在眼窝。

3. 打底眼影

混合浅黄色和浅绿色的眼影，大范围刷在眼窝位置。

4. 眼影①

在没有刷打底眼影处，全部刷上灰色眼影。注意不要产生界限感，要画出渐层。

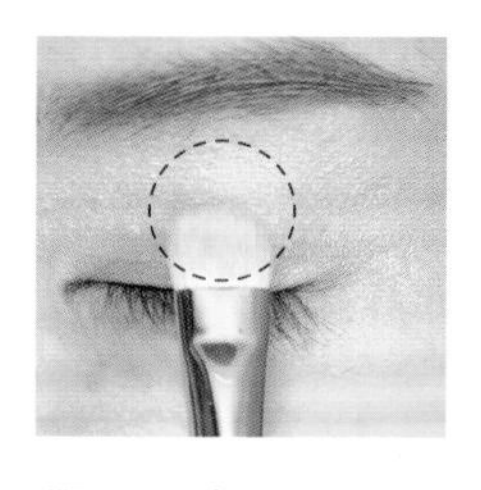

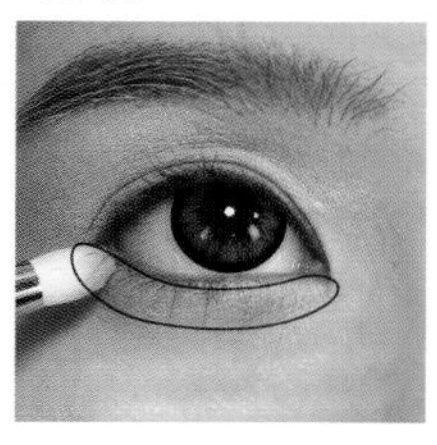

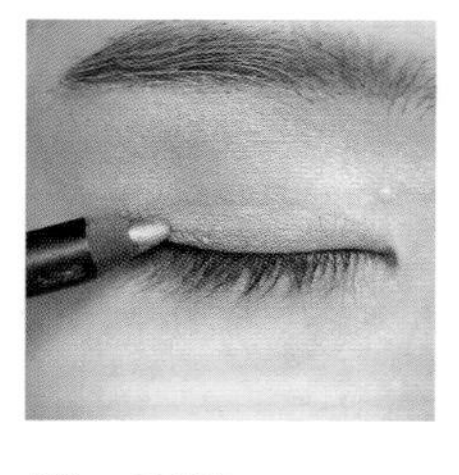

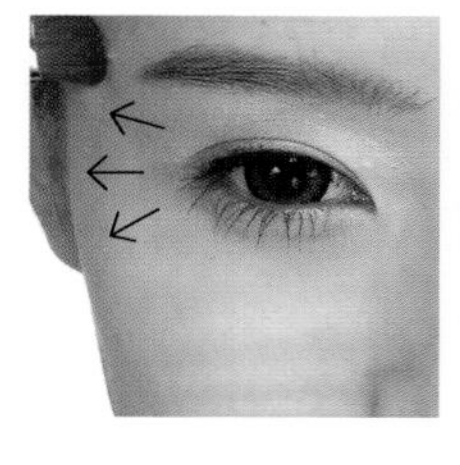

5. 重点眼影

将绿色眼影刷在眼窝处，轻拍以帮助显色。

6. 下眼影

用橘色眼影刷在眼睛下方卧蚕处，像在描绘眼线一样。

7. 眼线

用薄荷绿眼线笔鲜明地描绘出眼线，眼尾稍微向下拉5毫米。

8. 眼影②

用银色眼影在眼窝旁边轻轻扫过，呈现出神秘感和小奢华的感觉。

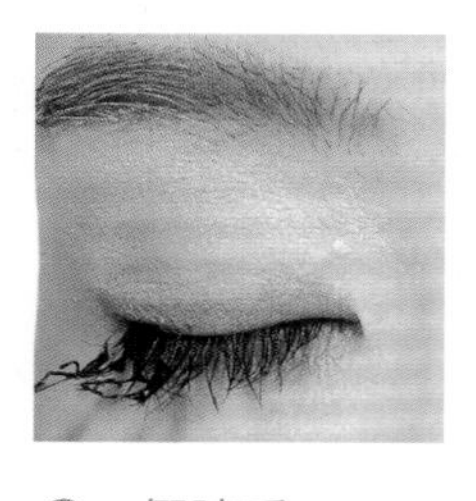

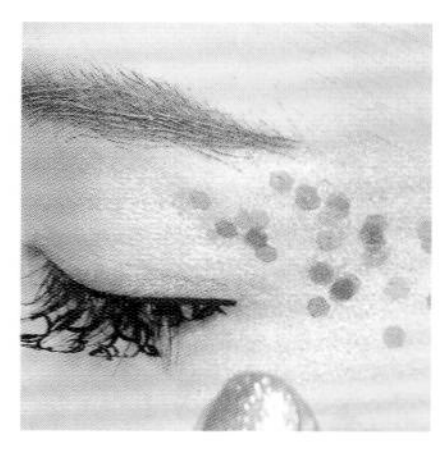

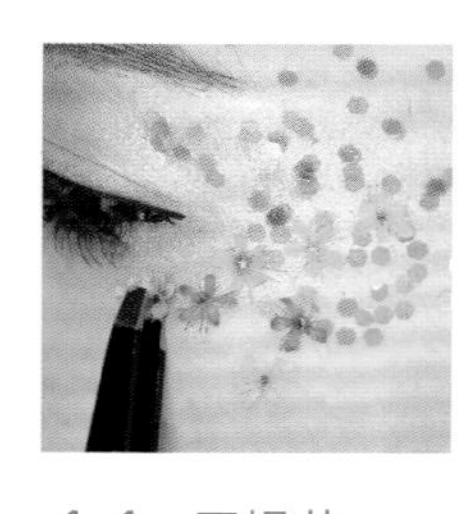

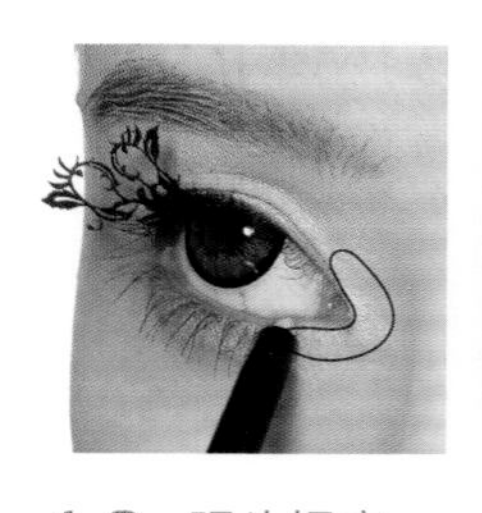

9. 假睫毛

细致涂完睫毛膏后，不要用一般的假睫毛，要用特殊造型的艺术假睫毛。

10. 亮片装饰

为展现像花仙子般的感觉，将美甲用的大型亮片贴在C字区，贴出自然扩散的感觉。

11. 干燥花

贴上干燥花更能增添自然气息，可用刷具蘸点水或专用的胶水粘上。

12. 眼头提亮

使用具有光泽感的米色眼影笔提亮眼头，创造隐约的亮点。

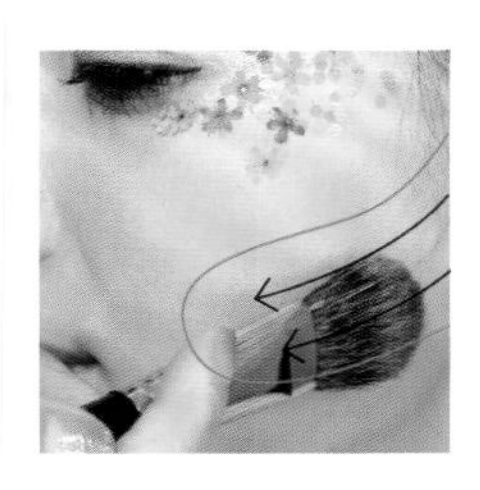

13. 腮红
用金橘色调腮红从颧骨往下斜刷。

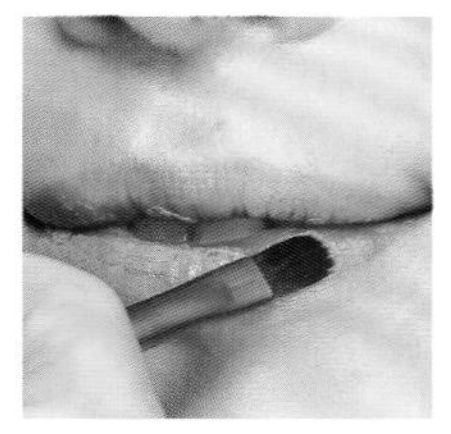

14. 唇彩①
用草莓牛奶色的唇膏均匀地涂抹嘴唇。

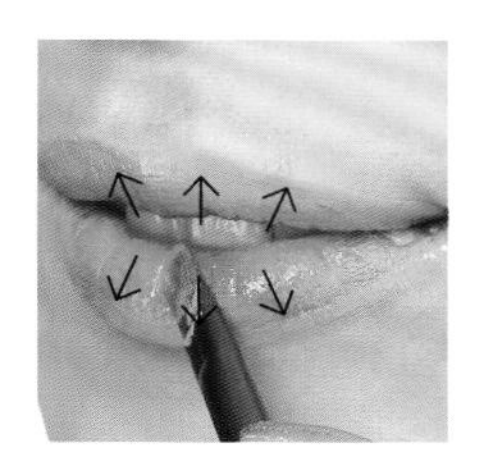

15. 唇彩②
用橘色唇膏涂抹在嘴唇内侧，自然地往外晕色。

小窍门

打破传统观念的唇膏色彩组合

不是同一色系的唇膏也可以一起使用，打破传统观念的唇膏配色方式，反而能激发出全然不同的新鲜感。像是在粉色唇膏上，以橘色作为重点；或在橘色唇膏上以粉红色作为重点；在粉红色唇膏上妆点红色；在粉色唇膏上妆点紫色等，大家不妨多尝试不同的色彩组合。

不让亮片脱落的方法

偶尔想尝试不同妆感时，会需要借助亮片或水钻之力。这样做的缺点是粒子较大的珠光亮粉或亮片，刷的时候容易破坏原本的彩妆，也容易掉落，这时不妨先沾点水，刷在想贴的位置上，有助贴上亮片。但水钻的重量较重，最好使用脸部专用的粘贴胶水。脸部专用的粘贴胶水可以在卖专业彩妆工具的店买到。

缤纷花朵彩妆完成！